I0047312

Joseph John Thomson

Anwendungen der Dynamik auf Physik und Chemie

Verlag
der
Wissenschaften

Joseph John Thomson

Anwendungen der Dynamik auf Physik und Chemie

ISBN/EAN: 9783957000897

Auflage: 1

Erscheinungsjahr: 2014

Erscheinungsort: Norderstedt, Deutschland

Webseite: http://www.vdw-verlag.de

Cover: Foto ©Markus Wegner / pixelio.de

Anwendungen der Dynamik

auf

Physik und Chemie.

Von

J. J. Thomson, M. A., F. R. S.

Mitglied des Trinity College und Cavendish Professor der Experimentalphysik in Cambridge.

Autorisierte Übersetzung.

Leipzig.
Verlag von Gustav Engel.
1890.

Vorwort.

Das vorliegende Buch behandelt den Hauptinhalt einer Reihe von Vorlesungen, die der Verfasser im Herbst 1886 am Cavendish Laboratorium gehalten hat.

Einige von den Resultaten sind bereits in den *Philosophical Transactions of the Royal Society* für 1886 und 1887 veröffentlicht worden. Da sich dieselben jedoch auf Erscheinungen beziehen, die an der Grenze zweier Gebiete der Physik liegen und die in der Regel in den Werken über jedes dieser Gebiete entweder gar nicht oder nur kurz berührt werden, habe ich geglaubt, daſs eine Veröffentlichung derselben in etwas vollständigerer Form für den Studierenden der Physik von Nutzen sein werde. Auſserdem habe ich in das Buch einen Bericht über einige später veröffentlichte Untersuchungen aufgenommen, in denen die in jenen Vorlesungen beschriebenen Methoden zur Anwendung kommen.

Es giebt zwei verschiedene Methoden, den Zusammenhang zwischen zwei physikalischen Erscheinungen nachzuweisen. Die natürlichste und interessanteste dieser beiden Methoden besteht darin, daſs man von zuverlässigen Theorien der fraglichen Erscheinungen ausgeht und den Zusammenhang zwischen denselben Schritt für Schritt verfolgt. Diese Methode ist jedoch nur in einer sehr beschränkten Anzahl von Fällen anwendbar, und wir sind im allgemeinen auf die andere Methode angewiesen. Dieselbe besteht darin, daſs wir ohne eingehende Kenntnis des Mechanismus, durch den die Erscheinungen hervorgerufen werden, und ohne Rücksicht auf die Erklärung derselben zeigen, daſs sie untereinander in einem solchen Zusammenhang stehen, daſs die Existenz der einen die Existenz der anderen in sich begreift.

In dem vorliegenden Buche sollen Methoden entwickelt werden, vermittelst deren allgemeine dynamische Prinzipien zu diesem Zwecke angewandt werden können.

Die von mir benutzten Methoden (die Anregung zu der in dem ersten Teile des Buches benutzten verdanke ich der Abhandlung Maxwell's über das elektrische Feld) machen alles von den Eigenschaften einer einzigen Funktion gewisser Gröſsen abhängig, die den Zustand des Systems fixieren. Eine ähnliche Methode wurde von Massieu und Prof. Willard Gibbs für die Behandlung thermodynamischer Erscheinungen vorgeschlagen und von dem letzteren in seiner berühmten Abhandlung über das Gleichgewicht heterogener Substanzen zur Lösung zahlreicher Probleme der Thermodynamik benutzt.

Zum Schlusse danke ich meinem Freunde L. R. Wilberforce, M.A., vom Trinity College, für die Gefälligkeit, mit der er die Korrektur der Druckbogen besorgt hat, und für die zahlreichen wertvollen Ratschläge, die er mir während des Druckes erteilt hat.

J. J. Thomson.

Trinity College, Cambridge,
2. Mai 1888.

Inhalt.

Seite

Achtzehntes Kapitel.

ERSTES KAPITEL

Einleitende Betrachtungen.

---

1. Wenn wir die wichtigsten Fortschritte überblicken, die die physikalischen Wissenschaften in den letzten fünfzig Jahren gemacht haben, wie z. B. die Ausdehnung des Prinzips der Erhaltung der Energie von der Mechanik auf die Physik, die Entwickelung der kinetischen Gastheorie, die Entdeckung der Induktion elektrischer Ströme, so finden wir, daſs dieselben wesentlich dazu beigetragen haben, der Überzeugung, daſs sich alle physikalischen Erscheinungen durch dynamische Prinzipien erklären lassen, immer mehr Anerkennung zu verschaffen und uns zur Ermittelung solcher Erklärungen anzuregen.

Diese Überzeugung, die das Axiom bildet, auf welches sich die ganze moderne Physik stützt, hat man aber gehabt, solange es Menschen gegeben hat, die über die Naturerscheinungen nachgedacht und die Ursachen derselben zu ergründen versucht haben. Abgesehen von der erfolgreichen Anwendung in der Korpuskulartheorie und der Undulationstheorie des Lichts blieb diese Überzeugung jedoch unfruchtbar, bis die Untersuchungen von Davy, Rumford, Joule, Mayer und anderen zeigten, daſs die kinetische Energie von Körpern, die sich in sichtbarer Bewegung befinden, sehr leicht in Wärme verwandelt werden kann. Joule zeigte ferner, daſs bei dieser Umwandlung die Menge der verschwindenden kinetischen Energie und die Menge der auftretenden Wärme stets in demselben unveränderlichen Verhältnis zu einander stehen.

Aus dem Umstande, daſs sich kinetische Energie leicht in Wärme verwandeln läſst, zogen die genannten Forscher den Schluſs, daſs die Wärme selbst kinetische Energie ist, und das unveränderliche Verhältnis zwischen der Menge der erzeugten Wärme und der Menge der verlorenen kinetischen Energie bewies, daſs das Prinzip der Erhaltung der Energie oder der lebendigen Kraft, wie man damals sagte, auch bei der Umwandlung von Wärme in kinetische Energie und umgekehrt gültig ist.

Diese Entdeckung lenkte alsbald die Aufmerksamkeit auf die Thatsache, daſs auſser Wärme und kinetischer Energie auch noch andere Arten von Energie aus einer Form in eine andere übergeführt werden können. Dies führte notwendigerweise zu dem Schluſs, daſs die verschiedenen Arten von Energie, die uns in der Physik beschäftigen, z. B. die Wärme und die elektrischen Ströme, in Wirklichkeit Formen von kinetischer Energie sind, wenn auch die in Bewegung befindlichen Körper, die den Sitz dieser Energie bilden, im Vergleich mit den bewegten Teilen irgend einer uns bekannten Maschine unendlich klein sein müssen.

Diese Vorstellungen wurden von verschiedenen Mathematikern entwickelt, namentlich von v. Helmholtz, der in seiner Abhandlung *Über die Erhaltung der Kraft*, Berlin, 1847, die dynamische Methode der Erhaltung der Energie auf verschiedene Zweige der Physik anwandte und zeigte, daſs viele wohl bekannte Erscheinungen durch dieses Prinzip in einer solchen

Weise verbunden sind, dafs die Existenz der einen die der anderen einschliefst.

2. Die meiste Aufmerksamkeit erregte zunächst wegen ihrer praktischen Bedeutung die Umwandlung von Wärme in andere Energieformen und umgekehrt.

Man erkannte in diesem Falle bald, dafs das Prinzip der Erhaltung der Energie oder das erste Gesetz der Thermodynamik, wie man es nannte, nicht genügte, um alle Beziehungen zwischen den Wirkungen der Wärme auf die verschiedenen Eigenschaften eines Körpers und der Wärme zu erhalten, welche erzeugt oder absorbiert wird, wenn in dem Körper gewisse Veränderungen vor sich gehen, dafs sich aber diese Beziehungen mit Hilfe eines anderen Prinzips, des zweiten Gesetzes der Thermodynamik, ableiten lassen. Dasselbe besagt, dafs, wenn einem System, in welchem alle Wirkungen vollkommen umkehrbar sind, eine Wärmemenge dQ bei der absoluten Temperatur θ mitgeteilt wird,

$$\int \frac{dQ}{\theta} = 0,$$

wenn die Integration über irgend einen vollständigen Kreis von Operationen ausgedehnt wird.

Dieser Satz wird von verschiedenen Physikern aus verschiedenen Axiomen abgeleitet, von Clausius z. B. aus dem „Axiom“, dafs Wärme nicht von selbst von einem Körper auf einen anderen, der eine höhere Temperatur besitzt, übergehen kann, von Sir William Thomson aus dem „Axiom“, dafs es unmöglich ist, durch Wirkung eines unbelebten materiellen Mittels mechanische Arbeit aus irgend einem Teil der Materie dadurch zu gewinnen, dafs man ihn unter der Temperatur des kältesten der ihn umgebenden Gegenstände abkühlt.

Das zweite Gesetz der Thermodynamik ist also aus der Erfahrung abgeleitet und ist nicht ein rein dynamisches Gesetz.

Wir hätten *a priori* aus dynamischen Betrachtungen den Schlufs ziehen können, dafs das Prinzip der Erhaltung der Energie allein nicht genügt, um uns in den Stand zu setzen, alle Beziehungen zwischen den verschiedenen Eigenschaften der Körper abzuleiten. Dieses Prinzip ist nämlich mehr ein dynamisches Resultat als eine dynamische Methode und im allgemeinen allein nicht genügend, um ein dynamisches Problem vollständig zu lösen.

So dürfen wir nicht erwarten, dafs das Prinzip der Erhaltung der Energie allein für die dynamische Behandlung der Physik genügt, da es selbst in viel einfacheren Fällen, die in der gewöhnlichen Mechanik vorkommen, nicht genügt.

Die Hilfsmittel der Dynamik sind aber selbst mit dem Prinzip der Erhaltung der Energie keineswegs erschöpft. Wir besitzen glücklicherweise noch andere Methoden, wie z. B. das Hamilton'sche Prinzip der variierenden Wirkung und die Methode der Lagrangeschen Gleichungen, die kaum eine eingehendere Kenntnis der Struktur des Systems erfordern, auf welches sie angewandt werden, als das Prinzip der Erhaltung der Energie selbst, die aber trotzdem genügen, um die Bewegung des Systems vollkommen zu bestimmen.

3. In dem vorliegenden Werke soll der Versuch gemacht werden, zu zeigen, welche Resultate sich mit Hilfe dieser rein dynamischen Prinzipien ohne An-

wendung des zweiten Gesetzes der Thermodynamik erzielen lassen.

Diese Methode hat vor derjenigen, die sich auf die beiden Gesetze der Thermodynamik stützt, die folgenden Vorzüge:

(1.) Sie ist eine dynamische Methode und besitzt als solche einen viel fundamentaleren Charakter, als diejenige, welche die Anwendung des zweiten Gesetzes der Thermodynamik erfordert.

(2.) Sie stützt sich nur auf ein Prinzip statt, wie jene, auf zwei.

(3.) Sie ist auf Fragen anwendbar, in denen keine Umwandlungen anderer Energieformen aus oder in Wärme vorkommen (ausgenommen die durch die Reibung verursachten), während für diesen Fall die andere Methode in das Prinzip der Erhaltung der Energie ausartet, welche oft zur Lösung des Problems nicht genügt.

Andererseits hat diese Methode als dynamische Methode den Nachteil, daſs die Resultate derselben dynamische Gröſsen wie Energie, Moment, Geschwindigkeit sind und daher die Kenntnis anderer Beziehungen erfordern, wenn es sich darum handelt, die physikalischen Gröſsen, die wir zu messen wünschen, z. B. Intensität eines Stromes, Temperatur u. s. w., aus jenen Resultaten abzuleiten. Diese Beziehungen sind uns aber nicht in allen Fällen bekannt.

Das zweite Gesetz der Thermodynamik dagegen enthält als Erfahrungssatz keine Gröſse, die nicht im physikalischen Laboratorium gemessen werden kann.

Aus diesem Grunde giebt es einige Fälle, in denen das zweite Gesetz der Thermodynamik zu bestimmteren Resultaten führt, als die dynamischen Methoden von Hamilton oder Lagrange. Allein auch in diesem Falle dürften die Resultate der Anwendung der dynamischen Methode von Interesse sein, da sich aus ihnen ergiebt, welcher Teil dieser Probleme mit Hilfe der Dynamik gelöst werden kann, und welcher nur durch Betrachtungen, die aus der Erfahrung abgeleitet sind.

4. Man hat in verschiedener Art zu beweisen versucht, dafs sich das zweite Gesetz der Thermodynamik aus dem Prinzip der kleinsten Wirkung ableiten läfst. Keiner dieser Beweise scheint jedoch ganz befriedigend zu sein. Allein selbst wenn es für diesen Zusammenhang einen unanfechtbaren Beweis gäbe, würde es trotzdem wünschenswert sein, das Prinzip der kleinsten Wirkung und das äquivalente Prinzip der Lagrange'schen Gleichungen auf verschiedene physikalische Probleme anzuwenden und die Resultate beider Methoden zu vergleichen.

Wenn diese Resultate mit den durch Anwendung des zweiten Gesetzes der Thermodynamik gewonnenen übereinstimmten, so würde dies einen praktischen Beweis für den Zusammenhang dieses Gesetzes mit dem Prinzip der kleinsten Wirkung bilden.

5. Wenn wir bedenken, dafs wir fast gar nichts über die Struktur der Körper wissen, die die meisten dynamischen Systeme bilden, die uns in der Physik beschäftigen, so könnte der Versuch, die Dynamik auf solche Systeme anzuwenden, als ein Unternehmen erscheinen, welches wenig Erfolg verspricht. Wir dürfen jedoch nicht vergessen, dafs es sich bei dieser Anwendung weniger darum handelt, die Eigenschaften solcher Systeme in einer durchaus apriorischen Weise zu entdecken, als vielmehr darum, das Verhalten derselben unter gewissen Umständen vorauszusagen, nach-

dem wir dasselbe unter anderen Umständen beobachtet haben. Welche Resultate wir in der Anwendung der Dynamik auf physikalische Probleme zu erwarten haben und in welcher Weise diese Resultate gewonnen werden, mag durch ein dynamisches Beispiel erläutert werden. Wir wollen annehmen, wir hätten auf einem Zifferblatt eine Anzahl von Zeigern und hinter dem Zifferblatt seien die verschiedenen Zeiger durch einen Mechanismus verbunden, dessen Einrichtung uns vollkommen unbekannt ist. Weiter wollen wir annehmen, dafs, wenn wir einen dieser Zeiger, z. B. *A*, bewegen, ein zweiter Zeiger, etwa *B*, ebenfalls in Bewegung gesetzt wird.

Wenn wir jetzt beobachten, wie die Geschwindigkeit und Stellung von *B* von der Geschwindigkeit und Stellung von *A* abhängt, so können wir mit Hilfe der Dynamik die Bewegung von *A* voraussagen, wenn die Geschwindigkeit und Stellung von *B* gegeben ist, und zwar können wir dies, trotzdem wir den Mechanismus, durch den die beiden Zeiger verbunden sind, nicht kennen. Wir könnten weiter beobachten, dafs bei gegebener Bewegung von *A* die Bewegung von *B* in einem gewissen Grade von der Geschwindigkeit und der Stellung eines dritten Zeigers *C* abhängt. Wenn wir in diesem Falle den Einflufs der Bewegung von *C* auf die Bewegung von *A* und *B* beobachten, so können wir mit Hilfe der Dynamik ermitteln, in welcher Weise die Bewegung von *C* durch die Geschwindigkeiten und Stellungen der Zeiger *A* und *B* beeinflufst wird.

Dies erläutert die Art und Weise, in welcher uns dynamische Betrachtungen in den Stand setzen können, Erscheinungen in verschiedenen Zweigen der

Physik in Verbindung zu bringen. Wenn die Beobachtung der Bewegung von *B* bei gegebener Bewegung von *A* die experimentelle Untersuchung irgend einer physikalischen Erscheinung vorstellt, so stellt die dynamische Ableitung der Bewegung von *A* aus der gegebenen Bewegung von *B* eine auf das Hamilton-sche oder Lagrange'sche Prinzip gestützte Vorausbestimmung einer neuen Erscheinung vor, die eine Konsequenz der experimentell erforschten Erscheinung ist.

Wenn wir z. B. die Wirkung stetiger und veränderlicher elektrischer Ströme auf die Torsion eines longitudinal magnetisierten Eisendrahtes, der von diesen Strömen durchlaufen wird, experimentell erforschen, so können wir mit Hilfe der Dynamik den Einfluſs ermitteln, den die Torsion oder eine Änderung derselben auf einen den Draht durchlaufenden Strom ausübt.

Die Methode ist in der That nichts anderes als eine Erweiterung und Verallgemeinerung des Prinzips der Gleichheit von Wirkung und Gegenwirkung. Wenn wir z. B. zwei Körper *A* und *B* haben und beobachten die Bewegung von *B*, die durch eine bekannte Bewegung von *A* bewirkt wird, so können wir mit Hilfe dieses Prinzips auch die Bewegung von *A* ermitteln, wenn die Bewegung von *B* bekannt ist. Der allgemeine Fall, den wir in der Physik zu betrachten haben, besteht darin, daſs es sich nicht um zwei Körper handelt, die sich gegenseitig anziehen, sondern um zwei Erscheinungen, die sich gegenseitig beeinflussen.

ZWEITES KAPITEL.

Die dynamischen Methoden.

6. Da wir die Natur des Mechanismus der physikalischen Systeme, deren Wirkung wir zu untersuchen wünschen, nicht kennen, so dürfen wir nicht erwarten, durch Anwendung dynamischer Prinzipien mehr zu ermitteln, als Beziehungen zwischen verschiedenen Eigenschaften von Körpern. Und um diese zu ermitteln, können wir nur dynamische Methoden benutzen, welche keine eingehende Kenntnis des Systems erfordern, auf welches sie angewandt werden.

Die von Hamilton und Lagrange eingeführten Methoden besitzen diesen Vorzug, und da sie das Verhalten des Systems von den Eigenschaften einer einzigen Funktion abhängig machen, so reduzieren sie die Untersuchung auf die Bestimmung dieser Funktion. Im allgemeinen besteht das Verfahren, durch welches wir verschiedene physikalische Erscheinungen in Zusammenhang bringen, darin, daſs wir aus dem Verhalten des Systems unter gewissen Umständen den Schluſs ziehen, daſs in dieser Funktion ein Glied von einer bestimmten Art enthalten sein muſs. Das Vorhandensein dieses Gliedes läſst aber häufig bei Anwendung Lagrange'scher und Hamiltonscher Methoden auſser derjenigen Erscheinung, die zur Entdeckung desselben führte, noch andere Erscheinungen erkennen.

7. Wir wollen zunächst diejenigen dynamischen Gleichungen, die im folgenden am meisten Anwendung finden, hier zusammenstellen, um bequem auf dieselben hinweisen zu können.

Die Methode, welche der ausgedehntesten Anwendbarkeit fähig ist, ist das Hamilton'sche Prinzip, wonach (s. Routh's *Advanced Rigid Dynamics*, p. 245)

$$\delta \int_{t_0}^{t_1} (T - V)\, dt = \left\{ \Sigma \frac{dT}{d\dot{q}}\, \delta q \right\}_{t_0}^{t_1} \ldots\ldots (1).$$

T und V sind beziehungsweise die kinetische und die potentielle Energie des Systems, t ist die Zeit und q eine Koordinate irgend welcher Art. In diesem Falle wird vorausgesetzt, dafs t_0 und t_1 konstant sind.

In manchen Fällen empfiehlt es sich, die Gleichung in dieser Form zu gebrauchen, während in anderen die Lagrange'schen Gleichungen vorzuziehen sind. Dieselben können aus der Gleichung (1) abgeleitet (s. Routh's *Advanced Rigid Dynamics*, p. 249) und in folgender Form geschrieben werden:

$$\frac{d}{dt}\frac{dL}{d\dot{q}} - \frac{dL}{dq} = Q \ldots\ldots\ldots\ldots (2).$$

L, welches hier an Stelle von $T - V$ geschrieben ist, heifst die Lagrange'sche Funktion, Q ist die äufsere Kraft, die auf das System wirkt und q zu vergröfsern strebt.

Es wird vorausgesetzt, dafs in diesen Gleichungen die kinetische Energie durch die Geschwindigkeiten der Koordinaten ausgedrückt ist. Statt mit sämtlichen den Koordinaten entsprechenden Geschwindigkeiten operiert man jedoch in manchen Fällen bequemer mit einem Teil der Geschwindigkeiten, die den Koordinaten entsprechen, und den Momenten, die den übrigen Koordinaten entsprechen. Dies ist namentlich dann bequem, wenn einige der Koordinaten nicht selbst in expliciter Form, sondern nur vermittelst ihrer Differentialquotienten in der Lagrange'schen Funktion vorkommen. In einer Abhandlung „On some Applications of Dynamical Principles to Physical Phenomena" (*Phil. Trans.* 1885, Part II.) habe ich diese Koordinaten als „kinosthenische" bezeichnet. Im folgenden sollen dieselben als „Geschwindigkeitskoordinaten" bezeichnet werden, sobald jede Zweideutigkeit des Ausdrucks ausgeschlossen ist.

Die wichtigste Eigenschaft einer solchen Koordinate ist die, dafs das ihr entsprechende Moment konstant ist, sobald keine äufsere Kraft von derselben Art auf das System wirkt.

Wenn nämlich χ eine Geschwindigkeitskoordinate ist, so ist

$$\frac{dL}{d\chi} = 0,$$

und da keine äufsere Kraft auf das System wirkt, so geht die Lagrange'sche Gleichung über in

$$\frac{d}{dt}\frac{dL}{d\dot{\chi}} = 0, \ldots\ldots\ldots\ldots (3).$$

Da aber das der Koordinate χ entsprechende Moment $dL/d\dot{\chi}$ ist, so ergiebt sich aus dieser Gleichung, dafs es konstant ist.

8. Routh (*Stability of Motion*, p. 61) hat eine allgemeine Methode angegeben, die uns in den Stand setzt, die Geschwindigkeiten einiger Koordinaten und die den übrigen entsprechenden Momente zu benutzen, und zwar ist diese Methode anwendbar, einerlei ob diese letzteren Koordinaten Geschwindigkeitskoordinaten sind oder nicht.

Diese Methode besteht in dem folgenden Verfahren. Wenn wir z. B. die Geschwindigkeiten der Koordinaten $q_1, q_2 \ldots$ und die den Koordinaten φ_1, φ_2 entsprechenden Momente benutzen wollen, so gilt, wie Routh bewiesen hat, der folgende Satz. Wenn wir statt der Funktion L die durch die Gleichung

$$L' = L - \dot{\varphi}_1 \frac{dT}{d\dot{\varphi}_1} - \dot{\varphi}_2 \frac{dT}{d\dot{\varphi}_2} - \text{u. s. w.} \ldots (4)$$

gegebene neue Funktion L' benutzen und $\dot{\varphi}_1$, $\dot{\varphi}_2 \ldots$ vermittelst der Gleichungen

$$\Phi_1 = \frac{dT}{d\dot{\varphi}_1},\ \Phi_2 = \frac{dT}{d\dot{\varphi}_2}, \ldots \text{u. s. w.}$$

eliminieren, so können wir für die Koordinaten $q_1, q_2 \ldots$ die Lagrange'schen Gleichungen benutzen, wenn wir L durch L' ersetzen. Wir haben daher eine Reihe von Gleichungen von der Form

$$\frac{d}{dt} \frac{dL'}{d\dot{q}} - \frac{dL'}{dq} = Q \ldots\ldots\ldots\ldots (5).$$

Wenn wir

$$\tfrac{1}{2}\, \dot{\varphi}_1 \frac{dT}{d\dot{\varphi}_1}$$

den der Koordinate φ_1 entsprechenden Teil der kinetischen Energie nennen, so ergiebt sich aus (4), daſs L' gleich der kinetischen Energie des Systems ist *vermindert* um die potentielle Energie, *vermindert* um die doppelte kinetische Energie, die denjenigen Koordinaten entspricht, deren Geschwindigkeiten eliminiert sind.

9. Wenn wir die Struktur dieses Systems nicht kennen, so können wir durch die Beobachtung seines Verhaltens weiter nichts als die Lagrange'sche Funktion oder die modifizierte Form derselben bestimmen, und da diese Funktion die Bewegung des Systems vollkommen bestimmt, so genügt die Kenntnis der-

selben zur Untersuchung der Eigenschaften desselben. Wenn wir jedoch die „Energie" berechnen, die irgend einer physikalischen Bedingung entspricht, so kann die Interpretation zweideutig sein, wenn die Energie nicht ausschliefslich potentiell ist. Denn das, was wir in Wirklichkeit berechnen, ist die Lagrange'sche Funktion oder die modifizierte Form derselben. Diese ist aber die kinetische Energie *vermindert* um die potentielle Energie, *vermindert* um die doppelte kinetische Energie, die denjenigen Koordinaten entspricht, deren Geschwindigkeiten eliminiert sind. Der Energie, welche wir berechnet haben, kann daher jede der drei Benennungen zukommen. Man sagt z. B., die Energie eines Stückes weichen Eisens von der Volumeinheit, in welchem die Intensität der Magnetisierung gleichförmig und gleich I ist, sei — $I^2/2k$, wo k den Koeffizienten der Magnetinduktion des Eisens bezeichnet. Hiermit ist jedoch weiter nichts gesagt, als dafs der Ausdruck $I^2/2k$ in der (modifizierten oder ursprünglichen) Lagrange'schen Funktion des Systems vorkommt, dessen Bewegung oder Konfiguration die Erscheinung der Magnetisierung hervorbringt. Ohne weitere Betrachtungen wissen wir nicht, ob dieser Ausdruck eine Menge kinetischer Energie $I^2/2k$ oder potentieller Energie — $I^2/2k$ oder kinetische Energie bedeutet, die Koordinaten entspricht, deren Geschwindigkeiten eliminiert sind, oder endlich, ob sich nicht die durch ihn ausgedrückte Energie aus allen drei Arten zusammensetzt.

10. Diese Zweideutigkeit ist nicht vorhanden, wenn das System vollständig durch Koordinaten bestimmt ist. In diesem Falle mufs nämlich jedes Glied der Lagrange'schen Funktion durch diese Koor-

dinaten und deren Geschwindigkeiten oder die entsprechenden Momente ausgedrückt sein und wir können entscheiden, ob das Glied kinetische oder potentielle Energie ausdrückt. Zwei Untersuchungen im zweiten Bande von Maxwell's *Electricity and Magnetism* bilden ein gutes Beispiel dafür, wie diese Zweideutigkeit durch eine erhöhte Bestimmtheit unserer Vorstellungen über die Konfiguration des Systems aufgeklärt wird. In dem ersten Teil des Bandes wird bei Betrachtung der mechanischen Kräfte zwischen zwei von elektrischen Strömen durchlaufenen Leitern bewiesen, daſs zwei solche Leiter, die von den Strömen i und j durchlaufen werden, die Menge $-Mij$ potentieller Energie enthalten, wo M eine Gröſse bedeutet, die von der Gestalt und Gröſse sowie der gegenwärtigen Stellung der beiden Stromleiter abhängt. Später dagegen, nachdem Koordinaten eingeführt sind, durch die die elektrische Konfiguration des Systems fixiert werden kann, wird gezeigt, daſs das System in Wirklichkeit nicht $-Mij$ Einheiten potentieller, sondern $+Mij$ Einheiten kinetischer Energie enthält.

11. Diese Zweideutigkeit bezieht sich jedoch, wie sich aus den folgenden Betrachtungen ergeben wird, häufig nur auf die wörtliche Bezeichnung und hat ihren Grund darin, daſs wir nicht wissen, was potentielle Energie eigentlich ist.

Angenommen, ein System sei bestimmt durch n Koordinaten $q_1, q_2 \ldots q_n$ der gewöhnlichen Art, d. h. durch Koordinaten, die in den Ausdrücken für die kinetische oder potentielle Energie explicit vorkommen und die wir *Positionskoordinaten* nennen wollen, und m kinosthenische oder Geschwindigkeitskoordinaten $\varphi_1, \varphi_2, \ldots \varphi_m$. Weiter sei vorausgesetzt, daſs in dem Ausdruck für die kinetische Energie keine Glieder vorkommen, die das Produkt der Geschwindigkeiten einer q-Koordinate und einer φ-Koordinate enthalten, und daſs das System keine potentielle Energie besitzt.

Dann können wir nach der Methode von Routh die Lagrange'sche Gleichung für die q-Koordinaten benutzen, wenn wir anstatt der gewöhnlichen Lagrange'schen Funktion L, welche sich in diesem Fall auf die kinetische Energie reduziert, die modifizierte Funktion L' benutzen, welche durch die Gleichung

$$L' = L - \Sigma \dot{\varphi} \frac{dT}{d\dot{\varphi}} \quad \ldots\ldots\ldots\ldots (6)$$

oder

$$L' = \frac{1}{2} \Sigma \dot{q} \frac{dT}{d\dot{q}} - \frac{1}{2} \Sigma \dot{\varphi} \frac{dT}{d\dot{\varphi}} \quad \ldots\ldots (7)$$

gegeben ist, aus welcher $\dot{\varphi}_1, \dot{\varphi}_2$ mit Hilfe der Gleichung

$$\Phi_1 = \frac{dT}{d\dot{\varphi}_1}$$

eliminiert werden müssen.

Da nämlich der Ausdruck für L kein Glied enthält, welches das Produkt der Geschwindigkeiten einer q-Koordinate und einer φ-Koordinate enthält, so ist L' von der Form

$$T_{(qq)} - T_{(\varphi\varphi)},$$

wo $T_{(qq)}$ die kinetische Energie bedeutet, die aus der Bewegung der q-Koordinaten oder der Positionskoordinaten entspringt, $T_{(\varphi\varphi)}$ die kinetische Energie, die aus der Bewegung der kinosthenischen oder Geschwindigkeitskoordinaten entspringt.

Nach der Routh'schen Modifikation der Lagrange'schen Gleichungen haben wir:

$$\frac{d}{dt}\frac{d}{d\dot{q}_1}(T_{(qq)} - T_{(\varphi\varphi)}) - \frac{d}{dq_1}(T_{(qq)} - T_{(\varphi\varphi)}) = 0 \;..\; (8).$$

Da aber

$$\frac{dT_{(\varphi\varphi)}}{d\dot{q}_1} = 0,$$

so geht die Gleichung (8) über in

$$\frac{d}{dt}\,\frac{dT_{(qq)}}{d\dot{q}_1} - \frac{dT_{(qq)}}{dq_1} = -\frac{dT_{(\varphi\varphi)}}{dq_1} \;.\,.\,.\,.\,.\; (9).$$

Wenn das durch die Koordinaten der Lage q fixierte System eine Menge potentieller Energie V besessen hätte, so würden die Bewegungsgleichungen von dieser Form gewesen sein:

$$\frac{d}{dt}\,\frac{dT_{(qq)}}{d\dot{q}_1} - \frac{dT_{(qq)}}{dq_1} = -\frac{dV}{dq_1} \;.\,.\,.\,.\; (10).$$

Wenn wir die Gleichungen (9) und (10) vergleichen, so erkennen wir, daſs das durch die Positionskoordinaten q fixierte System genau dasselbe Verhalten zeigt wie ein System, dessen kinetische Energie $T_{(qq)}$ und dessen potentielle Energie $T_{(\varphi\varphi)}$ ist.

Wir können daher die potentielle Energie jedes beliebigen Systems als kinetische Energie betrachten, die aus der Bewegung von Systemen entspringt, die mit dem ursprünglichen System verbunden sind und deren Konfigurationen durch kinosthenische oder Geschwindigkeitskoordinaten fixiert werden können.

Von diesem Gesichtspunkt aus betrachtet ist alle Energie kinetische Energie und sämtliche Glieder der Lagrange'schen Funktion drücken kinetische Energie aus. Es fragt sich nun, ob die kinetische Energie aus der Bewegung unbekannter Koordinaten oder aus der Bewegung von Positionskoordinaten entspringt. Diese Frage ist aber leicht zu entscheiden.

12. Manche Theoreme der Dynamik werden bedeutend einfacher, wenn man sie von diesem Gesichtspunkt aus betrachtet. Als Beispiel mag das Prinzip der kleinsten Wirkung, d. h. der Satz dienen, dafs für die freie Bewegung eines Systems, dessen Energie konstant bleibt,

$$\int_{t_0}^{t_1} T dt$$

bei dem Übergang aus einer Konfiguration in eine andere ein Minimum ist. Wir wollen dies Prinzip auf das betrachtete System anwenden, welches nur kinetische Energie enthält, die aber zum Teil aus der Bewegung eines Systems entspringt, dessen Konfiguration durch kinosthenische Koordinaten fixiert werden kann.

Da sämtliche Energie kinetische ist, so bleibt die Gröfse derselben nach dem Prinzip der Erhaltung der Energie konstant, und daher nimmt das Prinzip der kleinsten Wirkung die sehr einfache Form an, dafs jedes beliebige materielle System bei einer gegebenen Menge von Energie sich durch seine ungeleitete Bewegung auf demjenigen Wege bewegt, der es in der kürzesten Zeit aus einer bestimmten Konfiguration in eine andere bringt. Das materielle System mufs natürlich die kinosthenischen Systeme enthalten, deren Bewegung dieselbe Wirkung hervorbringt, wie das ursprüngliche System, und zwei Konfigurationen werden nicht als zusammenfallend betrachtet, wenn nicht die Konfigurationen dieser kinosthenischen Systeme ebenfalls zusammenfallen.

Diese Anschauung, welche alle potentielle Energie als kinetische betrachtet, hat den Vorteil, uns zu vergegenwärtigen, daſs es eine der Aufgaben der physikalischen Wissenschaft ist, die Naturerscheinungen durch die Eigenschaften der bewegten Materie zu erklären. Wenn uns dies gelungen ist, so haben wir eine vollständige physikalische Erklärung einer Erscheinung gegeben und jede weitere Erklärung muſs mehr metaphysischer als physikalischer Natur sein. Dies ist jedoch nicht der Fall, wenn wir die Erscheinung durch Veränderungen in der potentiellen Energie des Systems erklären, weil sich durch potentielle Energie streng genommen nichts erklären läſst. Sie kleidet nur die Ergebnisse von Experimenten in eine für mathematische Untersuchungen geeignete Form.

Die Materie, deren Bewegung die kinetische Energie der kinosthenischen oder der „φ"-Systeme bilden, die wir als die potentielle Energie der „q"-Systeme betrachten, kann entweder die Materie von Teilen des Systems oder der umgebende Äther oder beides sein. In manchen Fällen können wir annehmen, daſs es hauptsächlich der Äther ist.

DRITTES KAPITEL.

Anwendung dieser Prinzipien auf die Physik.

13. Es wird zweckmäſsig sein, bei unserer Anwendung der Dynamik auf Physik mit denjenigen Fällen zu beginnen, die mit den in der Dynamik starrer Körper betrachteten am meisten verwandt sind. Wenn aber in diesem Falle keine Reibung vorhanden ist, so

sind alle Bewegungen umkehrbar und sind hauptsächlich Beziehungen zwischen Vectorgröfsen. Wir wollen daher zuerst die umkehrbaren Vectorwirkungen und dann diejenigen umkehrbaren Wirkungen betrachten, welche sowohl skalare als auch Vectorwirkungen enthalten, z. B. diejenigen, in denen eine skalare Gröfse wie die Temperatur eine wichtige Rolle spielt. Zuletzt werden wir nicht umkehrbare Wirkungen betrachten. Wir werden daher die verschiedenen Erscheinungen in folgender Reihenfolge betrachten:

1. Umkehrbare Vectorerscheinungen.
2. Umkehrbare skalare Erscheinungen.
3. Nicht umkehrbare Erscheinungen.

14. Wir wollen zunächst die Beziehungen zwischen den Erscheinungen der Elastizität, der Elektrizität und des Magnetismus sowie die Art und Weise betrachten, in welcher sie von der Bewegung und der Konfiguration der Körper abhängen, welche die Erscheinungen zeigen.

Diese Erscheinungen unterscheiden sich von anderen, die wir später betrachten werden, dadurch, dafs wir die Gröfsen, um die es sich bei ihnen handelt, vollständig unter unserer Kontrolle haben und denselben durch Anwendung geeigneter äufserer Kräfte jeden gewünschten Wert erteilen können (der natürlich innerhalb gewisser Grenzen liegt, wie sie durch die Festigkeit des Materials und die Sättigung von Magneten bedingt werden können). Die anderen Erscheinungen hängen dagegen von einer grofsen Anzahl von Koordinaten ab, von denen wir nur die Durchschnittsbewegung, dagegen nicht die Einzelbewegungen kontrollieren können. Da die erste Art von Erscheinungen am meisten Ähnlichkeit mit denjenigen Erscheinungen hat, mit denen sich die gewöhnliche Dynamik beschäftigt, so wollen wir mit ihnen beginnen.

15. Wenn wir dynamische Methoden dazu benutzen wollen, um die Bewegung eines Systems zu untersuchen, so müssen wir vor allen Dingen Koordinaten wählen, durch welche die Konfiguration desselben fixiert werden kann.

Wir werden finden, dafs es nötig ist, dem Wort „Koordinaten" eine allgemeinere Bedeutung beizulegen, als diejenige, welche es in der Dynamik starrer Körper hat. Hier ist eine Koordinate eine geometrische Gröfse, welche die geometrische Konfiguration des Systems fixieren hilft.

In den Anwendungen der Dynamik auf Physik müssen dagegen die Konfigurationen der Systeme, die wir betrachten, in Beziehung auf Verhältnisse wie Verteilung von Elektrizität und Magnetismus ebenso gut wie geometrisch fixiert werden. Um dies zu thun, müssen wir aber bei dem gegenwärtigen Stand unserer Kenntnisse Gröfsen benutzen, die keine geometrischen sind.

Ferner sind die Koordinaten, welche die Konfigurationen der Systeme in der gewöhnlichen Dynamik fixieren, ausreichend, um dieselben vollständig zu fixieren. Dagegen können wir anderseits versichert sein, dafs die Koordinaten, deren wir uns bedienen, um die Konfiguration des Systems in Beziehung auf manche physikalische Eigenschaften zu fixieren, nicht genügen, um es in allen Einzelheiten zu fixieren, wenn sie es auch fixieren, so weit wir es beobachten können, d. h. sie würden nicht genügen, es zu fixieren, wenn wir im stande wären, Unterschiede zu beobachten, die in ihrer Feinheit mit der Molekularstruktur vergleichbar sind.

Die Hydrodynamik liefert uns zahlreiche gute Beispiele für diesen letzteren Punkt. Wenn sich z. B. eine Kugel in einer inkompressiblen Flüssigkeit bewegt, so können wir die kinetische Energie des die Kugel und die Flüssigkeit umfassenden Systems durch die Differentialquotienten der drei Koordinaten ausdrücken, welche das Zentrum der Kugel fixieren, obgleich eine unendliche Anzahl von Koordinaten erforderlich sein würde, um die Konfiguration der Flüssigkeit vollständig zu fixieren.

Thomson und Tait (*Natural Philosophy,* Bd. I, p. 320) haben nun gezeigt, daſs wir diese Koordinaten gar nicht zu kennen brauchen, wenn die kinetische Energie ohne sie ausgedrückt werden kann, und daſs wir das System so behandeln können, als ob es vollständig durch diejenigen Koordinaten bestimmt wäre, durch deren Differentialquotienten die kinetische Energie ausgedrückt ist.

Ferner hat Larmor (*Proceedings of London Mathematical Society*, XV, p. 173) bewiesen, daſs

$$\delta \int_{t_0}^{t_1} L' dt = 0 \quad \ldots\ldots\ldots\ldots (11),$$

wenn $$L' = \frac{1}{2} \{\Sigma Q \dot{q} - \Sigma \Phi \dot{\varphi}\} - V.$$

Hier bedeutet L' die Routh'sche Modifikation der Lagrange'schen Funktion, $q_1, q_2 \ldots$ die beibehaltenen, $\varphi_1, \varphi_2 \ldots$ die unbekannten Koordinaten, $Q_1, Q_2 \ldots$ $\Phi_1, \Phi_2 \ldots$ beziehungsweise die jenen Koordinaten entsprechenden Momente.

Wenn die Positionskoordinaten q_1 $q_2 \ldots$ konstant sind und alle kinetische Energie verschwindet, was z. B. der Fall ist, wenn sich eine Anzahl fester Körper in einer vollkommenen Flüssigkeit bewegt, in welcher keine Zirkulation stattfindet, dann ist L' der Unterschied zwischen der kinetischen und der potentiellen Energie des Systems. Wenn dagegen die Geschwindigkeiten der Koordinaten der Lage sämtlich verschwinden und die kinetische Energie verschwindet nicht, was der Fall ist, wenn sich eine Anzahl fester Körper in einer Flüssigkeit bewegt, in welcher Zirkulation stattfindet, dann ist L' nicht mehr gleich dem Unterschied zwischen der kinetischen und der potentiellen Energie des Systems.

Aus der Gleichung (11) folgt mit Hilfe der Variationsrechnung, dafs, wenn L' durch eine Reihe von beliebigen Gröfsen $q_1, q_2 \ldots$ und deren Differentialquotienten ausgedrückt ist, eine Reihe von Gleichungen von der folgenden Form existiert:

$$\frac{d}{dt}\frac{dL'}{d\dot{q}} - \frac{dL'}{dq} = 0 \quad \ldots\ldots\ldots (12).$$

Wir können daher irgend welche veränderliche Gröfsen als Koordinaten benutzen, wenn die modifizierte Lagrange'sche Funktion durch diese Gröfsen und ihre ersten Differentialquotienten ausgedrückt werden kann.

16. Wenn wir zur Fixierung einer physikalischen Gröfse ein Symbol einführen, so können wir auf den ersten Blick nicht sicher sein, ob es eine Koordinate oder ein Differentialquotient einer solchen in Beziehung auf die Zeit ist.

Wir können z. B. im Zweifel sein, ob das Symbol für die Intensität eines Stromes eine Koordinate oder

der Differentialquotient einer Koordinate ist. Diese Schwierigkeit läfst sich jedoch durch die einfachsten dynamischen Betrachtungen überwinden. Wenn z. B. keine Dissipation von Energie durch nicht umkehrbare Prozesse stattfindet und die durch das Symbol dargestellte Gröfse bleibt unter der Einwirkung einer konstanten Kraft, die ihren Wert zu ändern strebt, konstant und es bleibt zugleich auch die Energie konstant, so ist das Symbol eine Koordinate.

Wenn sie dagegen konstant bleibt und nicht gleich null ist, wenn keine Kraft auf sie einwirkt, während keine Dissipation stattfindet und die Energie konstant bleibt, so bedeutet das Symbol eine Geschwindigkeit, d. h. den Differentialquotienten einer Koordinate in Beziehung auf die Zeit.

Wir wollen diese Betrachtungen auf das oben erwähnte Beispiel anwenden. Da die Intensität eines Stromes, der einen vollkommenen Leiter durchläuft, wobei keine Dissipation stattfindet, nicht die erste, sondern die zweite dieser Bedingungen erfüllt, so schliefsen wir, dafs die Intensität eines Stromes durch den Grad der Veränderung einer Koordinate und nicht durch die Koordinate selbst dargestellt werden mufs.

Spezifikation der Koordinaten.

17. Um die Konfiguration des Systems, soweit es sich um die in Rede stehenden Erscheinungen handelt, zu fixieren, werden wir die folgenden Arten von Koordinaten benutzen.

(1) Koordinaten zur Fixierung der geometrischen Konfiguration des Systems, d. h. zur Fixierung der räumlichen Lage beliebiger Körper von endlicher Gröfse, welche in dem System vorkommen können.

Wir werden zu diesem Zweck die in der Dynamik starrer Körper gewöhnlich gebrauchten Koordinaten benutzen und dieselben mit x_1, x_2, x_3 ... bezeichnen. Zur allgemeinen Bezeichnung einer geometrischen Koordinate ohne Beziehung auf irgend eine derselben im besonderen werden wir den Buchstaben x benutzen.

(2) Koordinaten zur Fixierung der Konfiguration der Deformationen in dem System. Wir werden zu diesem Zweck, wie es in den Werken über Elastizität gebräuchlich ist, die den Achsen der x, y, z parallelen Komponenten der Verschiebungen irgend eines kleinen Teils der Körper benutzen und dieselben beziehungsweise mit α, β, γ bezeichnen. Die Deformationen

$$\frac{d\alpha}{dx}, \frac{d\beta}{dy}, \frac{d\gamma}{dz};$$

$$\left(\frac{d\gamma}{dy} + \frac{d\beta}{dz}\right), \left(\frac{d\alpha}{dz} + \frac{d\gamma}{dx}\right), \left(\frac{d\beta}{dx} + \frac{d\alpha}{dy}\right)$$

werden wir beziehungsweise mit den Buchstaben e, f, g, a, b, c bezeichnen. Es ist zweckmäfsig, diese Gröfsen im allgemeinen ohne Rücksicht auf irgend eine derselben im besonderen mit einem bestimmten Buchstaben zu bezeichnen. Wir werden zu diesem Zwecke den Buchstaben w benutzen.

(3). Koordinaten zur Fixierung der elektrischen Konfiguration des Systems. Die zu diesem Zweck dienenden Koordinaten sollen mit y_1, y_2 ..., die typische Koordinate mit y bezeichnet werden. Hier ist y in einem Dielektrikum das, was Maxwell die elektrische Verschiebung nennt, in einem Leiter das Zeitintegral eines durch eine bestimmte Fläche fliefsenden Stroms.

(4) Koordinaten zur Fixierung der magnetischen Konfiguration. Dies könnten wir dadurch erreichen, dafs wir die Intensität der Magnetisierung an jedem Punkt spezifizieren, es ist jedoch nach meiner Ansicht deutlicher, wenn wir selbst in dem einfachsten Fall die magnetische Konfiguration als von zwei Koordinaten abhängig betrachten, von denen die eine eine kinosthenische oder Geschwindigkeitskoordinate ist.

Diese Betrachtungsweise bringt sie in Einklang mit den beiden gebräuchlichsten Arten, die Magnetisierung eines Körpers darzustellen, nämlich der Ampère'schen Theorie und der Hypothese der Molekularmagnete.

Nach der Ampère'schen Theorie wird die Magnetisierung durch elektrische Ströme bewirkt, welche in vollkommen leitenden Bahnen die Moleküle umkreisen. In diesem Fall würde die kinosthenische Koordinate die Intensität des Stromes und die andere Koordinate die Orientierung der Ebenen der Strombahnen fixieren.

Nach der Theorie der Molekularmagnete besteht jeder Magnet von endlicher Gröfse aus einer grofsen Anzahl von kleinen Magneten, die in polarisierter Weise angeordnet sind. Hier kann man annehmen, dafs das der kinosthenischen oder Geschwindigkeitskoordinate entsprechende Moment das magnetische Moment eines kleinen Magnets fixiert, was es infolge eines konstanten Wertes zu thun geeignet ist. Von der anderen Koordinate kann angenommen werden, dafs sie die Anordnung der kleinen Magnete im Raum fixiert.

Wir wollen die kinosthenische Koordinate mit ζ und die geometrische mit η bezeichnen und annehmen, dafs dieselben so gewählt sind, dafs die Intensität der Magnetisierung an irgend einem Punkt $\eta\xi$ ist, wo ξ das der kinosthenischen Koordinate ζ entsprechende Moment ist. Die Gröfse η ist eine Vectorgröfse und kann in drei den Achsen der x, y und z beziehungsweise parallele Komponenten zerlegt werden.

18. Nachdem wir die Koordinaten gewählt haben, können wir in zwei verschiedenen Arten zu Werke gehen. Wir können entweder den allgemeinsten Ausdruck für die Lagrange'sche Funktion in diesen Koordinaten und deren Differentialquotienten niederschreiben und dann die physikalischen Konsequenzen jedes Gliedes in diesem Ausdruck untersuchen. Wenn diese Konsequenzen der Erfahrung widersprechen, so schliefsen wir hieraus, dafs das fragliche Glied in dem Ausdruck für die Lagrange'sche Funktion nicht vorkommt.

Oder es kann uns als das Ergebnis des Experiments bekannt sein, dafs ein gewisses Glied in der Lagrange'schen Funktion vorhanden sein mufs und wir können dann durch Anwendung der Lagrange-schen Gleichungen die Konsequenzen des Vorhandenseins dieses Gliedes ziehen. Wir können z. B. aus der Gröfse der zur Herstellung des elektrischen Feldes erforderlichen Arbeit den Schlufs ziehen, dafs die Lagrange'sche Funktion für die Volumeinheit des Dielektrikums ein Glied von der Form

$$-\frac{1}{8\pi K} D^2$$

enthalten mufs, in welchem K die spezifische Induktionskapazität und D die resultierende elektrische Verschiebung bedeutet. Wir können dann durch Anwendung der Lagrange'schen Gleichung auf dieses Glied ermitteln, welches die Konsequenzen sein werden, wenn die spezifische Induktionskapazität des Dielektrikums durch Deformation verändert wird (s. § 39).

Wir werden beide Methoden benutzen, wollen aber mit der ersteren beginnen, da sie vielleicht die lehrreichere ist und weil wir später zahlreiche Beispiele der zweiten Methode kennen lernen werden, da die skalaren Erscheinungen sich nicht nach der ersteren Methode behandeln lassen.

19. Bei Anwendung der ersten Methode haben wir zunächst den allgemeinsten Ausdruck für die Lagrange'sche Funktion in den Koordinaten x, y, η, ζ, w niederzuschreiben.

Wir wollen annehmen, $\dot{\zeta}$ sei vermittelst der Gleichung

$$\frac{dT}{d\dot{\zeta}} = \xi$$

eliminiert und wir operierten mit der Routh'schen Modifikation der Lagrange'schen Funktion.

Der allgemeinste Ausdruck für die dem kinetischen Teil dieser Funktion entsprechenden Glieder, dem einzigen Teil, den wir typisch ausdrücken können, ist von der Form

$$\begin{aligned}\frac{1}{2}\Big\{&(x_1 x_1)\dot{x}_1^2 + (x_2 x_2)\dot{x}_2^2 + 2(x_1 x_2)\dot{x}_1 \dot{x}_2 + \ldots\\
&+ (y_1 y_1)\dot{y}_1^2 + (y_2 y_2)\dot{y}_2^2 + 2(y_1 y_2)\dot{y}_1 \dot{y}_2 + \ldots\\
&+ (ww)\dot{w}^2 + (\eta\eta)\dot{\eta}^2 + (\xi\xi)\xi^2\\
&+ 2(xy)\dot{x}\dot{y} + 2(xw)\dot{x}\dot{w} + 2(x\eta)\dot{x}\dot{\eta}\\
&+ 2(x\xi)\dot{x}\xi + 2(yw)\dot{y}\dot{w} + 2(y\eta)\dot{y}\dot{\eta}\\
&+ 2(y\xi)\dot{y}\xi + 2(w\eta)\dot{w}\dot{\eta} + 2(w\xi)\dot{w}\xi\\
&+ 2(\eta\xi)\dot{\eta}\xi\Big\}.\end{aligned}$$

Diese Glieder lassen sich in fünfzehn Typen einteilen.

Es sind fünf Gruppen vorhanden, die quadratische Funktionen der Geschwindigkeit oder des Momentes von einer Koordinatenart sind. Jede dieser fünf Gruppen mufs in wirklichen physikalischen Systemen vorhanden sein, wenn in den durch die entsprechenden Koordinaten ausgedrückten Erscheinungen etwas der Trägheit Analoges vorkommt.

Sodann sind zehn Gruppen von Gliedern vom Typus

$$(xy)\, \dot{x}\dot{y} \text{ oder } (x\xi)\, \dot{x}\xi$$

vorhanden, die das Produkt zweier Geschwindigkeiten oder einer Geschwindigkeit und eines Momentes zweier Koordinaten verschiedener Art enthalten.

Um zu bestimmen, ob ein Glied von diesem Typus vorhanden ist oder nicht, müssen wir ermitteln, welches die physikalischen Konsequenzen desselben sein würden. Wenn es sich zeigt, dafs dieselben der Erfahrung widersprechen, so ziehen wir hieraus den Schlufs, dafs dieses Glied nicht vorhanden ist.

20. Die Konsequenzen des Vorhandenseins eines Gliedes dieser Art in dem Ausdruck für die kinetische Energie lassen sich in folgender Weise bestimmen.

Angenommen, die modifizierte Lagrange'sche Funktion enthalte ein Glied vom Typus

$$(pq)\, \dot{p}\dot{q},$$

in welchem p und q irgend welche von den fünf Koordinaten, deren wir uns bedienen, sein mögen.

Dann haben wir nach der Routh'schen Modifikation der Lagrange'schen Gleichungen

$$\frac{d}{dt}\frac{dL'}{d\dot{p}} - \frac{dL'}{dp} = P \ldots\ldots\ldots (13).$$

P ist hier die auf das System wirkende äuſsere Kraft vom Typus p.

Die Wirkung des Gliedes

$$(pq)\,\dot{p}\dot{q}$$

ist daher gleichwertig mit dem Vorhandensein einer Kraft vom Typus p gleich

$$\frac{d}{dp}\left\{(pq)\,\dot{p}\dot{q}\right\} - \frac{d}{dt}\left\{(pq)\,\dot{q}\right\},$$

d. h.

$$-\left\{(pq)\,\ddot{q} + \frac{d}{dq}(pq)\,\dot{q}^2 + \Sigma\frac{d}{dr}(pq)\,\dot{r}\dot{q}\right\}\ldots (14);$$

einer Kraft vom Typus q gleich

$$\frac{d}{dq}\left\{(pq)\,\dot{p}\dot{q}\right\} - \frac{d}{dt}\left\{(pq)\,\dot{p}\right\},$$

d. h.

$$-\left\{(pq)\,\ddot{p} + \frac{d}{dp}(pq)\,\dot{p}^2 + \Sigma\frac{d}{dr}(pq)\,\dot{r}\dot{p}\right\}\ldots (15);$$

und einer Kraft vom Typus r gleich

$$\frac{d}{dr}\left\{(pq)\,\dot{p}\dot{q}\right\},$$

d. h.

$$\dot{p}\dot{q}\,\frac{d}{dr}(pq) \ldots\ldots\ldots\ldots (16);$$

die Koordinate r gehört einem anderen Typus an als p oder q.

Jedes Glied in diesen Ausdrücken entspricht einer physikalischen Erscheinung. Um dies an einem bestimmten Beispiel zu erläutern, wollen wir annehmen, p sei die durch x symbolisierte geometrische Koordinate und q die elektrische Koordinate y.

Wenn dann das Glied $(xy)\,\dot{x}\dot{y}$ in dem Ausdruck für die Lagrange'sche Funktion vorkäme, so würde die durch einen stetigen Strom erzeugte mechanische Kraft nicht dieselbe sein wie die durch einen veränderlichen Strom, der momentan dieselbe Intensität hat. Durch den Ausdruck (14) ist nämlich das Glied

$$(xy)\,\ddot{y}$$

in dem Ausdruck für die Kraft vom Typus x, d. h. die mechanische Kraft enthalten, und da $\ddot{y}$ null ist, wenn der Strom stetig ist, so würde, wenn dies Glied existierte, eine mechanische Kraft vorhanden sein, die von dem Grade der Änderung des Stromes abhinge.

Ferner erkennen wir, wenn wir bedenken, dafs p für x und q für y steht, aus dem Glied $\frac{d}{dy}(xy)\,\dot{y}^2$ in dem Ausdruck (14), dafs, wenn xy eine Funktion von y wäre, der Strom eine mechanische Kraft erzeugen würde, die seinem Quadrate proportional wäre, so dafs die Kraft nicht umgekehrt werden würde, wenn die Richtung des Stroms umgekehrt wird.

Wenn wir ferner den Ausdruck für die Kraft vom Typus y oder q, d. h. die elektromotorische Kraft betrachten, so sehen wir, dafs die Existenz dieses Gliedes die Erzeugung einer elektromotorischen Kraft durch einen Körper andeutet, dessen Geschwindigkeit veränderlich ist, indem sie von der Beschleunigung des Körpers abhängt. Dies ergiebt sich aus dem Vorhandensein des Gliedes $(xy)\,\ddot{x}$ in (15), dem Ausdruck für die elektromotorische Kraft.

Wenn (xy) eine Funktion von x wäre, so zeigt das Glied $(xy)\ \dot{x}^2$ in (15) an, dafs ein bewegter Körper eine dem Quadrat seiner Geschwindigkeit proportionale elektromotorische Kraft erzeugen würde, also eine solche, die nicht umgekehrt werden würde, wenn die Richtung der Bewegung des Körpers umgekehrt wird.

Da keine dieser Wirkungen beobachtet worden ist, so schliefsen wir, dafs dieses Glied in dem Ausdruck für die Lagrange'sche Funktion eines physikalischen Systems nicht vorhanden ist (s. Maxwell, *Electricity and Magnetism,* § 574).

21. Wir wollen jetzt die verschiedenen Typen der Glieder betrachten, welche das Produkt der Geschwindigkeiten zweier Koordinaten verschiedener Art oder die Geschwindigkeit der einen und das Moment einer anderen enthalten, um zu sehen, ob sie in dem Ausdruck für die Lagrange'sche Funktion existieren oder nicht.

Durch welche Schlüsse dies erreicht wird, ergiebt sich aus dem gegebenen Beispiel, und es bleibt dem Leser überlassen, sich durch Betrachtung der Ausdrücke (14) und (15) zu überzeugen, dafs die Existenz der einzelnen Glieder die beschriebenen Konsequenzen nach sich zieht.

Wenn wir die Glieder der Reihe nach betrachten, so haben wir

1. Glieder von der Form

$$(xy)\ \dot{x}\dot{y}.$$

Wir haben soeben gesehen, dafs Glieder dieser Art in dem Ausdruck für die Lagrange'sche Funktion nicht vorkommen können. Man vergleiche auch

Maxwell, *Electricity and Magnetism II.* Teil IV, Kap. 7.

2. Glieder von der Form

$$(xw)\ \dot{x}\dot{w}.$$

Glieder von dieser Form können existieren, wenn es sich um einen vibrierenden festen Körper handelt, der sich zugleich als Ganzes bewegt. Die Geschwindigkeit irgend eines Punktes in dem festen Körper ist nämlich gleich der Geschwindigkeit seines Schwerpunktes vermehrt um die Geschwindigkeit des Punktes in Beziehung auf den Schwerpunkt. Diese letztere Geschwindigkeit enthält aber $\dot{w}$, so daſs das Quadrat der Geschwindigkeit und folglich die kinetische Energie $\dot{x}\dot{w}$ enthalten kann.

3. Glieder von der Form

$$(x\eta)\ \dot{x}\ddot{\eta}$$

können nicht existieren, da sie, wie sich beweisen läſst, die Existenz einer magnetisierenden Kraft in einem in Bewegung befindlichen Körper anzeigen würde, die von der Beschleunigung des Körpers abhängig ist. Auch würde die Existenz derartiger Glieder erfordern, daſs die von einem Magnet ausgeübte mechanische Kraft von dem Grade der Veränderung der Magnetisierung abhängig sein müſste. Derartige Wirkungen sind aber nicht beobachtet worden.

4. Glieder von der Form

$$(x\xi)\ \dot{x}\xi$$

können offenbar nicht existieren, weil sie erfordern würden, daſs die von einem Magnet ausgeübte mechanische Kraft von dem Grade der Änderung der magnetischen Intensität abhängig ist. Diese Wirkung ist aber nicht beobachtet worden.

5. Glieder von der Form

$$(yw)\,\dot{y}\dot{w}.$$

Wenn diese Glieder existierten, so würde es möglich sein, elektromotorische Kräfte durch Vibration zu entwickeln, und diese Kräfte würden von der Beschleunigung der Vibration und nicht bloſs von der Geschwindigkeit abhängen. Da derartige Kräfte nicht beobachtet worden sind, so schlieſsen wir, daſs dieses Glied in der Lagrange'schen Funktion physikalischer Systeme nicht existiert.

6. Glieder von der Form

$$(y\eta)\,\dot{y}\dot{\eta}.$$

Wenn diese Glieder existierten, so würde es elektromotorische Kräfte geben, die von dem Grade der *Beschleunigung* der Veränderungen im magnetischen Feld abhängen.

Auſserdem zeigen sie magnetische Kräfte an, die von dem Grade der Veränderung des Stromes abhängen. Da keine dieser Wirkungen beobachtet worden sind, so schlieſsen wir, daſs Glieder dieser Form in dem Ausdruck für die Lagrange'sche Funktion nicht existieren.

7. Glieder von der Form

$$(y\xi)\,\dot{y}\xi.$$

Glieder dieser Art deuten die Erzeugung einer elektromotorischen Kraft in einem veränderlichen magnetischen Feld an, wobei sich die elektromotorische Kraft mit dem Grade der Veränderung des magnetischen Feldes ändert. Dies ist die bekannte Erscheinung der Erzeugung einer elektromotorischen Kraft um einen Stromkreis, sobald sich die Anzahl der magnetischen Kraftlinien, die durch denselben geht, ändert.

Da dieses Glied das einzige in der Lagrangeschen Funktion ist, welches eine Wirkung dieser Art hervorbringen kann, ohne andere durch die Erfahrung nicht bestätigte Wirkungen hervorzubringen, so schliefsen wir, dafs dieses Glied existiert.

8. Glieder von der Form

$$(w\eta)\, \dot{w}\dot{\eta}.$$

Wenn wir irgend eine Molekulartheorie des Magnetismus, wie z. B. die Ampère'sche, annehmen, in welcher das magnetische Feld von der Anordnung der Moleküle in dem Körper abhängt, so sollten wir allerdings erwarten, dafs dieses Glied existiert. Die Folgerungen, welche sich aus seiner Existenz ergeben, sind jedoch nicht durch Versuche entdeckt worden.

Wenn dies Glied existierte und wir betrachten zunächst die Wirkung desselben auf die magnetische Konfiguration, so erkennen wir, dafs ein vibrierender Körper magnetische Wirkungen hervorbringen müfste, die von den Vibrationen abhängig sind. Wenn wir zweitens den Einflufs dieses Gliedes auf die Konfiguration der Deformation betrachten, so sehen wir, dafs eine deformierende Kraft existieren müfste, die von dem Grade der Beschleunigung des magnetischen Feldes abhängt. Da keine von diesen Wirkungen beobachtet worden sind, so haben wir keinen Beweis für die Existenz dieses Gliedes.

9. Glieder von der Form

$$(w\xi)\, \dot{w}\xi.$$

Diese würden die Existenz von deformierenden Kräften andeuten, die von dem Grade der Veränderung des magnetischen Feldes abhängen, wir haben jedoch keine Beweise für die Existenz derartiger Kräfte.

10. Glieder von der Form

$$(\eta\xi)\ \dot{\eta}\xi.$$

Wenn wir die Ampère'sche Hypothese der Molekularströme annehmen, so ist dieses Glied von derselben Art wie das Glied $(x\xi)\ \dot{x}\xi$, welches wir bereits diskutiert haben. Wenn daher die Eigenschaften dieser molekularen Stromkreise nicht wesentlich von den uns bekannten Stromkreisen von endlicher Gröſse verschieden sind, so kann dieses Glied nicht existieren.

21. Wenn wir die Resultate der vorhergehenden Betrachtungen zusammenfassen, so kommen wir zu dem Schluſs, daſs die Glieder in der Lagrange'schen Funktion, welche die von unseren fünf Klassen von Koordinaten abhängige kinetische Energie ausdrücken, von dem einen oder anderen der folgenden Typen sein müssen:

$$\left.\begin{array}{r} (xx)\ \dot{x}^2 \\ (yy)\ \dot{y}^2 \\ (ww)\ \dot{w}^2 \\ (\eta\eta)\ \dot{\eta}^2 \\ (\xi\xi)\ \dot{\xi}^2 \\ (xw)\ \dot{x}\dot{w} \\ (y\xi)\ \dot{y}\xi \end{array}\right\} \ldots\ldots\ldots\ldots (17).$$

22. Wir könnten ein Modell mit fünf Graden von Freiheit machen, welches den Zusammenhang zwischen diesen Erscheinungen, die durch Koordinaten von fünf Typen fixiert sind, veranschaulichen würde.

Wenn wir das Modell, dessen Konfiguration durch die fünf Koordinaten x, y, w, η, ζ bestimmt ist, so einrichten, daſs nur die in dem Ausdruck (17) enthaltenen Glieder in dem Ausdruck für die kinetische Energie desselben vorkommen, und wenn wir die einer jeden Koordinate entsprechende potentielle Energie derjenigen des physikalischen Systems analog machen, so würde das Verhalten dieses Modells die gegenseitige Einwirkung der Erscheinungen der Elektrizität, des Magnetismus, der Elastizität u. s. w. veranschaulichen, und jede Erscheinung, welche an dem Modell beobachtet wird, würde ihr Gegenstück in den genannten Naturerscheinungen haben.

Wenn wir aber den Ausdruck für die Energie eines solchen Modells kennen, so ist es nicht nötig, dasselbe zu konstruieren, um sein Verhalten zu beobachten, da wir alle Regeln für sein Verhalten mit Hilfe der Lagrange'schen Gleichungen ableiten können. Wir können von einem gewissen Gesichtspunkt aus die in diesem Buche befolgte Methode als diejenige bezeichnen, die nicht ein Modell bildet, sondern den Ausdruck für die Lagrange'sche Funktion eines Modells, dessen Eigenschaften sämtlich gewissen physikalischen Eigenschaften entsprechen müssen.

VIERTES KAPITEL.

Diskussion der Glieder der Lagrange'schen Funktion.

23. Wir müssen jetzt dazu übergehen, die Glieder des Ausdruckes (17) einzeln zu untersuchen, um zu ermitteln, welche Koordinaten in den Koeffizienten (xx), (yy) . . . enthalten sind. Wenn wir bewiesen haben, daſs diese Koeffizienten gewisse besondere Koordinaten enthalten, so müssen wir weiter unter-

suchen, welche physikalischen Konsequenzen sich daraus ergeben. Auf diese Weise werden wir im stande sein, zahlreiche Beziehungen zwischen den Erscheinungen der Elektrizität, des Magnetismus und der Elastizität zu erhalten.

24. Das erste Glied, welches wir zu betrachten haben, ist $\{xx\}\,\dot{x}^2$, welches dem Ausdruck für die gewöhnliche kinetische Energie eines Systems von Körpern entspricht. Wir wissen, dafs $\{xx\}$ eine Funktion der durch x bezeichneten geometrischen Koordinate sein kann, wir brauchen uns jedoch nicht damit aufzuhalten, die sich hieraus ergebenden Konsequenzen zu ziehen, da sie in den Lehrbüchern der Dynamik eines Systems starrer Körper ausführlich behandelt werden.

Ferner kann $\{xx\}$ die elektrische Koordinate y enthalten. In einer Abhandlung »On the Effects produced by the Motion of Electrified Bodies«, *Phil. Mag.* Apr. 1881, habe ich nämlich gezeigt, dafs die kinetische Energie einer kleinen Kugel von der Masse m, die mit der Elektrizitätsmenge e geladen ist und sich mit der Geschwindigkeit v bewegt, durch die folgende Formel gegeben ist:

$$\left\{\frac{1}{2}\,m + \frac{2}{15}\,\frac{\mu e^2}{a}\right\} v^2 \;\ldots\ldots\ldots (18).$$

Es bedeutet a den Radius der Kugel und μ die magnetische Permeabilität des sie umgebenden Dielektrikums.*)

*) Der wirkliche Wert des numerischen Koeffizienten des Gliedes ev^2/a hängt von der Annahme ab, die wir über die Bewegung des die Kugel umgebenden Äther machen. S. *Phil. Mag.* Juli 1881, p. 1.

Die Existenz dieses Gliedes in der kinetischen Energie, welches durch die »Verschiebungsströme« verursacht ist, die durch die Bewegung der Elektrisierung auf der Kugel in dem umgebenden Dielektrikum erregt werden, zeigt, dafs sich die Elektrizität in mancher Hinsicht so verhält, als ob sie Masse hätte. Aus dem Ausdruck (18) ergiebt sich nämlich, dafs die kinetische Energie einer elektrisierten Kugel dieselbe ist, als ob die Masse des Körpers um $4\mu e^2/15a$ vergröfsert worden wäre.

Wenn daher ein bewegter Körper eine Ladung Elektrizität erhält, so wird seine Geschwindigkeit impulsiv verändert. Da nämlich das Moment konstant bleibt und die scheinbare Masse plötzlich vergröfsert wird, so mufs die Geschwindigkeit impulsiv vermindert werden.

Die scheinbare Vergröfserung der Masse kann eine sehr geringe Gröfse nicht überschreiten, da die Luft oder ein anderes Dielektrikum durchbrochen wird, wenn die elektrische Kraft sehr intensiv wird. Wenn wir 75 als elektrostatisches Mafs in C.G.S.-Einheiten für die Intensität der gröfsten elektrischen Kraft annehmen, die eine einigermafsen dicke Luftschicht aushalten kann, welches der von Dr. Macfarlane (*Phil. Mag.* Dez. 1880) angegebene Wert ist, so haben wir, da die elektrische Kraft auf der Oberfläche kleiner als 75 sein mufs,

$$\frac{e}{Ka^2} < 75,$$

wenn K die spezifische Induktionskapazität des Mediums bedeutet.

Das Verhältnis der Zunahme der Masse zu der ursprünglichen Masse, welches nach (18)

$$\frac{4}{15}\frac{\mu e^2}{a}\Big/ m$$

ist, kann daher den Wert

$$K \times 1500\, \mu K a^3/m$$

nicht übersteigen, und da für Luft

$$1/\mu K = 9 \times 10^{20}$$

$$K = 1,$$

so kann das Verhältnis nicht gröfser sein als

$$1.6 \times 10^{-18}\, a^3/m$$

oder ungefähr $4 \times 10^{-19}/\varrho$,

wenn ϱ die mittlere Dichtigkeit der von der elektrisierten Oberfläche eingeschlossenen Substanz ist.

Wenn daher die mittlere Dichtigkeit innerhalb der Oberfläche selbst so gering ist wie die Dichtigkeit der Luft bei 0^0C und einem Atmosphärendruck, so beträgt die Veränderung der Masse nur ungefähr 5×10^{-16} von der ursprünglichen Masse. Sie ist daher viel zu klein, als dafs sie beobachtet werden könnte.

Wir wollen jetzt die elektrischen Wirkungen dieses Gliedes betrachten.

Es sei Q die auf die Kugel wirkende elektromotorische Kraft. Dann ist bei derselben Bezeichnung die Energie des Systems

$$\left(\frac{1}{2} m + \frac{2}{15}\frac{\mu e^2}{a}\right) v^2 + \frac{1}{2}\frac{e^2}{2Ka}.$$

Wenn v um δv und e um δe vergröfsert wird, so ist die Zunahme der Energie

$$\left(m + \frac{4}{15}\frac{\mu e^2}{a}\right) v\delta v + \frac{4}{15}\frac{\mu v^2}{a}\, e\delta e + \frac{e\delta e}{Ka},$$

und da dies nach der Erhaltung der Energie gleich

$$Q\delta e$$

sein mufs, so gilt die Gleichung

$$\left(m+\frac{4}{15}\frac{\mu e^2}{a}\right)v\delta v+\frac{4}{15}\frac{\mu v^2}{a}e\delta e+\frac{e\delta e}{Ka}=Q\delta e \quad (19).$$

Da keine mechanische Kraft auf das System wirkt, so ist das Moment konstant, folglich

$$\left(m+\frac{4}{15}\frac{\mu e^2}{a}\right)\delta v+\frac{8}{15}\frac{\mu e}{a}v\delta e=0 \;\ldots\ldots\; (20).$$

Durch Elimination von δv und δe aus den Gleichungen (19) und (20) erhalten wir

$$\frac{e}{Ka}\left\{1-\frac{4}{15}\mu K v^2\right\}=Q \;\ldots\ldots\ldots\; (21).$$

Daher wird die Kapazität der Kugel im Verhältnis 1 zu $1/1-\frac{4}{15}\mu K v^2$ vergröfsert, oder da nach der elektromagnetischen Theorie des Lichts $\mu K=1/V^2$, wenn V die Geschwindigkeit des Lichts durch das Dielektrikum ist, so wird die Kapazität der Kugel im Verhältnis von 1 zu $1/1-\frac{4}{15}\frac{v^2}{V^2}$ vergröfsert. Daher ist die Kapazität eines bewegten Kondensators nicht dieselbe wie die desselben ruhenden Kondensators, allein da der Unterschied von dem Quadrat des Verhältnisses der Geschwindigkeiten des Kondensators und des Lichtes abhängt, so ist derselbe aufserordentlich gering.

Wenn die Erde den Äther nicht mit sich fortführt, so bewegt sich ein Punkt auf der Erdoberfläche in Beziehung auf den Äther und es müssen die Veränderungen in der Geschwindigkeit eines solchen Punktes, welche im Laufe des Tages stattfinden, eine kleine tägliche Schwankung in der Kapazität von Kondensatoren bewirken.

25. Wenn sich zwei Kugeln von den Radien a und a' beziehungsweise mit den Geschwindigkeiten v und v' bewegen, so ist die kinetische Energie (siehe die Abhandlung »Effects produced by the Motion of Electrified Bodies«, *Phil. Mag.* April 1881) nach der Theorie von Maxwell

$$\left\{\left(\frac{1}{2}m+\frac{2}{15}\frac{\mu e^2}{a}\right)v^2+\left(\frac{1}{2}m'+\frac{2}{15}\frac{\mu e'^2}{a'}\right)v'^2+\frac{\mu e e'\cos\varepsilon}{3R}vv'\right\} \quad (22).^{*)}$$

R bedeutet den Abstand der Mittelpunkte der beiden Kugeln und ε den Winkel, den ihre Bewegungsrichtungen miteinander bilden; m, m', e, e' sind beziehungsweise die Massen und Ladungen der Kugeln.

Wenn wir v, v' und $\cos\varepsilon$ durch die Koordinaten der Mittelpunkte der Kugeln und deren Differentialquotienten in Beziehung auf die Zeit ausdrücken, so können wir in der in § 20 erklärten Weise mit Hilfe der Lagrange'schen Gleichungen beweisen, dafs diese Glieder die Existenz der folgenden auf die beiden Kugeln wirkenden Kräfte erfordern, wenn $\dot{v}$ und $\dot{v}'$ beziehungsweise die Beschleunigungen der Kugeln bedeuten.

Auf die erste Kugel wirkt

a. Eine Anziehung

$$\frac{\mu e e'}{3R^2}vv'\cos\varepsilon$$

---

*) S. die Anm. auf Seite 37.

in der Richtung der Verbindungslinie der Mittelpunkte beider Kugeln.

β. Eine Kraft

$$\frac{\mu e e'}{3R} \dot{v}'$$

in der der Beschleunigung der zweiten Kugel entgegengesetzten Richtung.

γ. Eine Kraft

$$\frac{1}{3} \mu e e' v' \frac{d}{dt}\left(\frac{1}{R}\right)$$

in der der Bewegung der zweiten Kugel entgegengesetzten Richtung.

Entsprechende Kräfte wirken auf die zweite Kugel, und zwar sind die auf die beiden Kugeln wirkenden Kräfte nicht gleich, ausgenommen wenn sich die Kugeln mit gleichen und gleichförmigen Geschwindigkeiten in derselben Richtung bewegen. Die Summe der Momente beider Kugeln wächst jedoch nicht unbegrenzt, da die Summe der Wirkungen und Gegenwirkungen nicht konstant, sondern eine Funktion der Beschleunigungen ist.

Wenn x, y, z die Koordinaten des Mittelpunkts der einen und x', y', z' die Koordinaten des Mittelpunkts der anderen Kugel sind, so läſst sich leicht beweisen, daſs

$$\left\{m + \frac{4}{15}\frac{\mu e^2}{a} + \frac{\mu e e'}{3R}\right\}\frac{dx}{dt} + \left\{m' + \frac{4}{15}\frac{\mu e'^2}{a'} + \frac{\mu e e'}{3R}\right\}\frac{dx'}{dt}$$

konstant ist, ebenso die symmetrischen Ausdrücke für die y-Koordinate und die z-Koordinate.

26. Andere elektrische Theorieen auſser der Max-

well'schen führen zu dem Schlufs, dafs der Koeffizient $\{xx\}$ eine Funktion der Elektrisierung des Systems ist.

Nach der Theorie von Clausius (Crelle, 82, p. 85) z. B. sind die Kräfte zwischen zwei kleinen bewegten elektrisierten Körpern dieselben, als ob das Glied

$$ee'vv' \frac{\cos \varepsilon}{R} - \frac{ee'}{KR}$$

in dem Ausdruck für die Lagrange'sche Funktion vorkäme. Der erste Teil dieses Ausdruckes stimmt mit demjenigen überein, den wir soeben betrachtet haben.

Die Kräfte, welche nach der Weber'schen Theorie (*Abhandlungen der Königlich Sächsischen Gesellschaft der Wissenschaften,* 1846, p. 211. Maxwell's *Electricity and Magnetism,* 2. Edit. Vol. II. § 853) zwischen zwei bewegten elektrisierten Körpern wirken, sind, wie sich leicht beweisen läfst, dieselben, welche vorhanden sein würden, wenn die Lagrange'sche Funktion das Glied

$$\frac{ee'}{R}\left\{\frac{x-x'}{R}(u-u') + \frac{y-y'}{R}(v-v') + \frac{z-z'}{R}(w-w')\right\}^2 - \frac{ee'}{KR}$$

enthielte. Hier bedeuten x, y, z, x', y', z' die Koordinaten der Mittelpunkte der elektrisierten Körper und u, v, w, u', v', w' die Komponenten ihrer Geschwindigkeiten parallel zu den Koordinatenachsen.

Dieses Glied führt jedoch zu unzulässigen Resultaten, wie sich zeigt, wenn wir den einfachen Fall annehmen, dafs sich die Körper in derselben geraden Linie bewegen, die wir als x-Achse betrachten können. In diesem Fall reduziert sich das Glied in der kinetischen Energie auf

$$\frac{ee'}{R}(u-u')^2$$

oder

$$\frac{ee'}{R}(u^2-2uu'+u'^2).$$

Die elektrisierten Körper verhalten sich also so, als ob ihre Massen infolge der Elektrisierung um $2ee'/R$ gröſser geworden wären, da jeder der Koeffizienten von u^2 und u'^2 um die Hälfte dieser Gröſse zugenommen hat. Wenn wir daher annehmen, daſs e und e' entgegengesetzte Zeichen haben und daſs die Elektrisierungen stark genug sind, um $2ee'/R$ gröſser zu machen als die Masse eines Körpers oder beider Körper, so würde sich mindestens einer der beiden Körper so verhalten, als ob seine Masse negativ wäre. Dies widerspricht der Erfahrung so sehr, daſs wir die Theorie als falsch betrachten müssen. Auf diese Konsequenz der Weber'schen Theorie hat zuerst v. Helmholtz hingewiesen (*Wissenschaftliche Abhandlungen,* I, p. 647).

Die Kräfte, welche nach der von Riemann in seinem nachgelassenen Werke *Schwere, Elektrizität und Magnetismus,* p. 326 gegebenen Theorie zwischen zwei bewegten elektrisierten Körpern existieren, sind, wie sich leicht beweisen läſst, dieselben wie diejenigen, welche existieren würden, wenn in dem Ausdruck für die Lagrange'sche Funktion das Glied

$$\frac{ee'}{R}\left\{(u-u')^2+(v-v')^2+(w-w')^2\right\}-\frac{ee'}{KR}$$

vorkäme. Gegen diese Theorie läſst sich, wie leicht einzusehen ist, derselbe Einwand erheben wie gegen die Weber'sche, d. h. es würde sich aus derselben ergeben, dafs sich ein elektrischer Körper in manchen Fällen so verhalten müfste, als ob seine Masse negativ wäre.

27. Wenn wir den Ausdruck für die kinetische Energie mit Rücksicht auf seine Bedeutung für die elektrischen Erscheinungen betrachten, so sehen wir, dafs er beweist, dafs, wenn wir die Pole einer Batterie mit zwei aus leitendem Metall verfertigten Kugeln verbinden, die Elektrizitätsmenge auf den Kugeln von den Geschwindigkeiten derselben abhängt.

Aus dem Ausdruck (22) für die kinetische Energie eines bewegten Leiters ergiebt sich, dafs, wenn wir eine Anzahl von Leitern haben, die sich im magnetischen Felde bewegen, in der Lagrange'schen Funktion ein positives Glied vorkommen mufs, welches vom Quadrat der Elektrisierung abhängt. Dasselbe gilt in geringerer Ausdehnung, wenn die bewegten Körper keine Leiter, sondern Substanzen sind, deren spezifische Induktionskapazität von derjenigen des umgebenden Mediums verschieden ist. Dies ist gleichbedeutend mit der Abnahme der durch eine gegebene Elektrisierung erzeugten potentiellen Energie, da eine Zunahme in der potentiellen Energie einer Abnahme in der Lagrange'schen Funktion entspricht. Die Anwesenheit der bewegten Leiter ist demnach gleichbedeutend mit einer Verminderung des Widerstandes des Dielektrikums gegen Veränderungen seines elektrischen Zustandes. Infolgedessen wird die Geschwindigkeit, mit welcher sich die elektrischen Schwingungen durch irgend ein Medium fortpflanzen, durch die Gegenwart von Molekülen, die sich in dem Medium bewegen, vermindert, und zwar ist diese Verminderung proportional dem Quadrat des Verhältnisses der Geschwindigkeit der Moleküle zu der Geschwindigkeit, mit welcher sich das Licht in dem Medium fortpflanzt. Wenn daher die elektromagnetische Theorie des Lichtes richtig ist, so ist das diskutierte Resultat von grofser Bedeutung für den Einflufs materieller Moleküle auf die Fortpflanzungsgeschwindigkeit des Lichtes.

28. Wir können uns leicht überzeugen, dafs (xx) eine Funktion der Deformationskoordinaten sein kann. Wenn wir z. B. den Fall annehmen, dafs (xx) das Trägheitsmoment eines Stabes in Beziehung auf eine durch seinen Mittelpunkt gehende Achse ist, und dafs der Stab in der Mitte zusammengedrückt und an den Enden auseinandergezogen wird, so ist das Trägheitsmoment kleiner, als wenn der Stab nicht deformiert wäre, weil die Wirkung der Deformation darin besteht, die Materie, aus welcher der Stab besteht, der Achse näher zu bringen. Daher kann das Trägheitsmoment und folglich (xx) von den Deformationskoordinaten abhängen.

Diese Koordinaten werden im allgemeinen in (xx) nur durch den Ausdruck für die Veränderung in der Dichtigkeit des deformierten Körpers vorkommen, d. h. durch

$$\frac{d\alpha}{dx} + \frac{d\beta}{dy} + \frac{d\gamma}{dz} \ldots\ldots\ldots\ldots (23).$$

Dieser Ausdruck kommt aber nur linear in (xx) vor.

Wenn wir mit Hilfe des Hamilton'schen Prinzips

$$\delta \int_{t_0}^{t_1} (T - V)\, dt = 0$$

die Elastizitätsgleichungen bilden, so werden wir leicht

finden, daſs die Anwesenheit von (23) in (xx) zu der Einführung der sogenannten »Centrifugalkräfte« in die Elastizitätsgleichung für einen rotierenden elastischen festen Körper führt. Wir wollen dies jedoch dem Leser als eine Übungsaufgabe überlassen.

29. Wir wollen jetzt denjenigen Teil der Lagrange'schen Funktion betrachten, welcher von den Geschwindigkeiten der elektrischen Koordinaten, d. h. von dem mit

$$\frac{1}{2}\left\{(y_1 y_1)\,\dot{y}_1^{\,2} + 2\,(y_1\,y_2)\,\dot{y}_1\,\dot{y}_2 + \ldots\ldots\right\}$$

bezeichneten Teil abhängt.

Wir wollen den Fall zweier leitender Stromkreise annehmen, deren elektrische Konfiguration durch die Koordinaten y_1, y_2 fixiert sind, während $\dot{y}_1$, $\dot{y}_2$ beziehungsweise die Ströme bedeuten, welche diese Stromleiter durchlaufen.

Dieser Teil der Lagrange'schen Funktion kann passend in dieser Form geschrieben werden:

$$\frac{1}{2}\left(L\dot{y}_1^{\,2} + 2M\dot{y}_1\dot{y}_2 + N\dot{y}_2^{\,2}\right).$$

Wir können jetzt die geometrische Konfiguration der beiden Stromkreise fixieren, wenn wir Koordinaten haben, welche die Lage des Schwerpunkts, die Gestalt und Lage des ersten Stromleiters sowie die Gestalt des zweiten Stromleiters und die Stellung desselben in Beziehung auf den ersten fixieren können.

Wir wollen mit $x_2 - x_1$ irgend eine Koordinate bezeichnen, welche die Stellung des einen Stromleiters in Beziehung auf den anderen fixiert, und mit ξ_1 ξ_2 Koordinaten, welche beziehungsweise die Gestalt des ersten und des zweiten Stromleiters fixieren.

Offenbar mufs die kinetische Energie durch diese Koordinaten ausdrückbar sein, denn die einzigen zur Fixierung des Systems erforderlichen Koordinaten, welche wir weggelassen haben, sind diejenigen, welche den Schwerpunkt und die Lage des ersten Systems fixieren. Da aber eine Bewegung des ganzen Systems als starrer Körper durch den Raum diesen Teil der kinetischen Energie des Systems nicht ändern kann, so kann der Ausdruck für die kinetische Energie diese Koordinaten nicht enthalten.

Wenn wie für $x_2 - x_1$ (eine Koordinate, die die Stellung des einen Stromleiters in Beziehung auf den anderen fixiert) x schreiben, so erkennen wir aus den Lagrange'schen Gleichungen, dafs diese Glieder in der kinetischen Energie der Existenz einer Kraft entsprechen, die x zu vergröfsern strebt und ist gleich

$$\frac{1}{2}\frac{dL}{dx}\dot{y}_1^2 + \frac{dM}{dx}\dot{y}_1\dot{y}_2 + \frac{1}{2}\frac{dN}{dx}\dot{y}_2^2 \quad \ldots (24).$$

Wir sehen aus diesem Ausdruck, dafs dL/dx und dN/dx verschwinden müssen, weil sonst zwischen den beiden Stromleitern selbst dann eine Kraft vorhanden sein würde, wenn der Strom in einem derselben aufhörte. Die Gröfsen L und N sind die sogenannten Koeffizienten der Selbstinduktion der beiden Stromleiter, und wir sehen daher, dafs der Koeffizient der Selbstinduktion eines Stromleiters von der Lage anderer benachbarter Ströme unabhängig und daher derselbe ist, als er sein würde, wenn diese Ströme nicht vorhanden wären.[1])

---

[1]) Dies ist vollkommen vereinbar mit der scheinbaren Verminderung der Selbstinduktion, die bei Anwendung von Wechselströmen durch benachbarte Ströme verursacht wird.

Nach (16) ist die Kraft, welche x zu vergröſsern strebt,

$$\frac{dM}{dx}\dot{y}_1\dot{y}_2,$$

d. h. es ist zwischen den beiden Stromleitern eine Kraft vorhanden, welche proportional ist dem Produkt der die Leiter durchlaufenden Ströme sowie dem Differentialquotienten einer die elektrischen Koordinaten nicht enthaltenden Funktion in Beziehung auf die Koordinate, in deren Richtung die Kraft gerechnet wird. Dies entspricht genau den mechanischen Kräften, welche zwischen den Stromleitern wirklich beobachtet werden, und es ist leicht einzusehen, daſs diese Kräfte aus keinem anderen Glied der Lagrange'schen Funktion entspringen können. Aus der Betrachtung der mechanischen Kräfte, welche zwei von Strömen durchflossene Stromleiter aufeinander ausüben, ergiebt sich daher, daſs das Glied $M\dot{y}_1\dot{y}_2$ in dem Ausdruck für die Lagrange'sche Funktion existiert.

Wir wollen jetzt den Einfluſs dieser Glieder auf die elektrische Konfiguration der beiden Stromleiter betrachten.

Nach der Lagrange'schen Gleichung für die Koordinate y_1 haben wir

$$\frac{d}{dt}\frac{dL'}{d\dot{y}_1}-\frac{dL'}{dy_1}=Y_1 \quad \ldots\ldots\ldots (25),$$

wo Y_1 die äuſsere elektromotorische Kraft bedeutet, welche y_1 zu vergröſsern strebt. Nun ist aber, wie wir direkt beweisen werden, $dL'/dy_1 = 0$ und daher sind die aus dem Glied

$$\frac{1}{2}\left(L\dot{y}_1^2+2M\dot{y}_1\dot{y}_2+N\dot{y}_2^2\right)$$

entspringenden Wirkungen auf die elektrische Konfiguration des ersten Stromleiters dieselben, welche durch eine äufsere elektromotorische Kraft erzeugt werden würden, die y_1 zu vergröfsern strebt und die gleich

$$-\frac{d}{dt}(L\dot{y}_1 + M\dot{y}_2) \quad \ldots\ldots\ldots \quad (26)$$

ist.

Wenn sich daher der Wert einer der vier Gröfsen L, M, $\dot{y}_1$, $\dot{y}_2$ ändert, so ist eine elektromotorische Kraft vorhanden, die in dem Stromkreis wirkt, durch den der Strom $\dot{y}_1$ fliefst. Der Ausdruck (26) giebt die erzeugte elektromotorische Kraft entweder durch die Bewegung benachbarter Stromkreise, die von Strömen durchflossen werden, oder durch Veränderungen in der Gröfse von Strömen, welche durch die Stromleiter fliefsen.

Dies Beispiel, welches in Maxwell's *Electricity and Magnetism,* Bd. II, Teil IV, Kap. VI gegeben wird, erläutert die Leistungsfähigkeit der dynamischen Methode sehr gut. Die Existenz der mechanischen Kraft beweist, dafs das Glied

$$M\dot{y}_1\dot{y}_2$$

in dem Ausdruck für die Lagrange'sche Funktion vorhanden ist, und dann ergiebt sich das Gesetz der Induktion von Strömen ohne weiteres durch Anwendung der Lagrange'schen Gleichungen.

Das Problem, welches wir soeben betrachtet haben, ist dynamisch äquivalent mit der Aufgabe, die Bewegungsgleichungen einer Partikel mit zwei Graden von Freiheit zu finden, wenn sich dieselbe unter der Einwirkung irgend welcher Kräfte befindet. Wir wissen, dafs sich dieselben nicht mit Hilfe des

Prinzips der Erhaltung der Energie allein ableiten lassen. Denn, um nur den einfachsten Fall anzuführen, wenn keine Kräfte auf die Partikel einwirken, so ist dem Prinzip der Erhaltung der Energie genügt, wenn die Geschwindigkeit konstant ist, einerlei ob sich die Partikel in einer geraden Linie bewegt oder nicht. Aus dieser Analogie erkennen wir, dafs bei zwei Stromkreisen das Prinzip der Erhaltung der Energie nicht genügt, um die Gleichungen der Bewegung abzuleiten, und dafs die Beweise, welche angeblich diese Gleichungen mit Hilfe dieses Prinzips allein ableiten, noch ein anderes Prinzip in impliziter Form enthalten müssen.

30. Es giebt keinen experimentellen Beweis dafür, dafs (yy) eine Funktion der elektrischen Koordinaten y ist, und dies ist bestimmt nicht der Fall, wenn das elektrische System aus einer Reihe von Stromleitern besteht, weil sonst die Koeffizienten der Selbstinduktion und der gegenseitigen Induktion von der Länge der Zeit abhängen würden, während der die Stromkreise von den Strömen durchflossen worden sind. In allen Fällen würde die Annahme die Existenz elektromotorischer Kräfte erfordern, welche nicht umgekehrt werden würden, wenn die Richtungen aller elektrischen Verschiebungen in dem Felde umgekehrt würden.

31. Durch ähnliche Schlüsse ergiebt sich, dafs (yy) keine Funktion der magnetischen Koordinaten sein kann. Denn wenn dies der Fall wäre, so würde es magnetische Kräfte geben, die durch elektrische Ströme erzeugt werden, die nicht umgekehrt würden, wenn die Richtungen aller Ströme in dem Felde umgekehrt würden.

32. Wir müssen jetzt untersuchen, ob (yy) eine

Funktion der Deformationskoordinaten ist oder nicht. Wenn dies der Fall wäre, so müſsten die Koeffizienten der Selbstinduktion und der gegenseitigen Induktion einer Anzahl von Stromkreisen von dem Deformationszustand der die Stromkreise bildenden Drähte abhängig sein. Dies ist zwar nicht unmöglich, aber es ist nie beobachtet worden und es widerspricht der Ampère'schen Theorie, daſs die von einem Strom ausgeübte Kraft nur von seiner Stärke und Lage, aber nicht von der Natur oder dem Zustand des Materials, welches er durchflieſst, abhängig ist.

Wenn wir ferner betrachten, welches der Einfluſs auf die elastischen Eigenschaften sein würde, wenn (yy) eine Funktion der Deformationskoordinaten wäre, so erkennen wir sofort, daſs dies anzeigen würde, daſs die elastischen Eigenschaften eines Drahtes geändert würden, wenn der Draht von einem elektrischen Strom durchflossen wird.

Die Angaben verschiedener Beobachter über diesen Punkt sind etwas widersprechend. Wertheim (*Ann. de Chim. et de Phys.* [3] 12, p. 610, Wiedemann's *Elektrizität,* II. p. 403) und Tomlinson haben beobachtet, daſs die Elastizität eines Drahtes vermindert wird, wenn er von einem Strom durchflossen wird, und daſs diese Verminderung nicht durch die von dem Strom erzeugte Wärme bewirkt wird. Streintz dagegen (*Wien. Ber.* [2] 67, p. 323, Wiedemann's *Elektrizität* II. p. 404) war nicht im stande, eine solche Wirkung zu entdecken.

Allein selbst wenn diese Wirkung unzweifelhaft nachgewiesen wäre, so würde dies doch kein strenger Beweis dafür sein, daſs (yy) eine Funktion der Deformationskoordinaten ist. Wir werden nämlich später bei Betrachtung des elektrischen Widerstandes beweisen, dafs diese Wirkung durch eine andere Ursache hervorgebracht sein kann.

Wir sehen also, um das Gesagte zusammenzufassen, dafs (yy) eine Funktion der geometrischen Koordinaten, dagegen nicht eine Funktion der elektrischen oder magnetischen und wahrscheinlich auch nicht der Deformationskoordinaten ist.

33. Wir wollen jetzt denjenigen Teil der Lagrange'schen Funktion betrachten, welcher von den magnetischen Koordinaten abhängt und welcher nicht die Geschwindigkeiten der geometrischen, elektrischen oder Deformationskoordinaten enthält. Die Glieder in der Lagrange'schen Funktion für die Volumeinheit einer Substanz, die wir zu betrachten haben, sind daher diejenigen, welche wir mit

$$\frac{1}{2}(\xi\xi)\,\xi^2 + \frac{1}{2}(y\eta)\,\xi\dot{\eta} + \frac{1}{2}(\eta\eta)\,\dot{\eta}^2$$

bezeichnet haben. In der folgenden Untersuchung wollen wir $\frac{1}{2}(\xi)\,\xi$ für $(y\eta)\,\xi\dot{y}$ schreiben. Aufser diesen können noch die aus der potentiellen Energie entspringenden Glieder in Betracht kommen.

Um mit einem möglichst einfachen Fall zu beginnen, wollen wir annehmen, dafs alle magnetischen Veränderungen unbegrenzt langsam stattfinden. In diesem Falle können wir das Glied

$$\frac{1}{2}(\eta\eta)\,\dot{\eta}^2$$

vernachlässigen und unsere Aufmerksamkeit auf die Glieder

$$\frac{1}{2}(\xi\xi)\,\xi^2 + \frac{1}{2}(\xi)\,\xi$$

beschränken. Dieselben werden zweckmäfsiger in folgender Form geschrieben:

$$\frac{1}{2}A\eta^2\,\xi^2 + \frac{1}{2}(\xi)\,\xi\,\ldots\ldots\ldots\ldots(27).$$

Wir wollen zuerst den Fall annehmen, dafs die Magnetisierung parallel einer der Achsen, z. B. der x-Achse, stattfindet, und wollen die dieser Richtung parallele magnetische Kraft mit H, und die Intensität der Magnetisierung mit I bezeichnen. Dann ist nach Definition

$$I = \eta\xi \quad \ldots\ldots\ldots\ldots\ldots (28).$$

Aus der Untersuchung in § 389 in Maxwell's *Electricity and Magnetism* ergiebt sich, dafs, wenn wir annehmen, dafs alle Energie im magnetischen Feld ihren Sitz in den Magneten hat, in der Lagrange'schen Funktion für die Volumeinheit eines Magnets das Glied

$$HI$$

vorkommt. Als Resultat dieser Untersuchung ist in *Electricity and Magnetism* angegeben, dafs die potentielle Energie der Volumeinheit des Magnets

$$-HI$$

ist. Wir haben aber in § 9 gesehen, dafs es sich nicht entscheiden läfst, ob in dieser Art bestimmte Energie kinetische oder potentielle ist. Wirklich bewiesen ist nur, dafs in der Lagrange'schen Funktion ein bestimmtes Glied existiert.

Wenn wir annehmen, dafs die Energie durch das ganze magnetische Feld verteilt ist und nicht nur Magnete, sondern auch unmagnetische Substanzen enthält, so beweist die Untersuchung in § 635 von *Electricity and Magnetism*, dafs die Lagrange'sche Funktion für die Volumeinheit überall im magnetischen Feld das Glied

$$\frac{1}{8\pi} HB$$

enthält, in welchem B die magnetische Induktion bedeutet.

Diese beiden Arten, die Energie im magnetischen Felde zu betrachten, führen zu identischen Resultaten, und da wir für jetzt unsere Aufmerksamkeit auf die magnetisierten Substanzen beschränken wollen, werden wir es zweckmäfsiger finden, die erstere Betrachtungsweise zu wählen.

Wir haben gesehen, dafs die Lagrange'sche Funktion für die Volumeinheit eines Magnets das Glied

$$HI,$$

oder in unserer Bezeichnung,

$$H\xi\eta$$

enthält. Dies ist aber das Glied, welches wir vorher mit

$$\frac{1}{2}\,(\xi)\,\xi$$

bezeichnet haben.

Da angenommen wird, dafs die magnetischen Veränderungen unendlich langsam vor sich gehen, so reduziert sich die Lagrange'sche Gleichung der Koordinate η auf

$$\frac{dL'}{d\eta} = 0 \;\ldots\ldots\ldots\ldots\; (29).$$

Wenn wir dies auf den Ausdruck (27) anwenden und $H\eta\xi$ für $\frac{1}{2}\,\{\xi\}\,\xi$ substituieren, so erhalten wir

$$\frac{1}{2}\,\frac{d}{d\eta}\,(A\eta^2\xi^2) + H\xi = 0 \;\ldots\ldots\; (30),$$

und da ξ als konstant vorausgesetzt wird, weshalb

$$\xi d\eta = dI,$$

so kann geschrieben werden:

$$I\,\frac{d}{dI^2}\,(AI^2) + H = 0 \;\ldots\ldots\ldots\; (31).$$

Wenn daher k der Koeffizient der magnetischen Induktion ist und durch die Gleichung

$$I = kH$$

definiert wird, so haben wir nach (31)

$$\frac{1}{k} = -\frac{d}{dI^2}(AI^2) \ldots\ldots\ldots (32),$$

und daher

$$AI^2 = -\int \frac{1}{k}\, dI^2$$

$$= -2\int HdI \ldots\ldots\ldots\ldots (33).$$

Wenn wir wissen, in welcher Weise sich I mit H ändert, so können wir vermittelst dieser Gleichung A als eine Funktion von I ausdrücken. Die Beziehung zwischen I und H ist aber im allgemeinen so verwickelt, daſs der Versuch, aus einer empirischen Formel, welche beide Gröſsen verbindet, A zu bestimmen, nur wenig Nutzen verspricht.

Für kleine Werte von H ist, wie Lord Rayleigh (*Phil. Mag.* 23, p. 225, 1887) nachgewiesen hat, I/H konstant. Folglich ist in diesem Falle nach Gleichung (33) auch A konstant.

34. Die mechanische Kraft, welche parallel zur Achse der x auf die Volumeinheit des Magnets wirkt, ist

$$\frac{dL'}{dx}.$$

Die einzige Gröſse in den Gliedern, welche wir betrachten, die x explizit enthält, ist H, so daſs sich dL'/dx auf

$$\eta\xi \frac{dH}{dx}$$

oder

$$I \frac{dH}{dx} \ldots\ldots\ldots\ldots (34)$$

reduziert, und dies ist die mechanische Kraft, welche parallel zur Achse der x auf die Volumeinheit des Magnets wirkt. Dieser Ausdruck kann auch in der Form

$$\frac{1}{2} k \frac{dH^2}{dx}$$

geschrieben werden. Ähnliche Ausdrücke gelten für die Komponenten parallel zu den Achsen der y und der z.

Diese Ausdrücke sind dieselben, welche in Maxwell's *Electricity and Magnetism*, Bd. II. p. 70 gegeben werden. Die Konsequenzen derselben stehen bekanntlich in Einklang mit den Untersuchungen Faraday's über die Art und Weise, wie sich paramagnetische und diamagnetische Körper in einem veränderlichen magnetischen Feld bewegen.

35. Wir haben soeben die mechanischen Kräfte untersucht, welche von einem magnetischen Feld erzeugt werden. Wir wollen jetzt dazu übergehen, einige der von ihm erzeugten »Spannungen«[1]) zu untersuchen.

Wir wollen annehmen, ein cylindrischer Stab von weichem Eisen, dessen Achse mit der Achse der x zusammenfällt, werde in der Richtung dieser Achse magnetisiert. Es seien e, f, g die den Achsen der x, y, z beziehungsweise parallelen Dilatationen. Wir

[1]) Nach der Annahme von Faraday besteht in einem magnetischen Feld ein Zustand von Spannung in der Richtung der Kraftlinien, infolgedessen sich diese zu verkürzen streben, während senkrecht zu den genannten Linien ein Druck wirkt, der die Substanz in dieser Richtung auseinander treibt. Dieser von den englischen Physikern als »stress« bezeichnete Spannungszustand soll in folgendem stets als »Spannung« bezeichnet werden. Anm. d. Übers.

wollen annehmen, dafs in dem Stab keine Torsion vorhanden ist. Ferner wollen wir voraussetzen, dafs die Veränderungen in den Deformationen so langsam vor sich gehen, dafs wir die aus ihnen entspringende kinetische Energie vernachlässigen können.

Die durch diese Deformationen bewirkte potentielle Energie ist

$$\frac{1}{2} m(e+f+g)^2 + \frac{1}{2} n(e^2+f^2+g^2-2ef-2eg-2fg),$$

wenn n den Starrheitskoeffizienten und $m - n/3$ den Kompressionsmodulus bedeutet.

Die Glieder der Lagrange'schen Funktion, welche die magnetischen und die Deformationskoordinaten enthalten, sind daher

$$\frac{1}{2} A\eta^2 \xi^2 + H\eta\xi - \frac{1}{2} m(e+f+g)^2 - \frac{1}{2} n(e^2+f^2+g^2-2ef-2eg-2fg).$$

Hierbei werden diejenigen Glieder vernachlässigt, welche von der Geschwindigkeit der Änderung dieser Gröfsen abhängen, indem wir dieselbe als unendlich klein annehmen.

Die Versuche von Villari und Sir William Thomson (Wiedemann's *Elektrizität,* III. p. 701) haben gezeigt, dafs k von der Deformation im Magnet abhängt. Daher ist nach Gleichung (32) A eine Funktion der Deformationen. Wir wollen jetzt die Spannungen untersuchen, welche infolgedessen entstehen. Mit Hilfe des Hamilton'schen Prinzips,

$$\delta \int_{t_0}^{t_1} L dt = 0,$$

und indem wir $d\alpha/dx$, $d\beta/dy$, $d\gamma/dz$ beziehungsweise für e, f, g substituieren, erhalten wir die folgenden

Gleichungen, wenn wir die durch Verwandlung von a in $a + \delta a$ verursachten Änderungen gleich null setzen:

$$\frac{dL}{dx} - \frac{d}{dx}\frac{dL}{de} = 0 \ldots\ldots\ldots (35)$$

für das Innere des Stabes, und

$$\frac{dL}{de} = 0 \ldots\ldots\ldots\ldots\ldots (36)$$

für den Umfang desselben.

Wenn wir die durch Verwandlung von β in $\beta + \delta\beta$ verursachte Änderung gleich null setzen, so erhalten wir

$$\frac{dL}{dy} - \frac{d}{dy}\frac{dL}{df} = 0 \ldots\ldots\ldots (37)$$

für das Innere des Stabes, und

$$\frac{dL}{df} = 0 \ldots\ldots\ldots\ldots\ldots (38)$$

für den Umfang.

Und wenn wir die durch Verwandlung von γ in $\gamma + \delta\gamma$ verursachte Änderung gleich null setzen, so erhalten wir

$$\frac{dL}{dz} - \frac{d}{dz}\frac{dL}{dg} = 0 \ldots\ldots\ldots (39)$$

für das Innere des Stabes, und

$$\frac{dL}{dg} = 0 \ldots\ldots\ldots\ldots\ldots (40)$$

für den Umfang.

Die ersten und die zweiten Glieder in den Gleichungen (35), (37) und (39) können getrennt betrachtet werden. Da H die einzige Gröfse in dem Ausdruck für L ist, welche die Koordinaten x, y oder z explizit enthalten kann, so gehen die Glieder

$$\frac{dL}{dx}, \frac{dL}{dy}, \frac{dL}{dz}$$

beziehungsweise über in

$$\eta\xi \frac{dH}{dx}, \eta\xi \frac{dH}{dy}, \eta\xi \frac{dH}{dz}$$

oder

$$kH \frac{dH}{dx}, kH \frac{dH}{dy}, kH \frac{dH}{dz}.$$

Dies sind die Ausdrücke für die Komponenten der mechanischen Kraft, die auf den Körper wirkt, und in Maxwell's *Electricity and Magnetism*, § 642 wird nachgewiesen, daſs diese Verteilung der Kraft den Körper in derselben Weise deformieren würde wie ein hydrostatischer Druck $H^2/8\pi$ zusammen mit einer Tension $BH/4\pi$ in der Richtung der Kraftlinien, wenn B die magnetische Induktion bedeutet. Wir können daher annehmen, daſs die aus diesen Gliedern entspringenden Deformationen bekannt sind. Wenn e, f, g die durch die zweiten Glieder der Gleichungen (35), (37) und (39) bewirkten Deformationen sind, so haben wir

$$\left.\begin{aligned} \tfrac{1}{2}\eta^2\xi^2\frac{dA}{de} - m(e+f+g) - n(e-f-g) = 0 \\ \tfrac{1}{2}\eta^2\xi^2\frac{dA}{df} - m(e+f+g) - n(f-e-g) = 0 \\ \tfrac{1}{2}\eta^2\xi^2\frac{dA}{dg} - m(e+f+g) - n(g-e-f) = 0 \end{aligned}\right\} (41).$$

Wenn wir diese Gleichungen auflösen und $\eta\xi = I$ setzen, so erhalten wir:

$$\left.\begin{aligned}4ne &= \frac{2m}{3m-n}\frac{d}{de}(A\Gamma^2) - \frac{m-n}{3m-n}\left\{\frac{d}{df}(A\Gamma^2) + \frac{d}{dg}(A\Gamma^2)\right\}\\ 4nf &= \frac{2m}{3m-n}\frac{d}{df}(A\Gamma^2) - \frac{m-n}{3m-n}\left\{\frac{d}{de}(A\Gamma^2) + \frac{d}{dg}(A\Gamma^2)\right\}\\ 4ng &= \frac{2m}{3m-n}\frac{d}{dg}(A\Gamma^2) - \frac{m-n}{3m-n}\left\{\frac{d}{de}(A\Gamma^2) + \frac{d}{df}(A\Gamma^2)\right\}\end{aligned}\right\} \quad (42).$$

Wenn der Magnet um seine Achse symmetrisch ist, so haben wir

$$f = g$$

und

$$\frac{d}{df}(A\Gamma^2) = \frac{d}{dg}(A\Gamma^2).$$

Daher gehen die Gleichungen (42) über in

$$\left.\begin{aligned}2ne &= \frac{m}{3m-n}\frac{d}{de}(A\Gamma^2) - \frac{m-n}{3m-n}\frac{d}{df}(A\Gamma^2)\\ 4nf &= -\frac{m-n}{3m-n}\frac{d}{de}(A\Gamma^2) + \frac{m+n}{3m-n}\frac{d}{df}(A\Gamma^2)\end{aligned}\right\} \quad (43).$$

Die Dilatation $e + 2f$ ist gleich

$$\frac{1}{2}\,\frac{1}{3m-n}\left\{\frac{d}{de}(A\Gamma^2) + 2\,\frac{d}{df}(A\Gamma^2)\right\} \quad \ldots\ldots (44).$$

Wenn wir die Gleichungen (43) in Beziehung auf Γ^2 differentiieren und berücksichtigen, daſs $\frac{d}{de^2}(A\Gamma^2)$ und $\frac{d^2}{de\,df}(A\Gamma^2)$ im Vergleich mit m oder n klein sein müssen, da sonst die durch Magnetisierung verursachten Veränderungen in der Elastizität nicht so klein sein würden, daſs sie sich der Wahrnehmung entziehen, so erhalten wir annähernd

$$\left.\begin{aligned}2n\frac{de}{d\Gamma^2}&=\frac{m}{3m-n}\frac{d}{de}\frac{d}{d\Gamma^2}(A\Gamma^2)-\frac{m-n}{3m-n}\frac{d}{df}\frac{d}{d\Gamma^2}(A\Gamma^2)\\4n\frac{df}{d\Gamma^2}&=-\frac{m-n}{3m-n}\frac{d}{de}\frac{d}{d\Gamma^2}(A\Gamma^2)+\frac{m+n}{3m-n}\frac{d}{df}\frac{d}{d\Gamma^2}(A\Gamma^2)\end{aligned}\right\}(45).$$

Nun ist aber nach Gleichung (32)

$$\frac{d}{d\Gamma^2}(A\Gamma^2)=-\frac{1}{k}.$$

Daher gehen diese Gleichungen über in

$$\left.\begin{aligned}2n\frac{de}{d\Gamma^2}&=\frac{m}{3m-n}\frac{1}{k^2}\frac{dk}{de}-\frac{m-n}{3m-n}\frac{1}{k^2}\frac{dk}{df}\\4n\frac{df}{d\Gamma^2}&=-\frac{m-n}{3m-n}\frac{1}{k^2}\frac{dk}{de}+\frac{m+n}{3m-n}\frac{1}{k^2}\frac{dk}{df}\end{aligned}\right\}(46).$$

Wenn nun der Magnetisierungskoeffizient von den Deformationen abhängt, so mufs die Intensität der Magnetisierung des Stabes unter dem Einflufs einer konstanten magnetisierenden Kraft durch Deformation geändert werden. Um die Formeln mit den Ergebnissen von Versuchen zu vergleichen, werden wir es zweckmäfsig finden, $de/d\Gamma^2$ und $df/d\Gamma^2$ durch die Veränderungen auszudrücken, weche in der Intensität des Magnetismus eintreten, wenn der Stab gestreckt wird, anstatt durch dk/de und dk/df.

Wir haben

$$I=kH,$$

so dafs, wenn H als konstant angesehen wird,

$$\frac{dI}{de}=H\frac{dk}{de}+H\frac{dk}{dI}\frac{dI}{de}\;\ldots\ldots\ldots(47).$$

Die Gleichungen (46) können dann so geschrieben werden:

$$\left.\begin{aligned} 2n\frac{de}{dI^2} &= \left(1 - H\frac{dk}{dI}\right)\left(\frac{m}{3m-n}\frac{1}{kI}\frac{dI}{de} - \frac{m-n}{3m-n}\frac{1}{kI}\frac{dI}{df}\right) \\ 4n\frac{df}{dI^2} &= \left(1 - H\frac{dk}{dI}\right)\left(-\frac{m-n}{3m-n}\frac{1}{kI}\frac{dI}{de} + \frac{m+n}{3m-n}\frac{1}{kI}\frac{dI}{df}\right) \end{aligned}\right\} (48).$$

Diese Ausdrücke geben die Deformationen an, welche aus der Abhängigkeit der Intensität der Magnetisierung von dem Deformationszustand des magnetisierten Körpers resultieren. Hierzu kommen noch die Deformationen, welche aus der Maxwell'schen Verteilung der »Spannung« entspringen. Kirchhoff (*Wied. Ann.* XXIV. p. 52, XXV. p. 601) hat den Einfluſs dieser Spannung auf eine kleine in einem gleichförmigen magnetischen Feld befindliche Kugel aus weichem Eisen untersucht und gezeigt, daſs dieselbe eine Verlängerung der Kugel in der Richtung der Kraftlinien und eine Kontraktion senkrecht zu dieser Richtung bewirken würde. Wir können daher annehmen, daſs im allgemeinen diese Verteilung der Spannung eine Ausdehnung des Magnets in der Richtung der Kraftlinien und eine Kontraktion senkrecht auf diese Richtung bewirkt.

Die Ausdrücke für die Deformationen in einer im magnetischen Feld befindlichen magnetisierbaren Substanz sind auch von v. Helmholtz (*Wied. Ann.* XIII. p. 385) untersucht worden. Die Untersuchungen von v. Helmholtz und Kirchhoff betrafen eine andere Frage, als die Untersuchungen Maxwell's. Maxwell wollte zeigen, daſs diese Verteilung der Spannung dieselben Kräfte zwischen magnetisierten Körpern erzeugen würde wie diejenigen, welche im magnetischen Feld beobachtet werden. v. Helmholtz und Kirchhoff dagegen wollten zeigen, daſs, welche Theorie der Elektrizität und des Magnetismus wir auch annehmen, aus dem Prinzip der Erhaltung der Energie folgt, dafs die Körper im elektrischen oder magnetischen Feld so deformiert werden müssen, als ob sie unter dem Einflufs einer gewissen Verteilung von Spannung ständen, die im einfachsten Fall dieselbe wie die von Maxwell gegebene ist.

Aufser der durch diese Spannungen erzeugten Deformation giebt es noch Deformationen, die von der Veränderung der Intensität der Magnetisierung mit der Spannung in der Richtung und senkrecht zu den Kraftlinien abhängen.

Die Wirkung von Spannung in der Richtung der Kraftlinien auf die Magnetisierung des Eisens ist von Villari (*Pogg. Ann.* 126. p. 87. 1868) und Sir William Thomson (*Proc. Roy. Soc.* 27, p. 439. 1878) untersucht worden. Beide Physiker fanden, dafs die Intensität der Magnetisierung durch Strecken vergröfsert wurde, wenn die magnetisierende Kraft klein war, dafs sie dagegen vermindert wurde, wenn die Magnetisierung in C.G.S.-Einheiten gemessen gröfser als ungefähr 10 ist.

Sir William Thomson hat auch die Wirkung der Spannung rechtwinklig zu den magnetischen Kraftlinien auf die Intensität der Magnetisierung untersucht und gefunden, dafs dieselbe im allgemeinen der Wirkung einer Tension in der Richtung der Kraftlinien entgegengesetzt ist, dafs also für kleine Werte der magnetisierenden Kraft eine Dehnung rechtwinklig zu den Kraftlinien die Magnetisierung vermindert, während sie dieselbe für gröfsere Werte dieser Kraft vergröfsert. Der kritische Wert der Kraft ist jedoch in diesem Fall höher als der für die Tension in der Richtung der Kraftlinien.

Daher haben dI/de und dI/df entgegengesetzte Zeichen, ausgenommen wenn die magnetisierende Kraft zwischen den kritischen Werten liegt. Da nun nach den Messungen von Prof. Ewing Hdk/dI immer kleiner als eins ist, so folgt, jenen Fall ausgenommen, aus Gleichung (48), dafs

$$\frac{de}{dI^2} \text{ und } \frac{dI}{de}$$

immer dasselbe Zeichen, und dafs

$$\frac{df}{dI^2} \text{ und } \frac{dI}{de}$$

immer entgegengesetztes Zeichen haben.

Nun ist dI/de positiv oder negativ, je nachdem die magnetisierende Kraft kleiner oder gröfser als der kritische Wert ist. Wenn daher die magnetisierende Kraft kleiner als der kritische Wert ist, so wächst die Dehnung, welche wir untersuchen, mit der magnetischen Kraft; wenn dagegen die magnetisierende Kraft gröfser als dieser Wert ist, so nimmt die Dehnung ab, wenn die Kraft zunimmt.

Die andere Ursache, welche den Körper zu deformieren strebt, die Maxwell'sche Verteilung der Spannung, bewirkt, wie bereits erwähnt wurde, nach den Untersuchungen von Kirchhoff eine Dehnung in der Richtung der Kraftlinien und eine Zusammenziehung senkrecht zu denselben. Wenn daher die magnetisierende Kraft kleiner als der kritische Wert ist, so wirkt diese Deformation und diejenige, welche wir soeben untersucht haben, in gleichem Sinne, wenn die Kraft dagegen gröfser ist, in entgegengesetztem Sinne.

Die Untersuchungen von Joule (*Phil. Mag.* 30,

p. 76, 225, 1847) beweisen, dafs die Länge eines Eisenstabes zunimmt, wenn er magnetisiert wird, und zwar war, soweit seine Versuche reichten, die Zunahme der Verlängerung dem Quadrat der magnetisierenden Kraft proportional. Shelford Bidwell (*Proc. Roy. Soc.* XL. p. 109) hat dagegen unlängst bewiesen, dafs, wenn die magnetisierende Kraft sehr grofs ist, der Magnet in dem Verhältnis *kürzer* wird, in welchem die magnetisierende Kraft zunimmt.

Wenn wir diese Versuchsresultate mit unseren theoretischen Schlüssen vergleichen, so sehen wir, dafs dieselben in Einklang stehen, wenn die magnetisierende Kraft klein ist, und dafs sie, wenn die magnetisierende Kraft grofs ist, andeuten, dafs die Deformationen, die durch dieselbe Ursache erzeugt werden, die bewirkt, dafs sich die Intensität der Magnetisierung mit den Deformationen ändert, stärker sind, als die durch die Maxwell'sche Verteilung der Spannung bewirkten. Aus Prof. Ewing's Experimenten über den Einflufs der Deformation auf Magnetisierung („Experimental Researches in Magnetism", *Phil. Trans.* 1885, Teil II, p. 585) scheint hervorzugehen, dafs dies der Fall sein mufs. Kirchhoff (*Wied. Ann.* XXV. p. 601) hat nämlich gezeigt, dafs die gröfste Längenzunahme, die die Maxwell'schen Spannungen in einer Kugel aus weichem Eisen vom Radius R, die sich in einem gleichförmigen magnetischen Feld befindet, erzeugen können,

$$\frac{153}{176\pi}\frac{H^2}{E}R$$

ist, wenn die aus unendlicher Entfernung auf die Kugel wirkende Kraft H ist. E ist eine der Elastizitätskonstanten für weiches Eisen und in Einheiten des

C.G.S.-Systems ausgedrückt gleich 1.8×10^{12}. Es ist daher in diesem Fall, wenn k eine Konstante bedeutet,

$$\frac{de}{dI^2} = \frac{153}{176\pi k^2} \frac{1}{1.8 \times 10^{12}}$$

$$= \frac{1.5 \times 10^{-13}}{k^2} \quad \ldots\ldots\ldots\ldots \quad (49).$$

Nun wurde nach den Versuchen von Prof. Ewing die Intensität der Magnetisierung eines weichen Eisendrahtes, die durch die Zahl 181 ausgedrückt war, wenn der Draht nicht belastet war, auf 237 gesteigert, wenn der Draht mit einem Kilogramm belastet wurde. In diesem Falle war also annähernd

$$\frac{\delta I}{I} = \frac{1}{3} \quad \ldots\ldots\ldots\ldots\ldots \quad (50).$$

Der Draht hatte einen solchen Durchmesser, daſs die Belastung von einem Kilogramm einer Spannung von ungefähr 2×10^8 für ein Quadratcentimeter in C.G.S.-Einheiten entsprach. Wenn daher q der Young'sche Modulus für den Draht und δe die durch die Belastung bewirkte Ausdehnung des Drahtes ist, dann ist

$$q\delta e = 2 \times 10^8.$$

Für Schmiedeeisen ist q/n ungefähr 2.5, also

$$n\delta e = 8 \times 10^7$$

und nach Gleichung (49)

$$\frac{1}{nI}\frac{dI}{de} = \frac{1}{2.4 \times 10^8},$$

so daſs nach Gleichung (48), wenn e die durch die Magnetisierung bewirkte Verlängerung ist,

$$\frac{de}{dI^2} > \frac{1}{1.7 \times 10^8} \frac{1}{k} \quad \ldots\ldots\ldots\ldots \quad (51).$$

Wenn wir dies mit (49) vergleichen, so sehen wir, daſs derjenige Teil von de/dI^2, welcher durch die Ursache bewirkt wird, die wir soeben betrachten, sehr viel gröſser ist, als der durch die Maxwell'sche Verteilung der Spannung verursachte. Der Wert von dI/de ist in diesem Falle wahrscheinlich ausnahmsweise groſs und in der Nähe des kritischen Wertes ist er ohne Zweifel bedeutend kleiner, so daſs es in diesem Fall begreiflich ist, daſs die Wirkung der Maxwell'schen Spannung derjenigen vergleichbar ist, welche durch die Veränderung der Intensität der Magnetisierung mit der Deformation erzeugt wird.

Da die Maxwell'sche Wirkung im allgemeinen im Vergleich mit der anderen so klein ist, so sollte man erwarten, daſs der kritische Wert der magnetisierenden Kraft annähernd derselbe sei wie der Wert der Kraft, wenn die Ausdehnung ein Minimum ist. Sie ist indessen viel kleiner. Es scheint jedoch Grund zu der Annahme vorhanden zu sein, daſs der kritische Wert für den Fall, daſs der Magnet frei von Deformation ist, bedeutend unterschätzt worden ist. Prof. Ewing (a. a. O.) spricht seine Meinung dahin aus, „daſs es, wenn wir es nur mit sehr geringen Spannungen zu thun haben, zweifelhaft ist, ob sich selbst bei dem höchsten erreichbaren Wert der Magnetisierung eine Umkehrung der positiven Wirkung der Spannung erreichen läſst.“ Unter der positiven Wirkung der Spannung versteht Prof. Ewing eine Zunahme der Magnetisierung mit zunehmender Spannung, wenn die magnetisierende Kraft konstant bleibt.

Die Entdeckung Bidwell's, daſs de/dI^2 negativ ist, wenn die Magnetisierung einen gewissen Wert übersteigt, in Verbindung mit den theoretischen Resultaten, die wir in diesem Paragraphen untersucht haben, beweist, dafs die positiven Wirkungen der Spannung umgekehrt werden müssen, wenn die Magnetisierung diesen Wert erreicht. Der Magnet ist jedoch in diesem Fall nicht frei von Spannungen, da diejenigen auf ihn einwirken, welche durch die Magnetisierung hervorgerufen werden.

36. Wenn die Dilatation des Volums $e+2f$ mit δ bezeichnet wird, so ist derjenige Teil von δ, der durch dieselbe Ursache bewirkt wird wie derjenige, auf welchem die Abhängigkeit der Intensität der Magnetisierung von Deformationen beruht, nach (48) gegeben durch die Gleichung

$$\frac{d\delta}{dI^2} = \frac{1}{2}\,\frac{1}{3m-n}\,\frac{1}{kI}\left(\frac{dI}{de} + 2\,\frac{dI}{df}\right)\left(1 - H\,\frac{dk}{dI}\right). \quad (52).$$

Die Versuche von Joule beweisen, dafs die Dilatation des Volums, wenn sie überhaupt existiert, sehr klein im Vergleich zur Verlängerung sein mufs, da er nicht im stande war, dieselbe zu entdecken, obgleich ihm sein Apparat dies ermöglicht haben würde, wenn sie den Wert von $1/4500000$ erreicht hätte. Da demnach der gröfsere Teil der Deformation der durch die Gleichung (48) gegebene ist, so mufs

$$\frac{dI}{de} + 2\,\frac{dI}{df}$$

klein sein, so dafs dI/de und dI/df entgegengesetzte Zeichen haben müssen, ausgenommen wenn sie sehr klein sind. Dies steht in Einklang mit den Ergebnissen von Sir William Thomson's Experimenten über die Wirkung von Zug in der Richtung und senkrecht zu der Richtung der Kraftlinien auf die Intensität der

Magnetisierung. Ausgenommen in der Nähe der kritischen magnetischen Kräfte, wenn dI/de und dI/df beide klein sind, hatten nämlich ein Zug in der Richtung der Kraftlinien und ein Zug senkrecht zu dieser Richtung entgegengesetzte Wirkungen.

Wenn wir annehmen, dafs die Experimente Joule's beweisen, dafs keine Volumveränderung stattfindet, so ist nach Gleichung (52)

$$\frac{dI}{de} + 2\frac{dI}{df} = 0$$

und die Gleichung (48) geht über in

$$4n\frac{de}{dI^2} = \frac{1}{kI}\frac{dI}{de}\left(1 - H\frac{dk}{dI}\right)^{*)} \quad \ldots\ldots (53).$$

37. Der kritische Wert der Intensität der Magnetisierung, d. h. die Intensität, wenn die Magnetisierung durch eine kleine Deformation weder gesteigert noch vermindert wird, ist, weil nach (32) und (47)

$$\frac{1}{kI}\left(1 - H\frac{dk}{dI}\right)\frac{dI}{de} = \frac{d}{de}\frac{d}{dI^2}(AI^2) \quad \ldots\ldots (54)$$

gegeben durch die Gleichung

$$\frac{d}{de}\frac{d}{dI^2}(AI^2) = 0 \quad \ldots\ldots\ldots\ldots (55).$$

Die Versuche von Sir William Thomson und Prof. Ewing haben gezeigt, dafs der kritische Wert von I von dem Deformationszustand abhängt. Wir erkennen daher mit Hilfe der Gleichung (55), dafs

---

*) In meiner Abhandlung „*Some Applications of Dynamics to Physical Phenomena*" Part I. Phil. Trans. Part II. 1885, hat diese Gleichung das falsche Zeichen, welches aus Gleichung (51) in derselben Abhandlung übernommen wurde.

dA/de eine Funktion von e sein mufs, so dafs A, wenn es nach Potenzen von e entwickelt wird, höhere Potenzen als die erste enthalten mufs. Wir können daher schreiben

$$A = \alpha + \beta e + \gamma e^2 + \delta e^3 + \dots$$

Wenn nun das Glied γe^2 existiert, so wird der Koeffizient von e^2 in der Lagrange'schen Funktion das Glied $\frac{1}{2}\gamma I^2$ enthalten und also den Zustand der Magnetisierung des Körpers ausdrücken. Die Elastizitätskoeffizienten sind jedoch lineare Funktionen des Koeffizienten von e^2 in der Lagrange'schen Funktion. Wenn daher diese letztere Gröfse von dem Zustand der Magnetisierung abhängt, so werden die Elastizitätskoeffizienten ebenfalls von demselben abhängen. Wir ziehen daher den Schlufs, dafs die Elastizität eines Eisenstabes durch die Magnetisierung geändert werden mufs. Diese Wirkung scheint nicht beobachtet worden zu sein.

Wenn wir in dem Ausdruck für A alle Potenzen von e mit Ausnahme der beiden ersten vernachlässigen, so ist

$$\frac{dA}{de} = \beta + 2\gamma e$$

und folglich

$$\frac{d}{de}\frac{d}{dI^2}(AI^2) = \beta + 2\gamma e + I^2\left(\frac{d\beta}{dI^2} + 2e\frac{d\gamma}{dI^2}\right). \quad (56)$$

Die rechte Seite dieser Gleichung ändert das Zeichen, wenn e den Wert

$$-\frac{1}{2}\left(\beta + I^2\frac{d\beta}{dI^2}\right)\Big/\left(\gamma + I^2\frac{d\gamma}{dI^2}\right) \dots \quad (57)$$

annimmt.

Der Einflufs von Deformation auf die Intensität

der Magnetisierung und der Einfluſs der Magnetisierung auf die Deformation hängt nun nach (32) und (47) von dem Wert von

$$\frac{d}{de}\frac{d}{dI^2}(AI^2)$$

ab. Es läſst sich daher erwarten, daſs der Einfluſs der Magnetisierung auf die Deformation eines Eisenstabes von der in dem Eisenstab bereits vorhandenen Deformation in einer solchen Weise abhängig ist, daſs die Magnetisierung die Länge des Stabes vergröſsert, wenn die Deformation geringer war als ein kritischer Wert, daſs sie dagegen die entgegengesetzte Wirkung ausübt und den Stab zu verkürzen strebt, wenn die Deformation gröſser als dieser Wert war. Dies steht mit den Ergebnissen der Versuche von Joule in Einklang, indem er fand, daſs die weichen Eisendrähte, wenn sie über eine gewisse Grenze hinaus gestreckt wurden, kürzer anstatt länger wurden, wenn sie magnetisiert wurden.

38. Bisher haben wir nur den Einfluſs der Ausdehnung und Kontraktion auf die Intensität der Magnetisierung und umgekehrt betrachtet. In ähnlicher Weise können wir auch den Einfluſs der Torsion auf die magnetischen Eigenschaften von Eisendraht diskutieren.

Wir wollen annehmen, ein in der Richtung der Länge magnetisierter Eisendraht besitze eine Torsion c um seine Achse, sonst aber keine Deformation. Dann sind, wenn wir uns derselben Bezeichnung wie vorher bedienen, die von der Deformation und der Magnetisierung abhängigen Glieder der Lagrange'schen Funktion

$$\frac{1}{2}A\eta^2\xi^2 + H\eta\xi - \frac{1}{2}nc^2.$$

Nach einer ähnlichen Methode wie die bei Betrachtung der Dilatationen benutzten können wir beweisen, dafs die Torsion c, welche aus derselben Ursache entspringt, welche bewirkt, dafs sich die Intensität der Magnetisierung mit der Torsion ändert, gegeben ist durch die Gleichung

$$\frac{dc}{dI^2} = \frac{1}{2n} \frac{d}{dI^2} \frac{d}{dc} \{AI^2\} \quad \ldots\ldots\ldots (58).$$

Wenn nun ein tordierter Stab magnetisiert wird, so nimmt die Torsion bis zu einem gewissen Grade ab, wenn die Magnetisierung stark ist, dagegen nimmt die Torsion zu, wenn die Magnetisierung schwach ist. Wenn dagegen der Stab anfangs keine Torsion besitzt, so findet, wenn er magnetisiert wird, weder Torsion, noch Detorsion statt (Wiedemann's *Elektrizität*, III. p. 692).

Dies beweist, dafs, wenn A nach Potenzen von c entwickelt wird, die erste Potenz fehlen mufs, da sonst nach Gleichung (58) ein untordierter Draht eine Torsion erleiden würde, wenn er magnetisiert wird. Daher mufs A ein Glied in c^2 enthalten und deshalb mufs der Koeffizient von c^2 in der Lagrange'schen Funktion ein Glied enthalten, welches I^2 proportional ist. Nun ist aber der Koeffizient von c^2 in der Lagrangeschen Funktion dem Starrheitskoeffizienten proportional, und hieraus ersehen wir, dafs die Starrheit des Eisens durch Magnetisierung verändert wird.

Da die Torsion bei starker Magnetisierung abnimmt, so erkennen wir aus Gleichung (58), dafs der Koeffizient von c in

$$\frac{1}{n} \frac{d}{dc} \frac{d}{dI^2} (AI^2)$$

negativ sein mufs, wenn I grofs ist, und dafs also der Koeffizient von c^2 in A negativ sein mufs. Wenn wir diesen Koeffizienten $-\gamma'$ nennen, so ist der Koeffizient von c^2 in der Lagrange'schen Funktion

$$-\frac{1}{2}\gamma' I^2 - \frac{1}{2}n.$$

Der scheinbare Starrheitskoeffizient ist aber gleich dem doppelten Koeffizienten von $-c^2$ in der Lagrange'schen Funktion und daher ist der scheinbare Starrheitskoeffizient in diesem Fall

$$n\left\{1 + \frac{1}{n}\gamma' I^2\right\}.$$

Die Wirkung starker Magnetisierung besteht also in diesem Fall darin, dafs sie die Starrheit vergröfsert, so dafs dasselbe Kräftepaar den Draht nicht soviel tordiert, wenn er stark magnetisiert ist, als wenn er nicht magnetisiert ist.

Wenn die Intensität der Magnetisierung gering ist, so findet das entgegengesetzte statt, da in diesem Fall die Torsion in einem Draht zunimmt, wenn er in der Richtung der Länge magnetisiert wird.

Da

$$\frac{1}{k} = -\frac{d}{dI^2}\{AI^2\}$$

und nach (47)

$$\frac{dI}{dc}\left(1 - H\frac{dk}{dI}\right) = H\frac{dk}{dc}$$

und auch

$$\frac{d}{dI^2}\frac{d}{dc}(AI^2) = \frac{d}{dc}\frac{d}{dI^2}(AI^2) + \frac{d^2}{dc^2}(AI^2)\frac{dc}{dI^2} \quad \ldots (59),$$

so haben wir, weil jede Seite gleich

$$\frac{dA}{dc} + I^2\frac{d}{dI^2}\frac{d}{dc}A + I^2\frac{d^2A}{dc^2}\frac{dc}{dI^2}$$

ist, wo $\frac{d}{dI^2}$ partielle Differentiation bezeichnet,

$$\frac{dc}{dI^2}\left\{1-\frac{1}{2n}\frac{d^2}{dc^2}(AI^2)\right\}=\frac{1}{2nkI}\frac{dI}{dc}\left(1-H\frac{dk}{dI}\right)$$

oder, da $d^2\,(AI^2)/ndc^2$ sehr klein ist, annähernd

$$\frac{dc}{dI^2}=\frac{1}{2nkI}\frac{dI}{dc}\left(1-H\frac{dk}{dI}\right)\;\ldots\ldots\;(60).$$

Wenn die Magnetisierung so stark ist, dafs das Magnetisieren die Torsion des Drahtes vermindert, so ergiebt sich aus dieser Gleichung, dafs dann eine Torsion die Intensität der Magnetisierung vermindert. Wenn dagegen die Intensität der Magnetisierung so gering ist, dafs das Magnetisieren die Torsion des Drahtes vergröfsert, dann wird die Intensität der Magnetisierung durch Torsion gesteigert.

Die gegenseitigen Beziehungen zwischen Torsion und Magnetisierung sind von Wiedemann (*Lehre von der Elektrizität,* III. p. 692) experimentell untersucht worden, und er stellt die entsprechenden Resultate in parallelen Kolumnen zusammen. Dieselben sind auch in Prof. Chrystal's Artikel über Magnetismus in der *Encyclopaedia Britannica* angeführt. Ein Paar dieser zusammengehörigen Sätze ist das folgende:

„5.*) Wird ein Draht magnetisiert, während er unter dem Einflufs des tordierenden Gewichtes steht, so nimmt seine Torsion bei schwacher Magnetisierung zu, bei stärkerer wieder ab.“

„V. Wird ein Stahlstab tordiert, während er unter dem Einflufs des magnetisierenden Stromes steht, so nimmt sein Magnetismus bei schwacher Torsion zu, bei stärkerer wieder ab.“

*) In der Originalabhandlung, Pogg. Ann. CVI. 187 unter Nummer 16 aufgeführt. Anm. d. Übers.

Wenn wir diese Sätze mit den Ergebnissen unserer Untersuchung vergleichen, so sehen wir, daſs der erste Teil von V entweder richtig ist oder nicht von der Intensität der Magnetisierung abhängt. Wenn die Torsion von solcher Gröſse ist, daſs 5 richtig ist, dann ist der erste Teil von V richtig, wenn die Magnetisierung schwach ist; dagegen ist das entgegengesetzte richtig, wenn die Magnetisierung stark ist. Da ferner nach V der Einfluſs der Torsion auf die Magnetisierung von der Gröſse der Torsion abhängt, so folgt aus Gleichung (60), daſs der Einfluſs der Magnetisierung auf die Torsion ebenfalls von der Gröſse der Torsion abhängen muſs. Daher ist 5 nur richtig, wenn die Torsion auf *einer* Seite des kritischen Wertes liegt. Wenn sie auf der anderen Seite liegt, ist das entgegengesetzte richtig.

Die Existenz einer kritischen Torsion und einer kritischen Magnetisierung macht den wörtlichen Ausdruck der Beziehungen zwischen Torsion und Magnetisierung umständlich. Dieselben sind jedoch sämtlich durch die Gleichung (60) ausgedrückt.

39. *Deformationen in einem Dielektrikum, die durch das elektrische Feld erzeugt werden.* Die in einem Dielektrikum durch das elektrische Feld erzeugten Deformationen können durch eine ganz ähnliche Methode gefunden werden, wie diejenige, deren wir uns in den beiden letzten Paragraphen bedient haben. Daher wollen wir dieselben hier betrachten, obgleich sie nicht mit denjenigen Gliedern der Lagrange'schen Funktion, die wir betrachtet haben, in Zusammenhang stehen.

Es seien p, q, r beziehungsweise die elektrischen Verschiebungen parallel zu den Achsen der x, y, z.

Wenn dann der Körper isotrop und frei von Torsion ist, so sind die Glieder der Lagrange'schen Funktion für die Volumeinheit des Dielektrikums, welche von den die Deformationen und die elektrische Konfiguration fixierenden Koordinaten abhängen, die folgenden:

$$(Xp + Yq + Zr) - \frac{2\pi}{K}\{p^2 + q^2 + r^2\}$$

$$-\frac{1}{2}m(e+f+g)^2 - \frac{1}{2}n(e^2+f^2+g^2-2ef-2eg-2fg)\,. \quad (61).$$

Es bedeuten e, f, g beziehungsweise die Dilatationen parallel zu den Achsen der x, y, z, K die spezifische Induktionskapazität des Dielektrikums und X, Y, Z die elektromotorischen Kräfte parallel zu den Achsen der x, y, z. Dann sehen wir wie in § 35, daſs e, f, g, die Deformationen, welche durch die Abhängigkeit von K von den Deformationen im Dielektrikum verursacht werden, durch die Gleichungen

$$\frac{dL}{de} = 0, \quad \frac{dL}{df} = 0, \quad \frac{dL}{dg} = 0$$

gegeben sind, in denen L den Ausdruck (61) bedeutet.

Wenn wir den Wert für L einsetzen, so gehen diese Gleichungen beziehungsweise über in

$$\left.\begin{aligned} 2\pi\{p^2+q^2+r^2\}\frac{d}{de}\frac{1}{K} + m(e+f+g) + n(e-f-g) &= 0 \\ 2\pi\{p^2+q^2+r^2\}\frac{d}{df}\frac{1}{K} + m(e+f+g) + n(f-e-g) &= 0 \\ 2\pi\{p^2+q^2+r^2\}\frac{d}{dg}\frac{1}{K} + m(e+f+g) + n(g-e-f) &= 0 \end{aligned}\right\} (62).$$

Nun ist

$$p = \frac{1}{4\pi}KX, \quad q = \frac{1}{4\pi}KY, \quad r = \frac{1}{4\pi}KZ.$$

Wenn daher

$$R^2 = X^2 + Y^2 + Z^2,$$

so erhalten wir aus den Gleichungen (62)

$$e = \frac{R^2}{16\pi} \frac{1}{n(3m-n)} \left\{ 2m \frac{dK}{de} - (m-n) \left(\frac{dK}{df} + \frac{dK}{dg} \right) \right\} \quad (63).$$

Symmetrische Ausdrücke erhält man für g und h.

Die Ausdehnung im Volum

$$e + f + g$$

ist gegeben durch die Gleichung

$$e + f + g = \frac{R^2}{8\pi} \frac{1}{3m-n} \left\{ \frac{dK}{de} + \frac{dK}{df} + \frac{dK}{dg} \right\} \ldots (64).$$

Dies sind jedoch, wie in dem analogen Fall des Magnetismus, nicht die einzigen Deformationen, welche von dem elektrischen Feld in dem Dielektrikum erzeugt werden. Das Glied $(Xp + Yq + Zr)$, welches in der Lagrange'schen Funktion vorkommt, drückt, wie sich beweisen läſst, dieselbe Verteilung der Deformation in dem Dielektrikum aus, die die Verteilung der Spannung erzeugen würde, die nach der Annahme von Maxwell in dem elektrischen Feld vorhanden ist, d. h. eine Spannung $KR^2/8\pi$ in der Richtung der Kraftlinien und ein Druck von derselben Intensität senkrecht zu dieser Richtung. Die Wirkung dieser Verteilung der Spannung ist für alle Dielektrika von demselben Charakter und die Natur derselben hängt mehr von der Verteilung der Kraft durch das elektrische Feld, als von der Natur des Dielektrikums ab. Die Versuche von Quincke (*Phil. Mag.* X. p. 30, 1880) und anderen beweisen, daſs verschiedene Dielektrika in demselben elektrischen Feld ein sehr verschiedenes

Verhalten zeigen. Während sich z. B. die meisten Dielektrika im elektrischen Feld ausdehnen, ziehen sich die fetten Öle zusammen. Diese Verschiedenheit des Verhaltens beweist, dafs wenigstens in manchen Fällen diejenigen Deformationen, denen dieselbe Ursache zu Grunde liegt, auf welcher die Abhängigkeit der spezifischen Induktionskapazität von der Deformation beruht, gröfser sind, als diejenigen, welche durch die Maxwell'sche Verteilung der Spannung erzeugt werden.

Quincke hat nachgewiesen, dafs sich die Elastizitätskoeffizienten eines Dielektrikums ändern, wenn in demselben eine elektrische Verschiebung stattfindet. Dies beweist, dafs $1/K$ nach Potenzen von e entwickelt ein Glied mit e^2 enthalten mufs, was einen weiteren Beweis dafür bildet, dafs die spezifische Induktionskapazität von der Deformation in dem Dielektrikum abhängt. Da ein Teil der Deformation des Dielektrikums in einem elektrischen Feld durch dieselbe Ursache bedingt ist, auf welcher die Abhängigkeit der spezifischen Induktionskapazität von der Deformation beruht, so mufs der Ausdruck für $1/K$, nach Potenzen von e entwickelt, sowohl die erste als auch die zweite Potenz der Deformationen enthalten. Denn wenn er nur die zweite Potenz enthielte, so müfste die Wirkung des elektrischen Feldes auf das Dielektrikum nur in einer Veränderung der Elastizitätskoeffizienten des Körpers bestehen und der Körper könnte daher keine Deformation erleiden, wenn er vorher frei von Deformation war.

Es sind, wie es scheint, keine Versuche gemacht worden, die Werte von dK/de, dK/df u. s. w. direkt zu bestimmen, und die experimentellen Schwierigkeiten, welche hierbei zu überwinden sein würden, sind viel gröfser, als bei den entsprechenden Bestimmungen für das magnetische Feld. *K* ist vielleicht in viel geringerem Grade von der Deformation abhängig, als *k*, der Koeffizent der Magnetinduktion. Die spezifische Induktionskapazität scheint nämlich von dem molekularen Zustand des Dielektrikums viel weniger abhängig zu sein, als der Koeffizient der magnetischen Induktion von dem molekularen Zustand des weichen Eisens. So sind z. B. die spezifischen Induktionskapazitäten verschiedener Substanzen sehr wenig voneinander verschieden, während der Koeffizient der Magnetinduktion von Eisen ungeheuer viel gröfser ist, als bei irgend einer anderen Substanz. Ferner weifs man, dafs der Koeffizient der Magnetinduktion von Temperaturveränderungen stark beeinflufst wird. Dagegen ergiebt sich aus neueren Versuchen, die von Cassie im Cavendish-Laboratorium ausgeführt worden sind, dafs die Wirkung von Temperaturveränderungen auf die spezifische Induktionskapazität von Ebonit, Glimmer und Glas gering ist. Bei Glas, für welches sie am gröfsten ist, beträgt sie z. B. 1/400 für jeden Centesimalgrad. Über den Einflufs der Torsion auf Elektrisierung oder der Elektrisierung auf Torsion sind, wie es scheint, keine Versuche gemacht worden.

40. *Einflufs der Trägheit auf magnetische Erscheinungen.* In den vorhergehenden Untersuchungen haben wir angenommen, dafs die magnetischen Änderungen so langsam stattfinden, dafs die Wirkungen der Trägheit vernachlässigt werden können. Wenn aber, wie es alle Molekulartheorieen des Magnetismus erfordern, eine Veränderung der Magnetisierung mit einer Bewegung der Moleküle des Magneten verbunden

ist, so mufs sich der Magnetismus so verhalten, als ob er Trägheit besäfse.

In weichem Eisen und Stahl wird die Sache durch die magnetische Reibung, die Wirkung der Retentionskraft und den permanenten Magnetismus so verwickelt gemacht, dafs es schwierig sein würde, die Wirkungen der Trägheit von den anderen Wirkungen zu isolieren. Wenn eine solche Wirkung existiert, würde sie wahrscheinlich am leichtesten in Krystallen entdeckt werden, da man nur von einem derselben, dem Quarz, vermutet, dafs er remanenten Magnetismus enthält (s. Tumlirz, Wied. Ann. XXVII. p. 133, 1886). Durch die Trägheit würde in die Gleichungen der Magnetisierung ein Glied

$$M \frac{d^2 I}{dt^2}$$

eingeführt werden, in welchem I die Intensität der Magnetisierung bedeutet. Die Gleichungen der Magnetisierung würden daher die Form

$$M \frac{d^2 I}{dt^2} + \frac{I}{k} = H \qquad (65)$$

besitzen, wenn H die äufsere Kraft bedeutet.

Wenn H periodisch ist und sich proportional e^{ipt} ändert, dann ist nach (65)

$$I = \frac{kH}{1 - kMp^2} \qquad (66).$$

Wenn daher p so grofs ist, dafs $kMp^2 > 1$, so ist der Krystall, wenn er für eine stetige magnetische Kraft paramagnetisch ist, für eine veränderliche Kraft diamagnetisch, und umgekehrt.

Veränderungen dieser Art würden leicht entdeckt werden können, wenn der Krystall im magnetischen

Feld frei aufgehängt würde. Wenn dann nämlich p^2 den Wert $1/kM$ passierte, würde sich der Krystall um einen rechten Winkel drehen.

41. *Das Glied* $(\xi y)\,\xi\dot{y}$ *in der Lagrange'schen Funktion.* Wir haben diejenigen Glieder betrachtet, welche von den Quadraten der Geschwindigkeiten der elektrischen Koordinaten abhängen, ebenso diejenigen, welche nur von den magnetischen Koordinaten abhängen. Jetzt wollen wir diejenigen Glieder in dem Ausdruck für die kinetische Energie betrachten, welche das Produkt der Geschwindigkeiten einer magnetischen und einer elektrischen Koordinate enthalten.

In Maxwell's *Electricity and Magnetism* (§ 634) wird folgender Satz bewiesen. Wenn ein Strom, dessen Komponenten u, v, w sind, das Volumelement $dx\,dy\,dz$ durchfliefst und das Volum $dx'\,dy'\,dz'$ wird parallel zu den Achsen der x, y, z beziehungsweise auf die Intensitäten A, B, C magnetisiert, dann ist die kinetische Energie L des Systems

$$\left[u\left\{B\frac{dp}{dz'}-C\frac{dp}{dy'}\right\}+v\left\{C\frac{dp}{dx'}-A\frac{dp}{dz'}\right\}\right.$$

$$\left.+\,w\left\{A\frac{dp}{dy'}-B\frac{dp}{dx'}\right\}\right]dx\,dy\,dz\,dx'\,dy'\,dz'\,. \quad (67),$$

wenn p der reciproke Wert der Entfernung der Elemente $dx\,dy\,dz$ und $dx'\,dy'\,dz'$ ist.

Wir bezeichnen nun die Intensität der Magnetisierung durch $\eta\xi$, wobei ξ das einer kinosthenischen oder Geschwindigkeitskoordinate entsprechende Moment und η eine Vectorgröfse ist.

Da η eine Vectorgröfse ist, kann es in Komponenten parallel zu den Achsen der x, y, z zerlegt werden. Wenn wir diese Komponenten mit λ, μ, ν bezeichnen, so können wir setzen

$$A = \lambda\xi, \; B = \mu\xi, \; C = \nu\xi.$$

Durch Einsetzung dieser Werte in (67) erhalten wir

$$L = \left[u\left(\mu \frac{dp}{dz'} - \nu \frac{dp}{dy'}\right) + v\left(\nu \frac{dp}{dy'} - \lambda \frac{dp}{dz'}\right)\right.$$
$$\left. + w\left(\lambda \frac{dp}{dy'} - \mu \frac{dp}{dx'}\right)\right] \xi dx dy dz dx' dy' dz' \; .. \; (68)$$

Diese Glieder sind daher von der Form

$$\{\xi y\} \; \dot{y}\xi.$$

Wenn wir die Lagrange'sche Funktion für die elektrische Koordinate betrachten, so sehen wir, dafs eine auf das Element $dxdydz$ wirkende elektromotorische Kraft parallel zur x-Achse von der Gröfse

$$-\frac{d}{dt}\frac{dL}{du}$$

vorhanden ist. Für die Volumeinheit ist daher diese Kraft

$$-\frac{d}{dt}\,\xi\left\{\mu \frac{dp}{dz'} - \nu \frac{dp}{dy'}\right\} dx' dy' dz'$$

oder

$$-\frac{d}{dt}\left\{B \frac{dp}{dz'} - C \frac{dp}{dy'}\right\} dx' dy' dz' \; ..... \; (69).$$

Für die elektromotorischen Kräfte parallel der y-Achse und der z-Achse gelten entsprechende Ausdrücke.

Dies sind die gewöhnlichen Ausdrücke für die elektromotorischen Kräfte, welche durch die Veränderungen des magnetischen Feldes erzeugt werden.

Die magnetische Kraft, welche parallel zu x

auf das Element $dx'dy'dz'$ wirkt, ist nach § 33 gleich

$$\frac{1}{\xi}\frac{dL}{d\lambda}.$$

Die magnetische Kraft parallel zu x für die Volumeinheit ist daher

$$\left(w\,\frac{dp}{dy'} - v\,\frac{dp}{dz'}\right) dx\,dy\,dz \ldots\ldots\ldots (70).$$

Entsprechende Ausdrücke gelten für die magnetischen Kräfte parallel zur y-Achse und zur z-Achse. Diese Ausdrücke stimmen mit denjenigen überein, welche Ampère für die durch ein System von Strömen erzeugte magnetische Kraft gegeben hat.

Ferner existiert eine auf das Element $dx\,dy\,dz$ wirkende mechanische Kraft, deren Komponente parallel zur x-Achse ist

$$\frac{dL}{dx}.$$

Bezeichnen wir

$$\left.\begin{aligned}
&\left(\mu\,\frac{dp}{dz'}-\nu\,\frac{dp}{dy'}\right)\xi\,dx'\,dy'\,dz' \text{ oder } \left(B\frac{dp}{dz'}-C\,\frac{dp}{dy'}\right)dx'\,dy'\,dz'\\
&\left(\nu\,\frac{dp}{dx'}-\lambda\,\frac{dp}{dz'}\right)\xi\,dx'\,dy'\,dz' \text{ oder } \left(C\frac{dp}{dx'}-A\,\frac{dp}{dz'}\right)dx'\,dy'\,dz'\\
&\left(\lambda\frac{dp}{dy'}-\mu\frac{dp}{dx'}\right)\xi\,dx'\,dy'\,dz' \text{ oder } \left(A\,\frac{dp}{dy'}-B\,\frac{dp}{dx'}\right)dx'\,dy'\,dz'
\end{aligned}\right\}\ (71)$$

beziehungsweise mit F, G, H, so sind F, G, H dieselben Gröſsen, welche in Maxwell's *Electricity and Magnetism* durch diese Symbole bezeichnet werden.

Da die auf das Element $dx\,dy\,dz$ wirkende Kraft

$$\frac{dL}{dx}$$

ist, so läſst sich die Kraft für die Volumeinheit in der Form

$$u\,\frac{dF}{dx}+v\,\frac{dG}{dx}+w\,\frac{dH}{dx}$$

oder

$$v\left\{\frac{dG}{dx}-\frac{dF}{dy}\right\}-w\left\{\frac{dF}{dz}-\frac{dH}{dx}\right\}+u\frac{dF}{dx}+v\frac{dF}{dy}+w\frac{dF}{dz} \quad (72)$$

schreiben.

Dieser Ausdruck unterscheidet sich von dem Maxwell'schen Ausdruck für dieselbe Kraft durch das Glied

$$u\,\frac{dF}{dx}+v\,\frac{dF}{dy}+w\,\frac{dF}{dz}.$$

Weil

$$\frac{du}{dx}+\frac{dv}{dy}+\frac{dw}{dz}=0,$$

so ist, wenn alle Stromleiter geschlossen sind,

$$\iiint\left(u\,\frac{dF}{dx}+v\,\frac{dF}{dy}+w\,\frac{dF}{dz}\right)dx\,dy\,dz=0.$$

So lange daher die Stromleiter geschlossen sind, ist die Wirkung der translatorischen Kräfte dieselbe, als wenn sie durch die Maxwell'schen Ausdrücke gegeben wären.

In der vorhergehenden Untersuchung haben wir angenommen, daſs wir das Element bewegen können, ohne den Strom zu ändern. Wenn wir annehmen, daſs sich der Strom mit den Elementen bewegt, so erhalten wir genau die Maxwell'schen Ausdrücke.

Die der y-Achse und der z-Achse parallelen Komponenten der auf das Element $dxdydz$ wirkenden Kraft sind durch entsprechende Ausdrücke gegeben.

Die zu x parallele Kraft, welche auf das magnetisierte Volum $dx'dy'dz'$ wirkt, ist

$$\frac{dL}{dx'}.$$

Die parallel zu x auf die Volumeinheit wirkende Kraft ist daher

$$\left\{(vC - wB)\frac{d^2p}{dx'^2} + (wA - uC)\frac{d^2p}{dx'dy'} + (uB - vA)\frac{d^2p}{dx'dz'}\right\} dxdydz \ldots\ldots\ldots\ldots (73).$$

Entsprechende Ausdrücke gelten für die Kräfte parallel zur y-Achse und der z-Achse.

Die auf den Magnet wirkende Kraft ist daher gleich und entgegengesetzt der auf den Strom wirkenden Kraft.

Wir sehen aus diesem Beispiel, wie wir aus der Existenz eines einzigen Gliedes in dem Ausdruck für L die Gesetze der Induktion von Strömen, die Erzeugung eines magnetischen Feldes durch einen Strom, die in einem magnetischen Feld auf einen Strom wirkende mechanische Kraft und die auf einen Magnet von einem benachbarten Strom ausgeübte Kraft ableiten können.

42. *Torsion eines magnetisierten Eisendrahtes durch einen elektrischen Strom.* Prof. G. Wiedemann (*Elektrizität*, III, p. 689) hat gezeigt, dafs ein Strom, der einen in der Richtung der Länge magnetisierten Draht durchfliefst, ein Kräftepaar erzeugt, welches der Draht zu tordieren strebt. Dies beweist, dafs die

Lagrange'sche Funktion für den Draht ein Glied von der Form

$$f(c)\dot{y}\eta\xi \quad \ldots\ldots\ldots\ldots\ldots (74)$$

enthalten mufs, in welchem $\dot{y}$ der durch den Draht fliefsende Strom, $\eta\xi$ die Intensität der Magnetisierung I, c die Torsion um die Achse des Drahtes und $f(c)$ eine Funktion von c ist. Wenn wir das Hamilton'sche Prinzip auf dieses Glied anwenden, so erkennen wir, dafs es die Existenz eines Kräftepaars andeutet, welches den Draht zu tordieren strebt und welches gleich

$$\dot{y}\eta\xi \frac{df(c)}{dc}$$

oder

$$\dot{y}I \frac{df(c)}{dc} \quad \ldots\ldots\ldots\ldots\ldots (75)$$

ist.

Wenden wir die Lagrange'sche Gleichung für die Koordinate y auf dieses Glied an, so sehen wir, da die elektromotorische Kraft, welche y zu vergröfsern strebt,

$$-\frac{d}{dt}\frac{dL}{d\dot{y}}$$

ist, dafs die Existenz dieses Gliedes das Vorhandensein einer elektromotorischen Kraft von der Gröfse

$$-\frac{d}{dt}\{f(c)\,\eta\xi\}$$

oder

$$-\frac{d}{dt}\{f(c)\,I\} \quad \ldots\ldots\ldots\ldots\ldots (76)$$

anzeigt.

Die Torsion eines in der Richtung der Länge

magnetisierten Drahtes mufs daher eine elektromotorische Kraft erzeugen, welche so lange währt, als sich die Torsion ändert, und jede Veränderung in der Längsmagnetisierung eines tordierten Drahtes mufs eine elektromotorische Kraft erzeugen, welche so lange währt, als sich die Magnetisierung ändert. Die Faraday'sche Regel, dafs die durch Induktion hervorgerufene elektromotorische Kraft um einen Stromleiter von dem Grade der Verminderung der Anzahl von Kraftlinien abhängt, welche durch den Leiter gehen, ist daher nicht auf einen tordierten Eisendraht anwendbar, denn sonst müfste es möglich sein, um einen aus einem solchen Draht bestehenden Stromleiter eine elektromotorische Kraft zu erhalten, wenn man ihn in der Ebene der magnetischen Kraft bewegt. In diesem Falle ändert sich aber nicht die Anzahl der Kraftlinien, welche durch den Stromleiter gehen.

Die Erzeugung einer elektromotorischen Kraft durch Torsion eines in der Richtung der Länge magnetisierten Eisendrahtes ist durch den Versuch bestätigt worden.

Wenn wir ferner die Lagrange'schen Gleichungen für die die magnetische Konfiguration fixierenden Koordinaten betrachten und bedenken, dafs jedes Glied der Lagrange'schen Funktion eine ähnliche Wirkung anzeigt wie die durch eine äufsere magnetische Kraft von der Gröfse

$$\frac{1}{\xi} \frac{dL}{d\eta}$$

hervorgebrachte, so sehen wir, dafs das Glied, welches wir betrachten, die Existenz einer auf den Draht wirkenden magnetisierenden Kraft gleich

$$f(c)\dot{y} \quad \dots\dots\dots\dots\dots\dots (77)$$

anzeigt, welche den Draht in der Richtung der Länge zu magnetisieren strebt. Wenn daher ein elektrischer Strom einen tordierten Draht durchfliefst oder wenn ein von einem elektrischen Strom durchflossener Draht tordiert wird, so wird der Draht in der Richtung der Länge magnetisiert. Diese Wirkungen sind von Prof. G. Wiedemann (*Elektrizität,* III, p. 692) beobachtet worden.

43. *Hall'sches Phänomen.* Die Glieder, welche wir betrachten, die sowohl die elektrischen als auch die magnetischen Koordinaten enthalten, sind auch wegen ihres Zusammenhangs mit dem Hall'schen Phänomen interessant, da, wie wir sogleich sehen werden, dieses Phänomen die Existenz von Gliedern dieser Art in der Lagrange'schen Funktion anzeigt. Hall entdeckte (*Phil. Mag.* X. 301), dafs, wenn ein Leiter in einem magnetischen Feld von Strömen durchflossen wird, eine durch das Feld erzeugte elektromotorische Kraft selbst dann vorhanden ist, wenn es konstant bleibt, und dafs diese elektromotorische Kraft an jedem beliebigen Punkt parallel und proportional der mechanischen Kraft ist, die auf den Leiter wirkt, in dem sich an dieser Stelle der Strom bewegt. Die elektromotorische Kraft wirkt daher senkrecht gegen die Richtung des Stromes und gegen die Richtung der Magnetinduktion, und die Komponenten derselben parallel zu den Achsen der x, y und z sind beziehungsweise durch die Ausdrücke

$$-C'\,(\gamma\dot{g}-\beta\dot{h}),$$
$$-C'\,(a\dot{h}-\gamma\dot{f}),$$
$$-C'\,(\beta\dot{f}-a\dot{g})$$

gegeben. C' ist eine Konstante, die von der Natur

des Mediums abhängt, welches der Strom durchfließt, α, β, γ sind die Komponenten der magnetischen Kraft und f, g, h die Komponenten der elektrischen Verschiebung, wenn das Medium ein Dielektrikum ist. Wenn es ein Leiter ist, so sind $\dot{f}$, $\dot{g}$, $\dot{h}$ die Komponenten des elektrischen Stroms.

Prof. Fitzgerald („On the Electromagnetic Theory of the Reflection and Refraction of Light", *Phil. Trans.* 1880, Part. II.) und Glazebrook (Phil. Mag. XI. p. 397, 1881) haben gezeigt, daß die Existenz dieser Kraft beweist, daß in dem Ausdruck für die Lagrange'sche Funktion für die Volumeinheit des Mediums das Glied

$$\frac{1}{2} C' \{\dot{f}(\gamma g - \beta h) + \dot{g}(\alpha h - \gamma f) + \dot{h}(\beta f - \alpha g)\} \quad \ldots (78)$$

enthalten ist.

Wir wollen die Lagrange'sche Gleichung für die elektrische Verschiebung f betrachten. Sie zeigt an, daß eine elektromotorische Kraft gleich

$$-\frac{d}{dt}\frac{dL}{d\dot{f}} + \frac{dL}{df}$$

oder in diesem Fall

$$C'(\beta\dot{h} - \gamma\dot{g}) + \frac{1}{2} C'(\dot{\gamma} g - \dot{\beta} h) \quad \ldots\ldots (79)$$

parallel zur x-Achse vorhanden ist.

Das erste dieser Glieder entspricht der Hall'schen Wirkung, das zweite einer elektromotorischen Kraft, welche die Linien der elektrostatischen Kraft zu verschieben strebt.

Diese letztere Kraft wirkt senkrecht zu der Richtung der elektrischen Verschiebung und zu derjenigen, in welcher die Veränderung der magnetischen Kraft am größten ist. Die Größe der Kraft ist

$$\frac{1}{2} C' \dot{H} D \sin\theta,$$

wenn D die resultierende elektrostatische Verschiebung ist, $\dot{H}$ der Grad der Veränderung der magnetischen Kraft und θ der Winkel zwischen der elektrischen Verschiebung und der Richtung, in welcher die Veränderung der magnetischen Kraft am gröſsten ist.

Ist P die ursprüngliche elektromotorische Kraft, so haben wir, da die Hall'sche elektromotorische Kraft sehr klein ist, annähernd

$$D = \frac{K}{4\pi} P,$$

wenn K die spezifische Induktionskapazität des Mediums ist.

Das Verhältnis der störenden Kraft, die wir betrachten, zur ursprünglichen elektromotorischen Kraft ist

$$\frac{1}{8\pi} C'K\dot{H} \sin \theta.$$

Nun geht aus den Versuchen von Hall hervor, daſs C' in elektromagnetischem Maſs höchstens von der Ordnung 10^{-5} ist, während K von der Ordnung 10^{-21} ist. Daher ist das Verhältnis der störenden Kraft zur ursprünglichen Kraft von der Ordnung

$$10^{-27} \dot{H} \sin \theta,$$

also viel zu klein, als daſs Aussicht sein könnte, dieselbe auf experimentellem Wege zu entdecken.

Wir sehen auch aus dem Ausdruck für diese Kraft, daſs sie vollständig verschwindet, wenn sowohl die elektrische Verschiebung als auch die magnetische Kraft stationär sind, und dies waren die Bedingungen, unter denen Hall die Wirkung der Kraft in einem Isolator ohne Erfolg zu entdecken versuchte (*Phil. Mag.* X. p. 304, 1880).

Wir wollen jetzt die Hall'sche Wirkung vom Gesichtspunkt der magnetischen anstatt der elektromotorischen Kraft aus betrachten. Dies geschieht vielleicht am einfachsten durch die Annahme, daſs die magnetischen Kräfte durch ein Volumelement $dx'dy'dz'$ erzeugt werden, welches parallel zu den Achsen der x, y, z beziehungsweise auf die Intensitäten A, B, C magnetisiert ist. Wenn Ω das magnetische Potential dieses Elements in der Entfernung r ist, dann ist für einen Punkt auſserhalb des Magnets

$$\Omega = -\left(A\,\frac{d}{dx}\,\frac{1}{r} + B\,\frac{d}{dy}\,\frac{1}{r} + C\,\frac{d}{dz}\,\frac{1}{r}\right) dx'dy'dz' \quad (80),$$

und

$$a = -\frac{d\Omega}{dx},\ \beta = -\frac{d\Omega}{dy},\ \gamma = -\frac{d\Omega}{dz}.$$

Substituiert man diese Werte für a, β, γ in den Ausdruck (78), so sehen wir, daſs in der Lagrange-schen Funktion ein Glied von folgender Form enthalten ist:

$$\frac{1}{2}C\left[A\left\{\{\dot{g}h-g\dot{h}\}\frac{d^2}{dx^2}\frac{1}{r} + \{\dot{h}f-h\dot{f}\}\frac{d^2}{dxdy}\frac{1}{r} + \{\dot{f}g-f\dot{g}\}\frac{d^2}{dxdz}\frac{1}{r}\right\}\right.$$

$$+ B\left\{\{\dot{g}h-g\dot{h}\}\frac{d^2}{dxdy}\frac{1}{r} + \{\dot{h}f-h\dot{f}\}\frac{d^2}{dy^2}\frac{1}{r} + \{\dot{f}g-f\dot{g}\}\frac{d^2}{dydz}\frac{1}{r}\right\}$$

$$+ C\left.\left\{\{\dot{g}h-g\dot{h}\}\frac{d^2}{dxdz}\frac{1}{r} + \{\dot{h}f-h\dot{f}\}\frac{d^2}{dydz}\frac{1}{r} + \{\dot{f}g-f\dot{g}\}\frac{d^2}{dz^2}\frac{1}{r}\right\}\right]$$

$$dx'dy'dz'.$$

Wenn wir, wie auf S. 83, setzen:

$$A = \xi\lambda;\ B = \xi\mu;\ C = \xi\nu,$$

so ist die auf das Element $dx'dy'dz'$ parallel der x-Achse wirkende Kraft

$$\frac{1}{\xi}\frac{dL}{d\lambda},$$

so dafs in diesem Fall die parallel der x-Achse auf die Volumeinheit wirkende Kraft ist

$$\frac{1}{2}C'\left[\{\dot{g}h-g\dot{h}\}\frac{d^2}{dx^2}\frac{1}{r}+\{\dot{h}f-h\dot{f}\}\frac{d^2}{dxdy}\frac{1}{r}+\{\dot{f}g-f\dot{g}\}\frac{d^2}{dxdz}\frac{1}{r}\right],$$

oder wenn

$$\psi=\frac{1}{2}C'\left[\{\dot{g}h-g\dot{h}\}\frac{d}{dx'}\frac{1}{r}+\{\dot{h}f-h\dot{f}\}\frac{d}{dy'}\frac{1}{r}+\{\dot{f}g-f\dot{g}\}\frac{d}{dz'}\frac{1}{r}\right] \quad (81),$$

dann ist die magnetische Kraft an den Punkten x', y', z' parallel zu der x-Achse, welche durch die elektrischen Verschiebungen f, g, h durch die Volumeinheit am Punkt (xyz) erzeugt wird,

$$\frac{d\psi}{dx'} \quad \dots\dots\dots\dots\dots\dots \quad (82).$$

Die magnetischen Kräfte parallel zu y und x sind beziehungsweise

$$\frac{d\psi}{dy'} \quad \dots\dots\dots\dots\dots\dots \quad (83)$$

und

$$\frac{d\psi}{dz'} \quad \dots\dots\dots\dots\dots\dots \quad (84).$$

Wenn es sich um elektrische Verschiebungen handelt, die durch ein Volum von beliebiger Gröfse verteilt sind, dann sind die Komponenten der magnetischen Kraft parallel zu den Achsen der x, y, z, die durch dieselbe Ursache wie der Hall'sche Effekt erzeugt werden, beziehungsweise

$$\frac{d\Psi}{dx'},\ \frac{d\Psi}{dy'},\ \frac{d\Psi}{dz'},$$

wenn

$$\Psi = \iiint \psi \, dx \, dy \, dz \dots \dots \dots (85).$$

Die Integration wird über das Volum ausgedehnt, durch welches die elektrischen Verschiebungen stattfinden.

Wenn der Punkt, an welchem wir die magnetische Kraft finden wollen, innerhalb des von den elektrischen Verschiebungen eingenommenen Volums liegt, so müssen wir die vorhergehenden Resultate modifizieren. Wir wollen uns eine kleine Kugel denken, deren Mittelpunkt mit demjenigen Punkt zusammenfällt, an welchem die magnetische Kraft gesucht ist, und die parallel zu den Achsen der x, y, z auf die Intensitäten A, B, C magnetisiert ist. Dann ist innerhalb der Kugel

$$a = \frac{4\pi}{3} A, \ \beta = \frac{4\pi}{3} B, \ \gamma = \frac{4\pi}{3} C.$$

Folglich ist die Lagrange'sche Funktion für ein Volumelement $dx \, dy \, dz$ innerhalb der Kugel

$$\tfrac{1}{2} C' \frac{4\pi}{3} \{A(\dot{g}h - g\dot{h}) + B(\dot{h}f - h\dot{f}) + C(\dot{f}g - f\dot{g})\} dx \, dy \, dz.$$

Daher sind die Komponenten der durch die elektrische Verschiebung verursachten magnetischen Kraft an dem Punkt, an welchem die Kraft gemessen wird:

$$\tfrac{2}{3} \pi C' \ (\dot{g}h - g\dot{h}),$$

$$\tfrac{2}{3} \pi C' \ (\dot{h}f - h\dot{f}),$$

$$\tfrac{2}{8} \pi C' \ (\dot{f}g - f\dot{g}).$$

Also ist der allgemeine Ausdruck für die Komponenten der magnetischen Kraft, die aus der den Hall'schen Effekt erzeugenden Ursache entspringen,

$$\left.\begin{array}{l} \frac{d\Psi}{dx'} + \frac{2}{3}\pi C' (\dot{g}h - g\dot{h}) \\ \frac{d\Psi}{dy'} + \frac{2}{3}\pi C' (\dot{h}f - h\dot{f}) \\ \frac{d\Psi}{dz'} + \frac{2}{3}\pi C' (\dot{f}g - f\dot{g}) \end{array}\right\} \quad \ldots\ldots\ldots (86).$$

Es bedeuten f, g, h die Komponenten der elektrischen Verschiebung an dem Punkt, an welchem die magnetische Kraft gemessen wird, und Ψ ist durch Gleichung (81) gegeben. Da sowohl C', als auch f, g, h sehr klein sind, so sind diese Kräfte sehr klein, und nur für den Fall, dafs sich f, g, h sehr schnell ändern, können wir erwarten, dafs einige Möglichkeit vorhanden ist, dieselben zu entdecken. Wir wollen daher die Gröfse dieser Kräfte für den Fall berechnen, dafs sich die elektrische Verschiebung mit der gröfsten Geschwindigkeit ändert, die wir in einem Experiment hervorbringen können. Dies wird aber, wenn die elektromagnetische Theorie des Lichts richtig ist, der Fall sein, wenn die elektrischen Verschiebungen diejenigen sind, welche die Fortpflanzung des Lichts begleiten.

Wir wollen annehmen, ein circular polarisierter Lichtstrahl pflanze sich in der Richtung der z-Achse fort, und die elektrischen Verschiebungen seien gegeben durch die Gleichungen

$$\left.\begin{array}{l} f = w \cos \frac{2\pi}{\lambda}(vt - z) \\ g = w \sin \frac{2\pi}{\lambda}(vt - z) \\ h = 0 \end{array}\right\} \quad \ldots\ldots\ldots (87),$$

in denen w die Amplitude der Oscillation, λ die Wellenlänge und v die Fortpflanzungsgeschwindigkeit des Lichts bedeutet.

Durch Substitution dieser Werte erkennt man, dafs

$$\left.\begin{aligned} \dot{g}h-g\dot{h}&=0\\ \dot{h}f-h\dot{f}&=0\\ \dot{f}g-f\dot{g}&=-w^2\frac{2\pi v}{\lambda}\end{aligned}\right\}\quad\ldots\ldots\ldots(88).$$

Für einen langen cylindrischen Lichtstrahl ist

$$\Psi=0$$

und daher erzeugt nach Gleichung (86) der circular polarisierte Strahl eine magnetische Kraft in der Richtung, in welcher er sich fortpflanzt, gleich

$$-\frac{2}{3}\pi C'w^2\frac{2\pi v}{\lambda}.$$

Den Wert von w für starkes Sonnenlicht können wir aus den in Maxwell's *Electricity and Magnetism*, Vol. II, § 793 gegebenen Daten berechnen. Die gröfste elektromotorische Kraft ist in diesem Fall

$$6\times10^7$$

in elektromagnetischem Mafs, der entsprechende gröfste Wert in der Verschiebung

$$\frac{K}{4\pi}6\times10^7$$

oder

$$\frac{3\times10^7}{2\pi v^2}.$$

Wenn wir die Wellenlänge gleich 6×10^{-5}, etwas gröfser als die Wellenlänge der Linie D, und C' gleich 10^{-5} annehmen, so sehen wir, dafs die von circular polarisiertem Licht von der Intensität starken Sonnenlichts erzeugte magnetische Kraft nicht gröfser sein kann, als

$$2 \times 10^{-18},$$

was viel zu klein ist, als dafs es durch Versuche entdeckt werden könnte.

Die Richtung der magnetischen Kraft steht zu der Rotationsrichtung der elektrischen Verschiebung in einem circular polarisierten Lichtstrahl in derselben Beziehung wie die Translation und die Rotation in einer linksgewundenen Schraube.

Prof. Rowland hat gezeigt (Phil. Mag. Apr. 1881), dafs sich durch den Hall'schen Effekt, wenn er in durchsichtigen Körpern (die mit Ausnahme der Elektrolyte sämtlich Isolatoren sind) existiert, die Drehung der Polarisationsebene des Lichts erklären läfst, die dieselbe erleidet, wenn das Licht solche Körper durchdringt, die sich in einem magnetischen Feld befinden, in welchem die magnetischen Kraftlinien der Fortpflanzungsrichtung des Lichts mehr oder weniger parallel sind. In diesem Fall drehen wir vermittelst einer äufseren magnetischen Kraft die Polarisationsebene. In dem eben betrachteten Fall, der als die Umkehrung des anderen betrachtet werden kann, erzeugt ein circular polarisierter Lichtstrahl eine magnetische Kraft parallel der Richtung, in welcher er sich fortpflanzt.

FÜNFTES KAPITEL.

Reciproke Beziehungen zwischen physikalischen Kräften, wenn die Systeme, welche sie ausüben, sich in einem unveränderlichen Zustand befinden.

44. Die vorhergehenden Methoden sind sowohl auf unveränderliche, als auch auf veränderliche Systeme anwendbar. Wenn sich indessen das System in einem unveränderlichen Zustand befindet, so werden die reciproken Beziehungen zwischen den verschiedenen physikalischen Kräften so einfach, daſs dieselben besonders behandelt zu werden verdienen. Wir wollen sie daher von den übrigen getrennt betrachten.

Wir wollen die gegenseitige Einwirkung von zwei Gröſsen betrachten, die durch die Koordinaten p und q gegeneinander fixiert sind. Wir wollen annehmen, auf das System wirke eine Kraft P vom Typus p. Dann wird die Kraft P die Koordinate p in einer bestimmten Weise verändern und die Gröſse der Veränderung kann von dem Wert der anderen Koordinate q abhängig sein. Wir wollen annehmen, q erleide eine kleine Veränderung δq und δP sei die Gröſse, um welche der Wert von P erhöht werden muſs, damit p seinen ursprünglichen Wert beibehält. Da sich das System in einem unveränderlichen Zustand befindet, so ist, wenn L die Lagrange'sche Funktion ist,

$$P = -\frac{dL}{dp}$$

und

$$P + \delta P = -\frac{dL}{dp} - \frac{d^2 L}{dq\,dp}\delta q,$$

folglich $$\delta P = -\frac{d^2L}{dp\,dq}\,\delta q \;\ldots\ldots\ldots\; (89).$$

Wenn wir nun eine Kraft Q vom Typus q haben, die eine bestimmte Veränderung in der Koordinate q bewirkt, und wir verändern p um δp, so müssen wir, um q konstant zu erhalten, Q um eine Gröfse δQ verändern. Da nun

$$Q = -\frac{dL}{dq}$$

und $$Q + \delta Q = -\frac{dL}{dq} - \frac{d^2L}{dp\,dq}\,\delta p,$$

so ist $$\delta Q = -\frac{d^2L}{dp\,dq}\,\delta p \;\ldots\ldots\ldots\; (90).$$

Aus (89) und (90) folgt daher

$$\left(\frac{dP}{dq}\right)_{p\ \text{konstant}} = \left(\frac{dQ}{dp}\right)_{q\ \text{konstant}} \;\ldots\; (91).$$

Die Änderung in P, wenn q um die Einheit vergröfsert wird und p konstant ist, ist also dieselbe wie die Änderung in Q, wenn p um die Einheit vergröfsert wird und q konstant ist. Wenn daher P von q abhängt, so hängt Q von p ab und umgekehrt. Wenn wir also durch Vergröfserung von q die „Elastizität" von p vergröfsern, so vergröfsern wir durch Vergröfserung von p die „Elastizität" von q.

Gleichung (91) ist den in Maxwell's *Theory of Heat,* p. 169, gegebenen „thermodynamischen Relationen" analog und bildet eine von denjenigen reciproken Relationen, die in der Physik existieren und die uns so oft in den Stand setzen, die Entdeckungen in der physikalischen Wissenschaft zu verdoppeln. Die Folgerungen, welche sich aus reciproken Relationen anderer Art ergeben, werden von Lord Rayleigh in der *Theory of Sound*, Vol. I. Kap. 5, betrachtet.

Als Beispiel der Anwendung dieser Gleichung mag der Fall dienen, daſs ein Draht durch die Wirkung einer beliebigen Anzahl von Kräften, von denen zwei P und Q sind, in eine beliebige Form gebogen wird. Dann wird die Zunahme von Q, die erforderlich ist, um ihren Angriffspunkt in Ruhe zu erhalten, wenn p um die Einheit vergröſsert wird, auch die Zunahme bedeuten, die P erfahren muſs, um eine Bewegung des Angriffspunktes dieser Kraft zu verhindern, wenn q um die Einheit vergröſsert wird.

Wenn ferner die Kraft, die erforderlich ist, um in einem Eisendraht eine bestimmte Ausdehnung zu bewirken, durch Magnetisieren des Drahtes verändert wird, so ersehen wir aus dieser Gleichung, daſs die magnetische Kraft, welche erforderlich ist, um den Draht auf eine gewisse Intensität zu magnetisieren, durch Deformieren des Drahtes verändert wird, und daſs diese Veränderungen durch die folgende Beziehung untereinander verbunden sind, wenn P die Spannung, e die Dehnung des Drahtes, H die magnetische Kraft und I die Intensität der Magnetisierung bedeutet:

$$\left(\frac{dP}{dI}\right)_{e \text{ konstant}} = \left(\frac{dH}{de}\right)_{I \text{ konstant}} \quad \ldots (92).$$

Wenn ferner ein Strom durch einen in Lösung befindlichen Elektrolyten hindurchgeht, so zerlegt er denselben und die Stärke der Lösung ändert sich. Diese Veränderung der Stärke der Lösung bewirkt m allgemeinen eine Veränderung des Koeffizienten der Kompressibilität, des Volums und der Oberflächenspannung der Lösung, und in diesem Fall ergiebt sich aus Gleichung (91), dafs die elektromotorische Kraft, welche erforderlich ist, um einen Strom von bestimmter Stärke durch eine die Lösung enthaltende Zersetzungszelle zu senden, durch Druck und durch jede Veränderung in der freien Oberfläche der Lösung verändert wird. Es sei E die elektromotorische Kraft, γ der Strom, v das Volum der Lösung, S die Oberfläche und T die Oberflächenspannung derselben, so haben wir in diesem Fall für die Wirkung des Druckes p

$$\left(\frac{dE}{dv}\right)_{\gamma \text{ konstant}} = -\left(\frac{dp}{d\gamma}\right)_{v \text{ konstant}} \quad \ldots (93).$$

Das negative Zeichen ist gesetzt, weil p das Volum v zu vermindern strebt.

Wenn k der Kompressionsmodulus und v_0 das Volum der Lösung ist, wenn dieselbe frei von Druck ist, dann ist

$$p = k\left(1 - \frac{v}{v_0}\right)$$

$$\left(\frac{dp}{d\gamma}\right)_v = \left(1 - \frac{v}{v_0}\right)\frac{dk}{d\gamma}.$$

Wenn γ konstant ist, ist auch k konstant, so dafs

$$\delta p = -\frac{k\delta v}{v_0}$$

und nach Gleichung (93)

$$dE = v_0\left(1 - \frac{v}{v_0}\right)\frac{dk}{d\gamma}\frac{dp}{k}$$

$$= v_0 \frac{1}{k^2}\frac{dk}{d\gamma} p dp.$$

Wenn daher der Druck von P_1 auf P_2 erhöht wird,

so ist die Zunahme δE der elektromotorischen Kraft, die erforderlich ist, um den Strom konstant zu erhalten, gegeben durch

$$\delta E = \frac{1}{2} v_0 \left\{ P_2^{\,2} - P_1^{\,2} \right\} \frac{1}{k^2} \frac{dk}{dy} \ldots\ldots \quad (94).$$

Als Beispiel, welches geeignet ist, uns eine Vorstellung von der Gröfse dieser Wirkung zu geben, mag eine Lösung von Lithiumchlorid dienen. Das Volum der Lösung sei 1 ccm.

Die zur Berechnung von dk/dy erforderlichen Daten sind in diesem Fall die folgenden:

Der Durchgang der Einheitsmenge von Elektrizität entspricht der Zerlegung von ungefähr 4.3×10^{-8} Gramm Lithiumchlorid. Wir wollen annehmen, dafs sich nichts von dieser Menge wieder auflöst, so dafs der Durchgang der Einheitsmenge von Elektrizität der Lösung diese Menge des Salzes entzieht.

Aus den Versuchen von Röntgen und Schneider (*Wied. Ann.* XXIX. p. 186. 1886) ergiebt sich, dafs ein Zusatz von 6 g Lithiumchlorid zu 100 ccm Wasser den Kompressionsmodulus um ungefähr 15 Prozent erhöht. Wenn daher die Zunahme des Modulus der Salzmenge proportional ist, so mufs der Modulus um ungefähr 1 Prozent erniedrigt werden, wenn einem Kubikcentimeter 4.3×10^{-8} Gramm entzogen werden. Daher ist annähernd

$$\frac{1}{k} \frac{dk}{dy} = -10^{-2}.$$

Nun ist k für Wasser ungefähr 2.2×10^{10}. Ist daher δE die Veränderung, welche durch einen Druck von 1000 Atmosphären, der in absolutem Mafs ungefähr 10^9 ist, bewirkt wird, so ist

$$\delta E = -\frac{1}{2}\frac{10^{18}}{2.2\times 10^{10}}\frac{1}{10^2} = -\frac{1}{4}\times 10^6,$$

d. h. der Druck von 1000 Atmosphären würde die entgegenwirkende elektromotorische Kraft um ungefähr 1/400 Volt vermindern.

Die von Röntgen und Schneider für den Einfluſs von Natriumkarbonat auf den Koeffizienten der Kompressibilität angegebenen Zahlen zeigen, daſs der Druck auf eine Lösung dieses Salzes viel stärker einwirkt als auf eine Lösung von Lithiumchlorid.

Wir wollen jetzt annehmen, daſs das Volum der Lösung durch den Durchgang eines elektrischen Stroms verändert wird, daſs dagegen der Koeffizient der Kompressibilität unverändert bleibt.

Da

$$p = k\left(1 - \frac{v}{v_0}\right),$$

so müssen wir, wenn der Durchgang der Einheit der Elektrizität das Volum um dv/dy vergröſsert, den ursprünglichen Druck um $kdv/v_0 dy$ vergröſsern, um das Volum konstant zu erhalten. Dann ist

$$\left(\frac{dp}{dy}\right)_{v \text{ konstant}} = \frac{k}{v_0}\frac{dv}{dy},$$

und die Gleichung (91) wird

$$\left(\frac{dE}{dv}\right)_{y \text{ konstant}} = -\frac{k}{v_0}\frac{dv}{dy}.$$

Da nun $kdv/v_0 = -dp$, so ersehen wir aus dieser Gleichung, daſs die Änderung δE in der entgegenwirkenden elektromotorischen Kraft gegeben ist durch die Gleichung

$$\delta E = \delta p \frac{dv}{dy} \quad \ldots\ldots\ldots\ldots\ldots (95).$$

Wenn der elektrische Strom durch eine Salzlösung geht, so sind die Veränderungen, welche vor sich gehen und welche das Volum ändern, so zahlreich, dafs es nicht möglich ist, aus vorhandenen Daten die Veränderung zu berechnen, welche in dem Volum stattfindet, wenn die Einheitsmenge der Elektrizität durch die Lösung geht. Um zu sehen, von welcher Ordnung diese Wirkung sein kann, wollen wir annehmen, dafs die Veränderung im Volum mit dem Volum des elektrolysierten Salzes vergleichbar sei. Wenn die Einheitsmenge von Elektrizität durch eine Lösung von Kaliumsulfat geht, so elektrolysiert sie ungefähr 9×10^{-8} Gramm des Salzes, und da das spezifische Gewicht des Salzes 2.6 ist, so ist das Volum dieser Menge ungefähr 3.5×10^{-8}. Wir können daher in diesem Fall annehmen, dafs dv/dy mit 3.5×10^{-8} vergleichbar ist und dafs die Änderung in der entgegenwirkenden elektromotorischen Kraft, die durch 1000 Atmosphären erzeugt wird, von der Ordnung

$$3.5 \times 10^{6}$$

oder ungefähr 1/28 Volt ist.

Wir wollen jetzt den Fall betrachten, in welchem eine Gasentwickelung stattfindet, und zwar wollen wir annehmen, es werde Wasser elektrolysiert, über welchem sich Luft befindet, die in einem Cylinder mit einem beweglichen Kolben eingeschlossen ist.

Wenn die Einheitsmenge der Elektrizität durch das Wasser geht, so werden 9×10^{-4} g Wasser elektrolysiert, infolgedessen sich das Volum des Wassers um 9×10^{-4} ccm vermindert. An dem einen Pol werden 10^{-4} g Wasserstoff und dem anderen 8×10^{-4} g Sauerstoff frei.

Wir wollen jetzt dazu übergehen, die Änderung des Druckes zu finden, wenn das Volum bei dem Durchgang der Einheit der Elektrizität konstant bleibt.

Die Verminderung des Druckes, welche durch das Verschwinden des Wassers bewirkt wird, ist, wenn v das Volum der Luft über dem Wasser ist,

$$9 \times 10^{-4} \frac{p}{v},$$

die Zunahme des Druckes, welche durch die 10^{-4} g Wasserstoff bewirkt wird, ist, wenn die Temperatur 0^0 C ist,

$$1.1 \times 10^{10} \times \frac{10^{-4}}{v},$$

die durch den Sauerstoff bewirkte Zunahme ist halb so grofs, folglich

$$\left(\frac{dp}{dy}\right)_v = \frac{1}{v} \{1.65 \times 10^6 - 9 \times 10^{-4} p\},$$

also nach (95)

$$\frac{dE}{dv} = -\frac{1}{v} \{1.65 \times 10^6 - 9 \times p \times 10^{-4}\}.$$

Nun ist aber

$$\frac{\delta v}{v} = -\frac{\delta p}{p},$$

folglich

$$\frac{dE}{dp} = \frac{1.65 \times 10^6}{p} - 9 \times 10^{-4}.$$

Wenn der Druck von P_1 auf P_2 erhöht wird, so ist die Änderung δE von E gegeben durch die Gleichung

$$\delta E = 1.65 \times 10^6 \times \log \frac{P_2}{P_1} - 9 \times 10^{-4} \times (P_2 - P_1).$$

Für tausend Atmosphären wird die entgegenwirkende elektromotorische Kraft um

$$1.65 \times 10^6 \times 6.9 - 9 \times 10^{-4} \times 10^9, \text{ annähernd}$$
$$= 1.2 \times 10^7 - 9 \times 10^5$$

vergröſsert, so daſs die entgegenwirkende elektromotorische Kraft um ungefähr ein achtel Volt vergröſsert wird.

Die Wirkung der Oberflächenspannung ist gegeben durch

$$\left(\frac{dE}{dS}\right)_{\gamma \text{ konstant}} = \left(\frac{dT}{d\gamma}\right)_{S \text{ konstant}} \quad \ldots (96).$$

Diese Wirkung ist im allgemeinen sehr klein. So ergiebt sich z. B. aus den Versuchen von Röntgen und Schneider (*Wied. Ann.* XXIX. p. 209, 1886), daſs durch einen Zusatz von 6 Gewichtsteilen Lithiumchlorid zu 100 Teilen Wasser die Oberflächenspannung um ungefähr 3 Prozent erhöht wird. Der Durchgang von 1 Einheit Elektrizität zerlegt ungefähr 4.3×10^{-8} g Lithiumchlorid, so daſs, wenn v das Volum der Lösung ist,

$$\frac{1}{T}\frac{dT}{d\gamma} = -\frac{1}{v} \times \frac{3}{10^2} \times \frac{10^2}{6} \times 4.3 \times 10^{-3}$$
$$= -2 \times 10^{-3}\frac{1}{v} \text{ annähernd.}$$

Für Wasser ist $T = 81$,

also
$$\frac{dT}{d\gamma} = -\frac{16.2 \times 10^{-2}}{v}$$

und daher wegen (96)

$$\frac{dE}{dS} = -\frac{16.2 \times 10^{-2}}{v},$$

oder wenn das Volum konstant bleibt, so bewirkt eine Vergröſserung der Oberfläche um S eine Verminderung der entgegenwirkenden elektromotorischen Kraft um

$$\frac{16.2 \times 10^{-2} S}{v}.$$

Wenn die Flüssigkeit zu einem dünnen Häutchen von der Dicke t auseinandergedrückt würde, dann wäre

$$v = St$$

und

$$\delta E = - \frac{16.2 \times 10^{-2}}{t}.$$

Wäre t von der Ordnung der Molekularabstände, also ungefähr 10^{-7}, so wäre

$$\delta E = - 16.2 \times 10^{5},$$

oder die entgegenwirkende elektromotorische Kraft wird verkleinert um ungefähr

0.016 Volts.

Bei der vorhergehenden Untersuchung ist vorausgesetzt, daſs der Elektrolyt in Berührung mit der Luft ist. Wäre er in Berührung mit einem festen Körper, z. B. Glas, so würde die Entziehung des Elektrolyts aus der Lösung bei dem Durchgang des Stroms die Oberflächenspannung zwischen der Flüssigkeit *vergröſsern.* Daher würde die elektromotorische Kraft, die zur Zerlegung eines Elektrolyts in einer porösen Platte erforderlich ist, gröſser sein als diejenige, welche erforderlich ist, wenn der Elektrolyt eine zusammenhängende Masse bildet.

Die Oberflächenspannung von Flüssigkeiten wird auch verändert, wenn sie Gase absorbieren. Daher wird die elektromotorische Kraft, welche erforderlich ist, um einen Elektrolyt zu zerlegen, welcher ein durch den Durchgang des Stroms erzeugtes Gas absorbiert, verschieden sein, wenn der Elektrolyt die Zwischenräume einer porösen Platte anfüllt oder wenn die Zersetzung in einer gewöhnlichen Zersetzungszelle stattfindet.

SECHSTES KAPITEL.

Einwirkung der Temperatur auf die Eigenschaften der Körper.

45. Wir haben bis jetzt nur die Beziehungen zwischen den Erscheinungen der Elektrizität, des Magnetismus und der Elastizität betrachtet, dagegen haben wir noch keine Erscheinung diskutiert, in welcher Temperaturwirkungen vorkommen. Wir wollen versuchen, die im Vorhergehenden benutzten Methoden auf diejenigen Fälle auszudehnen, in denen wir die Wirkungen der Temperatur auf die Eigenschaften der Körper zu betrachten haben.

Bevor wir dieses thun, müssen wir uns eine dynamische Interpretation der Temperatur zu bilden versuchen. Der einzige Fall, in welchem es gelungen ist, einen dynamischen Begriff der Temperatur aufzustellen, ist die kinetische Gastheorie, und nach dieser ist die Temperatur die mittlere Energie der translatorischen Bewegung der Gasmoleküle. Wenn daher N die Anzahl der Moleküle in der Volumeinheit des Gases ist, so ist $N\theta$ die Energie der translatorischen Bewegung der Moleküle bei der Temperatur θ.

Nicht nur, wenn die Moleküle ein Gas bilden, sondern auch, wenn sie zu einem festen oder flüssigen Körper aggregiert sind, bildet $N\theta$ höchst wahrscheinlich einen Teil der kinetischen Energie derselben.

Die Experimente und Vorstellungen, welche zur Aufstellung des Prinzips der Erhaltung der Energie führten, führten gleichzeitig zu dem Schlufs, dafs die Energie der fühlbaren Wärme Energie ist, die durch Bewegung der Moleküle erzeugt wird und die daher einen Teil der kinetischen Energie des Systems bildet. Der Leser mag über diesen Punkt Maxwell's *Theory of Heat,* p. 301 vergleichen. Einen anderen Grund für die Annahme, dafs die Temperatur eines flüssigen Körpers ebenso wie die Temperatur eines Gases durch die mittlere Energie der Translation der Moleküle gemessen wird, bildet die von Van der Waals (die Kontinuität des gasförmigen und flüssigen Zustandes) gegebene Theorie der Molekularkonstitution von Körpern in denjenigen Zuständen, welche einen Übergang zwischen dem flüssigen und dem gasförmigen Zustand bilden, in der diese Annahme gemacht wird, und der Umstand, dafs diese Theorie in vielen wichtigen Beziehungen mit den Thatsachen gut in Einklang steht. Da ferner die meisten festen und flüssigen Körper in einen Zustand kommen können, in welchem ihre spezifische Wärme konstant ist, d. h. in welchem die Erhöhung der Temperatur der dem System mitgeteilten Energie proportional ist, so müssen wir annehmen, dafs irgend eine besondere Art von kinetischer Energie eine lineare Funktion der Temperatur ist.

Wenn zwei Körper in Berührung sind, so streben, wie sich aus der folgenden Auseinandersetzung ergeben wird, wahrscheinlich die Zusammenstöfse zwischen den Molekülen die mittlere Energie dieser translatorischen Bewegung auszugleichen, sowohl wenn diese Körper fest oder flüssig sind, als wenn sie gasförmig sind. Die mittleren translatorischen Energieen zweier Substanzen, die sich berühren, streben daher gleich zu werden, und es hat daher in dieser wichtigen Hinsicht die mittlere translatorische Energie dieselbe Eigenschaft wie die Temperatur.

Angenommen, wir hätten zwei verschiedene Substanzen, die beziehungsweise aus den Molekülen A und B zusammengesetzt sind, und die Moleküle dieser beiden Substanzen seien durch eine materielle Ebene voneinander getrennt. Ferner wollen wir annehmen, die Masse dieser Ebene sei grofs im Vergleich mit der Masse eines Moleküls jeder der beiden Substanzen, und sie sei durch vollkommen elastische Hemmungen verhindert, sich weiter zu bewegen als um eine mit den Molekularabständen vergleichbare Entfernung. Da die Masse der Ebene bedeutend gröfser ist, als die Masse eines Moleküls, und da sie sich nur um eine geringe Entfernung in *einer* Richtung bewegen kann, wird die Geschwindigkeit der Ebene im Vergleich mit der Geschwindigkeit der Moleküle sehr gering sein. Wir wollen daher annehmen, die Geschwindigkeit der Ebene sei so gering, dafs die Anzahl der Moleküle, welche sich noch langsamer als die Ebene bewegen, vernachlässigt werden kann, mit anderen Worten, dafs die Ebene von allen Molekülen, welche sich gegen dieselbe bewegen, dagegen von keinem derjenigen Moleküle, welche sich von derselben hinweg bewegen, getroffen wird. Wir wollen annehmen, die Wirkung zwischen dem Molekül und der Ebene sei dieselbe wie die zwischen einer vollkommen elastischen Kugel und einer Ebene.

Es sei m die Masse eines Moleküls A, v die Geschwindigkeit desselben und a der Winkel, der seine Bewegungsrichtung mit der Senkrechten zur Ebene vor dem Anprall bildet, V die Geschwindigkeit nach dem Anprall, M die Masse der Ebene, w und W die Geschwindigkeiten vor und nach dem Anprall des Moleküls. Dann ist leicht zu beweisen, daſs

$$\frac{1}{2} m \{V^2 - v^2\} = \frac{2mM}{(M+m)^2} \{Mw^2 - mv^2 \cos^2 a - (M-m) vw \cos a\}.$$

Wenn wir die Summe der Gleichungen bilden, welche die Wirkung sämtlicher Stöſse, die in der Zeiteinheit stattfinden, darstellen, so erhalten wir

$$\frac{1}{2} \Sigma m \, \{V^2 - v^2\}$$

$$= \frac{2mM}{(M+m)^2} \Sigma \, \{Mw^2 - mv^2 \cos^2 a - (M-m) vw \cos a\} \, . \, (97).$$

Wenn N die Anzahl der Moleküle A ist, welche in der Zeiteinheit mit der Ebene in Berührung kommen, und θ_1 die mittlere translatorische kinetische Energie dieser Moleküle, dann ist, wenn $\delta\theta_1$ die Änderung von θ_1 in der Zeiteinheit bedeutet,

$$\frac{1}{2} \Sigma m \, (V^2 - v^2) = N \delta \vartheta_1.$$

Ist N' die Anzahl der Stöſse und θ die mittlere kinetische Energie der Ebene, dann ist

$$\Sigma M w^2 = 2 N' \theta.$$

Da die Bewegungsrichtungen der Moleküle A gleichmäſsig verteilt sind, so ist

$$\Sigma m v^2 \cos^2 a = \frac{1}{6} \Sigma m v^2 = \frac{1}{3} N' \theta_1.$$

Da angenommen wird, dafs sich die Ebene so langsam bewegt, dafs sie von allen Molekülen, die sich gegen dieselbe bewegen, getroffen wird, so ist

$$\Sigma (M-m)\, vw \cos a = 0,$$

und es geht daher die Gleichung (97) über in

$$N\delta \theta_1 = \frac{2Mm}{(M+m)^2}\left\{2N'\theta - \frac{1}{3} N'\theta_1\right\} \ldots\ldots (98).$$

Ist θ_2 die mittlere kinetische Energie der Moleküle B, welche die Ebene in der Zeiteinheit treffen, N_1 die Anzahl dieser Moleküle und N'_1 die Anzahl von Stöfsen, m' die Masse eines Moleküls, so ist

$$N_1 \theta \delta_2 = \frac{2Mm'}{(M+m')^2}\left\{2N'_1\theta - \frac{1}{3} N'_1\theta_2\right\} \ldots (99)$$

und es ist auch

$$\delta\theta = -\frac{2Mm}{(M+m)^2}\left\{2N'\theta - \frac{1}{3} N'\theta_1\right\}$$

$$-\frac{2Mm'}{(M+m')^2}\left\{2N'_1\theta - \frac{1}{3} N'_1\theta_2\right\} \ldots (100).$$

Nun können wir der mittleren kinetischen Energie der Ebene jeden beliebigen Wert beilegen, indem wir ihr die geeignete Anfangsgeschwindigkeit geben. Für unseren Zweck soll aber die Ebene keine Energie aufspeichern, sondern dieselbe übertragen. Dies wird sie thun, wenn wir ihr eine solche Anfangsgeschwindigkeit geben, dafs sich die mittlere kinetische Energie der Ebene in der Zeiteinheit nicht ändert. In diesem Fall verschwindet $\delta\theta$ und es folgt aus (100)

$$\frac{mN'}{(M+m)^2}\left\{2\theta - \frac{1}{3}\theta_1\right\} + \frac{m'N'_1}{(M+m')^2}\left\{2\theta - \frac{1}{3}\theta_2\right\} = 0.$$

Also ist

$$\left.\begin{aligned} 2\theta - \frac{1}{3}\theta_1 &= \frac{\frac{1}{3}(\theta_2 - \theta_1)a}{a+b} \\ 2\theta - \frac{1}{3}\theta_2 &= -\frac{\frac{1}{3}(\theta_2 - \theta_1)b}{a+b} \end{aligned}\right\},$$

wenn

$$a = \frac{m' N_1'}{(M+m')^2},$$

$$b = \frac{m N'}{(M+m)^2}.$$

Durch Einsetzung dieser Werte für $2\theta - \theta_1/3$ und $2\theta - \theta_2/3$ in die Gleichungen (98) und (99) erhalten wir

$$\left.\begin{aligned} N\delta\theta_1 &= \frac{2Mab}{3(a+b)}\{\theta_2 - \theta_1\} \\ N'\delta\theta_2 &= -\frac{2Mab}{3(a+b)}\{\theta_2 - \theta_1\} \end{aligned}\right\}.$$

Wenn daher θ_2 gröfser ist als θ_1, so nimmt θ_1 zu und θ_2 nimmt ab, und umgekehrt, und wenn θ_1 gleich θ_2 ist, so bleiben sie gleich. Die mittlere translatorische Energie verhält sich daher in dieser Hinsicht genau wie die Temperatur. Die gegebene Auseinandersetzung enthält, wie es scheint, nichts, wodurch sie auf Gase beschränkt wird, und man darf daher annehmen, dafs sie ebenso gut für feste und flüssige Körper gültig ist.

46. Wir kommen daher zu dem Schlufs, dafs ein Teil der kinetischen Energie des Systems, mag dasselbe ein Teil eines festen, flüssigen oder gasförmigen Körpers sein, der Temperatur proportional ist.

Diesen Teil der kinetischen Energie wollen wir mit

$$\frac{1}{2}\left\{(uu)\,\dot{u}^2 + \ldots\right\}$$

bezeichnen, wo u eine Koordinate bedeutet, die zur Fixierung der Lage oder der Konfiguration eines Moleküls dient. Wir sehen sofort, daſs diese Koordinaten wesentlich von denen verschieden sind, die wir bis jetzt betrachtet haben und die die geometrische, elektrische, magnetische Konfiguration und die Deformationskonfiguration fixieren. Diese letzteren Koordinaten haben wir vollständig unter unserer Kontrolle und sie sind gewissen Einschränkungen unterworfen, welche durch die begrenzte Stärke des Materials, der Stärke der Dielektrika und der magnetischen Sättigung gegeben sind. Wir können denselben jeden beliebigen Wert beilegen. Wir können daher diese Koordinaten zweckmäſsig als kontrollierbare Koordinaten bezeichnen. Ganz anders verhält es sich mit den Koordinaten, welche die einzelnen in Bewegung befindlichen Teile der Systeme fixieren, deren kinetische Energie die Temperatur des Körpers ausmacht. Wir haben zwar den mittleren Wert gewisser Funktion von einer groſsen Anzahl dieser Koordinaten in der Gewalt, allein wir haben keine Kontrolle über die Koordinaten im einzelnen. Diese Koordinaten können wir daher als „uneinschränkbare“ Koordinaten bezeichnen. Ihre fundamentale Eigenschaft ist die, daſs wir nicht irgend eine individuelle Koordinate zwingen können, irgend einen beliebigen Wert anzunehmen. Da sich unsere Untersuchungen nicht auf individuelle Moleküle erstrecken können, so müssen die „kontrollierbaren“ Koordinaten nur die Lage einer groſsen Anzahl von Molekülen als Ganzes fixieren.

Wenn das Glied

$$\frac{1}{2}\left\{(uu)\,\dot{u}^2 + \ldots\right\}$$

eine „kontrollierbare“ Koordinate φ enthält, dann mufs offenbar diese Koordinate φ in allen Gliedern in der durch die Gleichung

$$\frac{1}{2}\left\{(uu)\,\dot{u}^2 + \ldots\right\} = \frac{1}{2}\,f(\varphi)\,\left\{(uu)'\dot{u}^2 + \ldots\right\} \ldots (101)$$

ausgedrückten Form vorkommen, in welcher die Koeffizienten $(uu)'$ die Koordinate φ nicht enthalten. Anderenfalls würde die Erscheinung durch die Bewegung irgend eines bestimmten Moleküls mehr beeinflufst werden, als durch die Bewegung der anderen. Wir werden annehmen, dafs θ, die Temperatur, der Gröfse

$$\frac{1}{2}\left\{(uu)\dot{u}^2 + \ldots\right\}$$

proportional ist, dafs also

$$\theta = \frac{1}{2}\,C\left\{(uu)\dot{u}^2 + \ldots\right\} \ldots\ldots\ldots (102),$$

wo C keine von den „kontrollierbaren“ Koordinaten enthält, welche die Konfiguration des Systems fixieren.

47. Die kinetische Energie eines Systems können wir zweckmäfsig in zwei Teile teilen, von denen der eine von der Bewegung „uneinschränkbarer“ Koordinaten abhängt und den wir mit T_u bezeichnen wollen. Wir wollen annehmen, dafs dieser Teil der absoluten Temperatur θ proportional ist. Den anderen Teil, welcher von der Bewegung der „kontrollierbaren“ Koordinaten abhängt, wollen wir mit T_c bezeichnen. T_c entspricht dem, was v. Helmholtz in seiner Abhandlung „*Die Thermodynamik chemischer Vorgänge*“ (Wissenschaftliche Abhandlungen, II, p. 958) „die freie

Energie“ nennt. Der Ausdruck für die kinetische Energie enthält keine Glieder, die das Produkt der Geschwindigkeiten einer „uneinschränkbaren“ und einer „kontrollierbaren“ Koordinate enthalten, weil sonst die Energie des Systems geändert würde, wenn die Bewegung aller „uneinschränkbaren“ Koordinaten umgekehrt würde.

Wir wollen annehmen, φ sei eine kontrollierbare Koordinate, welche in dem Ausdruck für denjenigen Teil der kinetischen Energie enthalten ist, welcher die Temperatur ausdrückt. Wenn dann Φ die äufsere Kraft von diesem Typus ist, welche auf das System wirkt, so haben wir, wenn V die potentielle Energie ist, nach den Lagrange'schen Gleichungen

$$\Phi = \frac{d}{dt}\frac{dT}{d\dot{\varphi}} - \frac{dT}{d\varphi} + \frac{dV}{d\varphi}.$$

Nun ist

$$T = T_c + T_u$$

und

$$\frac{dT_u}{d\dot{\varphi}} = 0,$$

folglich

$$\Phi = \frac{d}{dt}\frac{dT_c}{d\dot{\varphi}} - \frac{dT_c}{d\varphi} - \frac{dT_u}{d\varphi} + \frac{dV}{d\varphi} \quad \ldots . (103).$$

Nach Gleichung (103) ist aber T_u von der Form

$$\frac{1}{2} f(\varphi) \left\{(uu)' \dot{u}^2 + \ldots\right\},$$

wo $(uu)'$ die Koordinate φ nicht enthält. Wir haben daher

$$\frac{dT_u}{d\varphi} = \frac{f'(\varphi)}{f(\varphi)} T_u \quad \ldots\ldots\ldots (104),$$

und folglich

$$\Phi = \frac{d}{dt}\frac{dT_c}{d\dot{\varphi}} - \frac{dT_c}{d\varphi} - \frac{d'(\varphi)}{f(\varphi)} T_u + \frac{dV}{d\varphi} \quad (105).$$

Wenn wir diese Gleichung unter der Voraussetzung differentiieren, dafs alle kontrollierbaren Koordinaten konstant sind und dafs die einzige Variable die Energie ist, welche von der Bewegung der „unkontrollierbaren" Koordinaten abhängt, so erhalten wir

$$\frac{d\Phi}{dT_u} = -\frac{f'(\varphi)}{f(\varphi)}$$

und folglich nach Gleichung (104)

$$T_u \frac{d\Phi}{dT_u} = -\frac{dT_u}{d\varphi} \quad \ldots\ldots\ldots (106).$$

48. Wir wollen jetzt annehmen, dafs dem System Energie mitgeteilt wird, und zwar zum Teil durch Einwirkung äufserer Kräfte auf die „kontrollierbaren" Koordinaten, zum Teil durch die „uneinschränkbaren" Koordinaten. Die Menge der auf dem letzteren Wege mitgeteilten Arbeit sei δQ. Wenn die Bewegung der „uneinschränkbaren" Koordinaten diejenige ist, welche die der Temperatur entsprechende Energie erzeugt, so kann δQ als eine dem System mitgeteilte Wärmemenge betrachtet werden.

Wenn φ eine „kontrollierbare" Koordinate bezeichnet, so haben wir nach dem Prinzip der Erhaltung der Energie

$$\delta Q + \Sigma\Phi\delta\varphi = \delta T_c + \delta T_u + \delta V \quad \ldots (107).$$

Es ist aber

$$\delta T_c = \Sigma \left\{ \frac{dT_c}{d\varphi}\,\delta\varphi + \frac{dT_c}{d\dot{\varphi}}\,\delta\dot{\varphi} \right\} \quad \ldots . (108),$$

und da T_c eine quadratische Funktion der Geschwindigkeiten der „kontrollierbaren“ Koordinaten ist, so haben wir

$$2T_c = \Sigma\dot{\varphi}\frac{dT_c}{d\dot{\varphi}},$$

und folglich

$$2\delta T_c = \Sigma\left\{\delta\dot{\varphi}\frac{dT_c}{d\dot{\varphi}} + \dot{\varphi}\delta\frac{dT_c}{d\dot{\varphi}}\right\} \ldots\ldots (109).$$

Subtrahiert man (108) von (109), so enthält man

$$\delta T_c = \Sigma\left(\dot{\varphi}\delta\frac{dT_c}{d\dot{\varphi}} - d\varphi\frac{dT_c}{d\varphi}\right) \ldots\ldots (110).$$

Da die Änderung in der Konfiguration diejenige ist, welche in der Zeit δt wirklich stattfindet, so ist

$$\dot{\varphi}\delta t = \delta\varphi,$$

also

$$\delta T_c = \Sigma\delta\varphi\left\{\frac{d}{dt}\frac{dT_c}{d\dot{\varphi}} - \frac{dT_c}{d\varphi}\right\} \ldots\ldots (111),$$

und daher geht die Gleichung (107) über in

$$\delta Q = \Sigma\delta\varphi\left\{\frac{d}{dt}\frac{dT_c}{d\dot{\varphi}} - \frac{dT_c}{d\varphi} - \Phi\right\} + \delta T_u + \delta V \ldots (112).$$

Wenn nun V durch die kontrollierbaren Koordinaten vollständig fixiert ist, so haben wir

$$\delta V = \Sigma\frac{dV}{d\varphi}\delta\varphi.$$

Folglich ist

$$\delta Q = \Sigma\delta\varphi\left\{\frac{d}{dt}\frac{dT_c}{d\dot{\varphi}} - \frac{dT_c}{d\varphi} + \frac{dV}{d\varphi} - \Phi\right\} + \delta T_u.$$

Substituiert man für Φ den durch (103) gegebenen Wert, so erhält man

$$\delta Q = \Sigma \delta\varphi \frac{dT_u}{d\varphi} + \delta T_u \ldots\ldots\ldots (113).$$

Nach (106) ist aber

$$\frac{dT_u}{d\varphi} = - T_u \left(\frac{d\Phi}{dT_u}\right)_{\varphi \text{ konstant}},$$

folglich

$$\delta Q = - \Sigma T_u \left(\frac{d\Phi}{dT_u}\right)_{\varphi} \delta\varphi + \delta T_u \ldots\ldots (114).$$

Angenommen, die dem System mitgeteilte Menge Arbeit sei gerade hinreichend, um zu verhindern, daſs sich T_u ändert, dann ist

$$\delta Q = - \Sigma T_u \left(\frac{d\Phi}{dT_u}\right)_{\varphi} \delta\varphi,$$

oder

$$\left(\frac{dQ}{d\varphi}\right)_{T_u \text{ konstant}} = - T_u \left(\frac{d\Phi}{dT_u}\right)_{\varphi \text{ konstant}} \quad (115).$$

Wenn wir uns erinnern, daſs T_u proportional der absoluten Temperatur θ ist, so sehen wir, daſs Gleichung (115) übergeht in

$$\left(\frac{dQ}{d\varphi}\right)_{\theta \text{ konstant}} = - \theta \left(\frac{d\Phi}{d\theta}\right)_{\varphi \text{ konstant}} \quad . (116).$$

Dabei ist, wenn $d\Phi/d\theta$ gefunden werden soll, zu beachten, daſs θ die *einzige* Gröſse ist, welche sich ändert.

In dieser Form ist die Gleichung (116) identisch mit der dritten in Maxwell's *Theory of Heat,* p. 169 gegebenen thermodynamischen Relation, und v. Helmholtz leitet in seiner Abhandlung „Die Thermodynamik chemischer Vorgänge“ (*Wissenschaftliche Abhandlungen,* II, p. 962) diese Gleichung aus dem zweiten Gesetz der Thermodynamik ab und wendet sie auf die Veränderung der elektromotorischen Kraft galvanischer Elemente mit der Temperatur an. Die Schlüsse, zu denen er kommt, sind durch die Versuche von Czapski (*Wied. Ann.* XXI, p. 209) und Jahn (*Wied. Ann.* XXVIII, p. 21, 491) bestätigt worden. Wenn $\delta Q = 0$, d. h. wenn alle auf das System ausgeübte Arbeit durch Kräfte von den Typen der verschiedenen kontrollierbaren Koordinaten geleistet worden ist, so haben wir nach Gleichung (114)

$$T_u \left(\frac{d\Phi}{dT_u}\right)_{\varphi\ \text{konstant}} = \left(\frac{dT_u}{d\varphi}\right)_{Q\ \text{konstant}} \qquad (117).$$

49. Da

$$\frac{dT_u}{d\varphi} = \frac{f'(\varphi)}{f(\varphi)} T_u ,$$

so sehen wir aus (113), daſs

$$\delta Q = \Sigma \frac{f'(\varphi)}{f(\varphi)} T_u \delta\varphi + \delta T_u ,$$

oder

$$\frac{\delta Q}{T_u} = \Sigma \delta \log f(\varphi) + \delta \log T_u \quad \ldots\ldots (118),$$

so daſs

$$\frac{\delta Q}{T_u}$$

ein vollkommenes Differential ist. Dies ist dem zweiten Gesetz der Thermodynamik analog und diese Analogie beweist, daſs die Energie, welche aus der Bewegung von Gröſsen entspringt, die durch „uneinschränkbare" Koordinaten fixiert sind, nur zum Teil in Arbeit verwandelt werden kann, welche bei der Bewegung derjenigen Gröſsen aufgewendet wird, die durch die „kontrollierbaren" Koordinaten fixiert werden. Die Menge, welche verwandelt werden kann, befolgt analoge Gesetze wie diejenigen, nach denen sich die

Verwandlung von Wärme in mechanische Arbeit richtet.

Im Vorhergehenden haben wir angenommen, daſs sich die potentielle Energie des Systems nicht ändert, wenn die „kontrollierbaren" Koordinaten unverändert bleiben. Wenn aber das System ein Teil eines festen Körpers oder einer Flüssigkeit ist, so kann die potentielle Energie durch eine Veränderung in dem Aggregatzustand verändert werden, ohne daſs in den kontrollierbaren Koordinaten eine entsprechende Veränderung stattfindet. Um auch diesen Fall zu berücksichtigen, müssen wir annehmen, daſs V eine Funktion sowohl der Temperatur, als auch der φ-Koordinaten ist, und daſs sich der Wert von V in der Nähe der Temperatur, bei welcher eine Veränderung des Aggregatzustandes in der Substanz stattfindet, sehr schnell ändert.

In diesem Fall ist, wenn θ die Temperatur ist,

$$\delta V = \frac{dV}{d\varphi}\,\delta\varphi + \frac{dV}{d\theta}\,\delta,$$

und anstatt (114)

$$\delta Q = -\Sigma T_u \left(\frac{d\Phi}{dT_u}\right)_\varphi \delta\varphi + \delta T_u + \left(\frac{dV}{d\theta}\right)_\varphi \delta\theta \quad (119).$$

Da $\delta\theta$ und δT_u zusammen verschwinden, so sehen wir, daſs die Gleichung (116) auch in diesem Fall noch gilt. Dagegen erfordern die Gleichungen (117) und (118) eine Abänderung. Jetzt ist nicht mehr $\delta Q / T_u$, sondern statt dessen $(\delta Q - \delta V_{(\varphi \text{ konstant})}) / T_u$ ein vollständiges Differential.

50. *Beziehungen zwischen Wärme und Deformation.* Wir wollen jetzt die Gleichung (116) benutzen, um den Einfluſs zu bestimmen, der die Ände-

rung verschiedener physikalischer Grössen mit der Temperatur ausübt, und zwar wollen wir zunächst die Wirkungen betrachten, welche eine Änderung der Elastizitätskoeffizienten m und n mit der Temperatur ausübt.

In Gleichung (116) sei Φ eine Spannung vom Typus e. Dann ist, bei derselben Bezeichnung wie in § 35,

$$\Phi = m(e+f+g) + n(e-f-g),$$

$$\left(\frac{d\Phi}{d\theta}\right)_{\varphi \text{ konstant}} = \frac{dm}{d\theta}(e+f+g) + \frac{dn}{d\vartheta}(e-f-g).$$

Daher ist nach (116) δQ, die Wärme, welche der Volumeinheit des Stabes zugeführt werden muss, um die Temperatur unverändert zu erhalten, wenn e um δe vergrössert wird, gegeben durch die Gleichung

$$\delta Q = -\left\{\frac{dm}{d\theta}(e+f+g) + \frac{dn}{d\theta}(e-f-g)\right\}\theta\delta e \,.\,. \quad (120).$$

Wenn daher die Elastizitätskoeffizienten mit steigender Temperatur kleiner werden, so muss Wärme zugeführt werden, um die Temperatur des Stabes konstant zu erhalten, wenn er verlängert wird. Folglich muss sich der Stab abkühlen, wenn er ausgedehnt wird, ohne dass ihm Wärme zugeführt wird.

Wenn Φ ein Kräftepaar ist, welches den Stab um die x-Achse zu tordieren strebt, so haben wir, wenn a die Torsion um diese Achse ist,

$$\Phi = na,$$

$$\frac{d\Phi}{d\vartheta} = \frac{dn}{d\theta} a.$$

Daher ist nach (116) δQ, die Wärme, welche der Volumeinheit des Stabes zugeführt werden muss, um eine Veränderung der Temperatur zu verhindern, wenn a um δa vergröſsert wird, gegeben durch die Gleichung

$$\delta Q = -\theta \frac{dn}{d\theta} a\delta a \ldots\ldots\ldots\ldots (121).$$

Wenn daher ein bereits tordierter Stab noch weiter tordiert wird, so muſs er, wenn er sich selbst überlassen wird, sich abkühlen, vorausgesetzt daſs, wie gewöhnlich, der Starrheitskoeffizient mit steigender Temperatur kleiner wird.

Zu den vorhergehenden Resultaten kam zuerst Sir William Thomson vermittelst des zweiten Gesetzes der Thermodynamik in seiner Abhandlung über die dynamische Wärmetheorie (*Collected Papers*, Vol. I, p. 309).

51. *Wärmewirkungen der Elektrisierung.* Wir wollen jetzt den Fall betrachten, daſs Φ eine der x-Achse parallele elektrische Kraft ist, die eine elektrische Verschiebung f in dieser Richtung hervorbringt. Wenn K die spezifische Induktionskapazität des Dielektrikums ist, so haben wir in diesem Fall

$$\Phi = \frac{4\pi}{K} f,$$

$$\left(\frac{d\Phi}{d\theta}\right)_{f\ \text{konstant}} = -\frac{4\pi}{K^2}\frac{dK}{d\theta} f \ldots\ldots (122).$$

Daher ist δQ, die Wärme, welche der Volumeinheit des Dielektrikums zugeführt werden muſs, um eine Veränderung der Temperatur zu verhindern, wenn die elektrische Verschiebung um δf vergröſsert wird, nach (116) gegeben durch die Gleichung

$$\delta Q = \frac{4\pi}{K^2}\frac{dK}{d\theta}\theta f\delta f \ldots\ldots\ldots (123).$$

Einige neuere von Cassie im Cavendish Laboratorium ausgeführte Versuche über den Einfluſs der Temperatur auf die spezifische Induktionskapazität von Glas, Glimmer und Ebonit haben gezeigt, daſs die spezifische Induktionskapazität dieser Dielektrika mit steigender Temperatur zunimmt und daſs bei ungefähr 30^0 C

$$\frac{1}{K}\frac{dK}{d\theta} = 0.002 \text{ für Glas,}$$

$$\frac{1}{K}\frac{dK}{d\theta} = 0.0004 \text{ für Glimmer,}$$

$$\frac{1}{K}\frac{dK}{d\theta} = 0.0007 \text{ für Ebonit.}$$

Also ist die Wärme, welche der Volumeinheit eines Stückes Glas zugeführt werden muſs, damit die Temperatur desselben konstant bleibt, wenn es elektrisiert wird, nach (123)

$$0.002\,\frac{2\pi}{K}.\,\theta f^2,$$

also bei 30^0 C

$$= 0.6\,\frac{2\pi f^2}{K}.$$

Nun ist aber

$$\frac{2\pi}{K} f^2$$

die Arbeit, welche von elektrischen Quellen geleistet wird. Wenn daher eine Leydener Flasche geladen wird, so ist das mechanische Äquivalent der Wärme, die während des Ladens absorbiert wird, wenn die Temperatur konstant bleibt, ungefähr zwei Drittel der Arbeit, die ihr aus elektrischen Quellen zugeleitet wird.

Aus Gleichung (123) geht auch hervor, daſs ein Stück Glas abgekühlt wird, wenn es sich von einer Stelle, an welcher die elektrische Kraft schwach ist, nach einer Stelle bewegt, an welcher sie stark ist.

52. *Wärmewirkungen der Magnetisierung.* Wir wollen jetzt annehmen, daſs Φ eine magnetische Kraft ist, die ein Stück weiches Eisen oder eine andere magnetisierbare Substanz auf die Intensität I magnetisiert. Wenn k der Koeffizient der magnetischen Induktion ist, so ist

$$\Phi = \frac{I}{k},$$

so daſs

$$\left(\frac{d\Phi}{d\theta}\right)_{I \text{ konstant}} = -\frac{I}{k^2}\frac{dk}{d\theta} \quad \ldots\ldots (124).$$

Daher ist δQ, die Wärme, welche der Volumeinheit des Magnets zugeführt werden muſs, um seine Temperatur konstant zu erhalten, wenn die Intensität der Magnetisierung um δI vergröſsert wird, nach (116) gegeben durch die Gleichung

$$\delta Q = \theta \frac{I}{k^2}\frac{dk}{d\theta}\delta I \ldots\ldots\ldots\ldots (125).$$

Wenn daher der Koeffizient der Magnetisierung mit steigender Temperatur abnimmt, so muſs sich ein Magnet erwärmen, wenn die Intensität der Magnetisierung gröſser wird, wenn er sich also von schwachen nach starken Teilen des magnetischen Feldes bewegt. Dies wurde von Sir William Thomson in der angeführten Abhandlung ausgesprochen.

Die experimentelle Untersuchung der Wärme, die durch die Bewegung magnetisierbarer Körper in veränderlichen magnetischen Feldern hervorgebracht wird, wird durch die erwärmende Wirkung erschwert, die die elektrischen Ströme ausüben, die in dem Magnet durch die Veränderung der Anzahl der magnetischen Kraftlinien, die durch den Magnet gehen, induziert werden.

Ein anderer Umstand, durch welchen die Schwierigkeit vergröfsert wird, ist die von Ewing als Hysterese bezeichnete Erscheinung (*Experimental Investigation on Magnetism*, *Phil. Trans.* 1885, p. 11). Dieselbe macht die Intensität der Magnetisierung nicht nur von der Stärke der magnetischen Kraft, sondern auch von der früheren magnetischen Geschichte der Substanz abhängig. Die Kurve, welche den Zusammenhang zwischen der Intensität der Magnetisierung (Ordinate) und der magnetischen Kraft (Abscisse) darstellt, wenn die magnetische Kraft einen vollständigen Cyklus durchläuft, hat daher die durch die Figur veranschaulichte Gestalt. Sie schliefst eine begrenzte

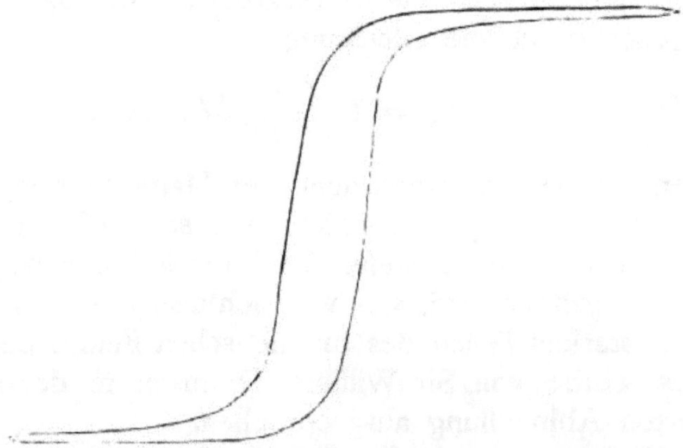

Fläche ein, welche die Dissipation einer bestimmten Menge von Energie anzeigt, die der Fläche der Kurve

proportional ist, und diese dissipierte Energie tritt als Wärme auf.

Versuche über die Wirkungen der Temperatur auf den Koeffizienten der Magnetisierung von Eisen haben gezeigt, daſs dieselben ziemlich verwickelt sind. Baur (Wiedemann's *Elektrizität* III, p. 750) ist durch seine Versuche über diesen Gegenstand zu folgenden Resultaten gekommen.

Der Einfluſs der Temperatur auf die Gröſse des Koeffizienten der Magnetisierung hängt von der Gröſse der magnetisierenden Kraft ab.

Der Koeffizient der Magnetisierung wächst mit der Temperatur, wenn die magnetisierende Kraft einen bestimmten Wert nicht übersteigt; wenn dagegen die magnetisierende Kraft diesen Wert übersteigt, so nimmt die Magnetisierung mit steigender Temperatur ab.

Je kleiner die magnetisierende Kraft ist, desto gröſser ist der Einfluſs der Temperatur auf den Koeffizienten der Magnetisierung.

Wenn wir diese Resultate mit der Gleichung (125) zusammenfassen, so ergeben sich die beiden folgenden Sätze.

1. Wenn sich ein magnetisierbarer Körper in einem magnetischen Feld bewegt, in welchem die Kraft überall kleiner als der kritische Wert ist, so wird die Temperatur desselben zu fallen streben, wenn er sich von Stellen schwacher magnetischer Kraft nach Stellen starker magnetischer Kraft bewegt, und umgekehrt.

2. Wenn sich der Körper in einem magnetischen Feld bewegt, in welchem die magnetische Kraft überall gröſser ist als der kritische Wert, so wird die

Temperatur desselben steigen, wenn er sich von Stellen schwacher magnetischer Kraft nach Stellen starker magnetischer Kraft bewegt, und umgekehrt.

Der Koeffizient der Magnetisierung von Nickel nimmt mit steigender Temperatur ab, so daſs ein Stück Nickel wärmer wird, wenn es sich von einem schwachen nach einem starken Teil des magnetischen Feldes bewegt. Der Koeffizient der Magnetisierung von Kobalt wird dagegen mit steigender Temperatur gröſser, so daſs ein Stück Kobalt kälter wird, wenn es sich von einem schwachen nach einem starken Teil des magnetischen Feldes bewegt.

SIEBENTES KAPITEL.

Elektromotorische Kräfte, die durch Temperaturunterschiede erzeugt werden.

53. Wir wollen jetzt zur Betrachtung verschiedener Fälle übergehen, in denen Temperaturverschiedenheiten in einer Substanz elektromotorische Kräfte erzeugen.

Sir William Thomson hat gezeigt, daſs ein elektrischer Strom, der einen ungleich erwärmten Stab durchflieſst, bei dem Übergang von einer warmen zu einer kalten Stelle entweder Wärme oder Kälte mit sich führt, Wärme, wenn der Stab aus Messing oder Kupfer besteht, Kälte, wenn er aus Eisen besteht. Sir William Thomson drückte dieses Resultat dadurch aus, daſs er sagte, die spezifische Wärme der Elektrizität in Kupfer und Messing sei positiv, da die Elektrizität in diesem Fall Wärme mit sich führt gerade so, als ob sie eine wirkliche Flüssigkeit wäre, die spezifische Wärme besitzt. Andererseits wird die „spezifische Wärme“ der Elektrizität im Eisen als negativ bezeichnet, da die Elektrizität im Eisen hinsichtlich der Wärme das entgegengesetzte Verhalten zeigt wie eine Flüssigkeit, die spezifische Wärme besitzt.

Aus diesem Resultat folgt mit Rücksicht auf die reciproken Beziehungen, dafs elektromotorische Kräfte in jedem Leiter auftreten müssen, dessen Temperatur nicht überall dieselbe ist. Wir wollen jetzt zu ermitteln suchen, welchen Gliedern der Lagrange'schen Funktion diese Erscheinungen entsprechen, oder wir wollen vielmehr zeigen, dafs, wenn ein gewisses Glied in der Lagrange'schen Funktion enthalten ist, ein ungleich erwärmter Körper derartige Erscheinungen zeigen mufs.

Wir wollen annehmen, in dem Glied

$$\frac{1}{2}\left\{(uu)\dot{u}^2 + \ldots\right\},$$

welches denjenigen Teil der kinetischen Energie der Volumeinheit der Substanz ausdrückt, welcher durch fühlbare Wärme erzeugt wird, seien die Koeffizienten (uu) Funktionen von

$$\frac{d}{dx}(\sigma_x f) + \frac{d}{dy}(\sigma_y g) + \frac{d}{dz}(\sigma_z h),$$

wo σ_x, σ_y, σ_z Gröfsen sind, in denen f, g, h, die durch Ebenen von der Flächeneinheit senkrecht zu den Achsen der x, y, z beziehungsweise hindurchgegangenen Elektrizitätsmengen nicht explicit enthalten sind.

Wir wollen der Kürze halber schreiben

$$\frac{d}{dx}(\sigma_x f) + \frac{d}{dy}(\sigma_y g) + \frac{d}{dz}(\sigma_z h) \equiv \varepsilon.$$

Da f, g, h kontrollierbare Koordinaten sind und angenommen wird, dafs (uu) die Gröfse ε enthält, so können wir schreiben:

$$\frac{1}{2}\left\{(uu)\dot{u}^2+\ldots\right\}=f(\varepsilon)\,\frac{1}{2}\left\{(uu)'\dot{u}^2+\ldots\right\},$$

wo $f(\varepsilon)$ irgend eine Funktion von ε bedeutet. Es wird angenommen, dafs die Koeffizienten $(uu)'$ die Gröfsen f, g, h nicht explicit enthalten.

Nach dem Hamilton'schen Prinzip zeigt jedes Glied in der Lagrange'schen Funktion die Existenz von Wirkungen an, welche dieselben sind wie diejenigen, welche durch elektromotorische Kräfte parallel zu den Achsen der x, y, z erzeugt werden würden und die gleich den Koeffizienten von $\delta f, \delta g, \delta h$ sind, welche dieses Glied liefert, wenn die Variation der Lagrange'schen Funktion genommen wird.

Das Glied, welches wir betrachten, ist für das ganze Volum

$$\iiint f(\varepsilon)\,\frac{1}{2}\left\{(uu)'\dot{u}^2+\ldots\right\}\,dxdydz.$$

Wenn ε um $\delta\varepsilon$ zunimmt, so ist die Änderung in diesem Glied

$$\frac{1}{2}\iiint \delta\varepsilon f'(\varepsilon)\,\left\{(uu)'\dot{u}^2+\ldots\right\}\,dxdydz\,.\,.\,(126).$$

Da

$$\delta\varepsilon=\frac{d}{dx}(\sigma_x\,\delta f)+\frac{d}{dy}(\sigma_y\,\delta g)+\frac{d}{dz}(\sigma_z\,\delta h),$$

so sehen wir, wenn wir (126) partiell integrieren, dafs die Glieder in δf sind

$$\frac{1}{2}\iint \sigma_x f'(\varepsilon)\,\left\{(uu)'\dot{u}^2+\ldots\right\}\,\delta f dydz$$

$$-\frac{1}{2}\iiint \sigma_x \frac{d}{dx}\{f'(\varepsilon)\,[(uu)'\dot{u}^2+\ldots]\}\,\delta f dx dy dz \;..\; (127).$$

Da

$$\frac{1}{2}f(\varepsilon)\,\{(uu)'\dot{u}^2+\ldots\}$$

der Temperatur proportional ist, können wir setzen

$$\frac{1}{2}f(\varepsilon)\,\{(uu)'\dot{u}^2+\ldots\}=\beta\theta,$$

und dann kann (127) geschrieben werden:

$$\iint \sigma_x \frac{f'(\varepsilon)}{f(\varepsilon)}\beta\theta\,\delta f dy dz - \iiint \sigma_x \frac{d}{dx}\left\{\frac{f'(\varepsilon)}{f(\varepsilon)}\beta\theta\right\}\delta f dx dy dz.$$

Wenn nun X die Kraft für die Längeneinheit ist, die dieselben Wirkungen hervorbringen würde, welche dieses Glied anzeigt, so ist nach dem Hamilton'schen Prinzip

$$X=-\sigma_x \frac{d}{dx}\left\{\frac{f'(\varepsilon)}{f(\varepsilon)}\beta\theta\right\}.$$

Um den einfachsten Fall zu wählen, wollen wir annehmen, $f(\varepsilon)$ sei eine lineare Funktion von ε, so daſs

$$f(\varepsilon)=a+b\varepsilon$$

und

$$\frac{f'(\varepsilon)}{f(\varepsilon)}=\frac{b}{a+b\varepsilon}.$$

Da $b\varepsilon/a$ die durch die Elektrisierung bewirkte Änderung in der Energie ist, so kann es nur eine kleine Gröſse sein. Wir haben daher annähernd

$$\frac{f'(\varepsilon)}{f(\varepsilon)}=\frac{b}{a}$$

und folglich

$$X=-\sigma_x\beta\frac{d}{dx}\left(\frac{1}{a}b\theta\right)\ldots\ldots\ldots(128),$$

oder wenn b und a durch die Substanz konstant bleiben,

$$X = -\sigma_x \frac{b\beta}{a} \frac{d\theta}{dx} \quad \ldots\ldots\ldots (129).$$

Dieses Glied zeigt also die Existenz einer elektromotorischen Kraft parallel der x-Achse an, die der Änderung der Temperatur in dieser Richtung proportional ist. Sind Y und Z die elektromotorischen Kräfte parallel der y-Achse und der z-Achse, so ist

$$\left.\begin{aligned} Y &= -\sigma_y \frac{b\beta}{a} \frac{d\theta}{dy} \\ Z &= -\sigma_z \frac{b\beta}{a} \frac{d\theta}{dz} \end{aligned}\right\} .$$

Das Vorkommen von δf in dem Flächenintegral beweist, daſs in dem Potential an der Trennungsfläche beider Medien eine Diskontinuität vorkommt und daſs das Potential im ersten Medium höher ist als das Potential im zweiten Medium um

$$\left\{\left(\frac{\sigma_x b\beta}{a}\right)_2 - \left(\frac{\sigma_x b\beta}{a}\right)_1\right\} \theta.$$

Die Indices neben den Klammern geben das Medium an, für welches der Wert im Innern der Klammern zu nehmen ist.

54. *Wärmewirkungen dieses Gliedes.* Wir wollen annehmen, δQ sei die Wärmemenge, welche der Volumeinheit des Leiters zugeführt werden muſs, um eine Änderung der Temperatur zu verhindern, wenn er von einer Elektrizitätsmenge δf durchflossen wird, d. h. wenn f um δf zunimmt.

Wir sehen aus Gleichung (113), daſs δQ die Zunahme in T_u ist, wenn f und δf zunimmt. Daher ist nach Gleichung (127) und (129)

$$\delta Q = -\sigma_x \frac{b\beta}{a} \frac{d\theta}{dx} \delta f.$$

Wenn u der Strom parallel x und δt die Dauer desselben ist, dann ist

$$\delta f = u \delta t,$$

also

$$\delta Q = -\sigma_x \frac{b\beta}{a} \frac{d\theta}{dx} u \delta t \quad \ldots\ldots\ldots (130).$$

Wenn der Strom in derselben Richtung fortschreitet wie die Wärme, d. h. von einer warmen Stelle nach einer kalten, dann hat δQ dasselbe Zeichen wie $\sigma_x b$, da β und u notwendigerweise positiv sind. Wenn daher $\sigma_x b$ positiv ist, so mufs der Volumeinheit Wärme zugeführt werden, um die Temperatur konstant zu erhalten, wenn in dasselbe ein Strom von einer wärmeren Stelle her eintritt, d. h. ein Strom von einer warmen nach einer kalten Stelle führt Kälte mit sich. In diesem Fall verhält sich also die Elektrizität so, als ob sie negative spezifische Wärme besäfse. Folglich haben $\sigma_x b$ und die spezifische Wärme der Elektrizität in der Substanz immer entgegengesetztes Zeichen.

Aus Gleichung (130) ersehen wir, dafs die elektromotorische Kraft in jedem Teile des Stromkreises stets einen Strom in derselben Richtung zu erzeugen strebt, in welcher ein Strom an dieser Stelle des Stromkreises eine Temperaturerniedrigung bewirken würde.

Wenn wir eine Verteilung der Elektrizität durch das ganze Volum eines Körpers erzeugten, so würden sich aus der Existenz dieses Gliedes einige sehr eigentümliche Resultate ergeben.

Für einen isotropen Körper von gleichförmiger

Temperatur können wir annehmen, dafs σ_x, σ_y, σ_z alle gleich σ und unabhängig von x, y, z sind. Dann ist

$$\frac{d}{dx}(\sigma_x f) + \frac{d}{dy}(\sigma_y \gamma) + \frac{d}{dz}(\sigma_z h) = \sigma \left\{ \frac{df}{dx} + \frac{dg}{dy} + \frac{dh}{dz} \right\}.$$

Wenn ϱ die Volumdichtigkeit der Verteilung der Elektrizität ist, so ist

$$\frac{df}{dx} + \frac{dg}{dy} + \frac{dh}{dz} = -\varrho.$$

Daher ist die Energie in der Volumeinheit, welche der Wärmeenergie entspricht,

$$\frac{1}{2}\{a - b\sigma\varrho\}\,(uu)'\dot{u}^2 + \ldots\} \quad \ldots\ldots (311),$$

und wenn wir die Volumdichtigkeit der Elektrizität ändern, so ändern wir die durch die Wärme erzeugte Energie, also die Temperatur.

Um die Gröfse und selbst das Zeichen dieser Änderung der Temperatur zu berechnen, müssen wir beachten, dafs sich $\dot{u}\ldots$ ändert, wenn wir plötzlich ϱ ändern. Es ist dies ein ganz analoger Fall, als wenn sich ein Körper bewegt, dessen wirksame Masse plötzlich gröfser wird, etwa dadurch, dafs ein Seil, welches ihn mit einer anderen Masse verbindet, plötzlich gespannt wird. In diesem Fall bleibt das Moment des Systems konstant, nicht die Geschwindigkeit.

Wenn wir den Ausdruck (131) durch die Momente v_1, $v_2 \ldots$ ausdrücken, die den verschiedenen Koordinaten u_1, u_2 entsprechen, so sehen wir, da

$$v_1 = \frac{dT}{d\dot{u}_1},$$

dafs er von der Form

$$\frac{1}{a - b\sigma\varrho} f(v_1, v_2 \ldots)$$

ist, wo $f(v_1, v_2 \ldots)$ eine quadratische Funktion von v_1, v_2 etc. bezeichnet, welche nicht ϱ enthält. Da dieser Ausdruck der Temperatur θ proportional ist, so sehen wir, dafs, wenn ϱ plötzlich um $\delta\varrho$ gröfser wird, die Zunahme $\delta\theta$ in der Temperatur gegeben ist durch die Gleichung

$$\frac{\delta\theta}{\theta} = \frac{b\sigma\delta\varrho}{a - b\sigma\varrho} \ldots\ldots\ldots\ldots (132).$$

Wenn daher $b\sigma$ positiv ist, so wird die Temperatur des Körpers erhöht, wenn er mit Elektrizität geladen wird, d. h. die Elektrizität verhält sich wie ein Körper, dessen spezifische Wärme negativ ist. Wir sahen aber, dafs $b\sigma$ das entgegengesetzte Zeichen von der Gröfse hat, die Sir William Thomson als die spezifische Wärme der Elektrizität in der Substanz bezeichnet. Wir sehen daher, dafs die Analogie zwischen dem Verhalten der Elektrizität und einer Flüssigkeit, die entweder positive oder negative spezifische Wärme besitzt, auch noch für den Fall gilt, dafs dem Körper eine kräftige Ladung von Elektrizität mitgeteilt wird.

Wir können aber beweisen, dafs diese Wärmewirkung aufserordentlich gering sein mufs, wenn die Ladung von Elektrizität von derselben Gröfsenordnung ist wie diejenigen, welche in elektrostatischen Erscheinungen vorkommen. Denn multipliziert man beide Seiten der Gleichung (132) mit β, so erhält man annähernd

$$\frac{\beta\delta\theta}{\theta} = \frac{\beta b\sigma}{a} \delta\varrho.$$

Nun ist $\beta b\sigma/a$ nach Gleichung (130) die „spezifische Wärme" der Elektrizität. Der Wert derselben für Antimon bei der Temperatur 27° C ist (s. Tait's *Heat,* p. 180) ungefähr $10^{-2} \times 300$, wenn die Einheit 10^{-5} der elektromotorischen Kraft eines Grove'schen Elementes ist. Da die elektromotorische Kraft eines Grove'schen Elementes in absolutem Mafs ungefähr 2×10^8 ist, so ist die „spezifische Wärme" der Elektrizität im Antimon in absolutem Mafs ungefähr 6000.

Wir müssen jetzt einen Grenzwert für $\delta\varrho$ finden. Wir wollen annehmen, die Elektrizität sei gleichförmig durch eine Kugel vom Radius r verteilt, dann ist, wenn ϱ die Dichtigkeit der elektrischen Verteilung und K die spezifische Induktionskapazität ist, die Kraft unmittelbar aufserhalb der Kugel

$$\frac{4}{3K}\pi\varrho r.$$

Der gröfste Wert, den dieselbe in der Luft annehmen kann, ist (s. Everett's *Units and Physical Constants,* p. 142) ungefähr 4×10^{12}. Daher ist ein Grenzwert von ϱ gegeben durch

$$\frac{4}{3K}\pi\varrho r = 4 \times 10^{12}.$$

Da aber

$$K = \frac{1}{9 \times 10^{20}},$$

so ist annähernd

$$\varrho = \frac{1}{9 \times 10^{8} r}.$$

Wenn wir diesen Wert von ϱ für $\delta\varrho$ einsetzen, so erhalten wir für 27° C

$$\beta\delta_\theta = \frac{300 \times 6 \times 10^8}{9 \times 10^8 \times r}$$

$$= \frac{2}{10^3 r}.$$

Nun ist $\beta\delta\theta$ das mechanische Äquivalent der Wärme, die eine Temperaturänderung bewirken kann. Dieselbe wird also von der Ordnung

$$\frac{1}{2.1 \times 10^{10}} \frac{1}{r}$$

sein, da 4.2×10^7 das mechanische Wärmeäquivalent ist. Die Temperaturänderung, welche in dieser Weise durch eine statische Ladung von Elektrizität bewirkt werden kann, ist demnach verschwindend klein.

55. *Thermoelektrische Wirkungen der Deformation.* Wenn die Gröfse b in dem Ausdruck für $f(\varepsilon)$ eine Funktion der Deformation in dem Draht ist, durch welchen der Strom fliefst, und wir setzen $b = f(e)$, wo e eine Deformation in dem Draht bedeutet, so ersehen wir aus Gleichung (128), dafs an jedem Punkt des Drahtes eine elektromotorische Kraft

$$-\sigma_x \frac{d}{ds} \left\{ \frac{1}{a} f(e) \beta\theta \right\}$$

vorhanden ist, die in der Richtung des Drahtes wirkt. In dieser Formel bedeutet ds ein Element der Länge des Drahtes.

Wenn wir nun einen geschlossenen Stromkreis aus *einem* Metall haben, in welchem sich σ_x mit der Temperatur und dem Deformationszustand ändern kann, so wird das Integral des Ausdruckes für den ganzen Umfang des Stromkreises verschwinden, wenn entweder θ oder e für den ganzen Stromkreis konstant ist, dagegen wird es im allgemeinen nicht verschwinden, wenn sich θ und e beide im Umfang des Stromkreises ändern. Wir können daher in einem Draht, dessen Temperatur konstant ist, nicht durch Veränderung der Deformation einen Strom erzeugen, ebensowenig in einem Draht, dessen Deformation konstant ist, durch Veränderung der Temperatur, während wir andererseits erwarten dürfen, Ströme zu erhalten, wenn die Temperatur und die Deformation sich beide zugleich ändern. Da dies alles mit den Ergebnissen des Experiments in Einklang steht, so kommen wir zu dem Schlufs, dafs b eine Funktion der Deformation ist.

Wenn dies der Fall ist, so mufs ein ungleichmäfsig erwärmter Stab sich zu deformieren streben, wenn in dem Volum desselben Elektrizität verteilt wird.

Wenn wir z. B. annehmen, dafs die Deformation e eine Dehnung eines Drahtes ist, dann ist, wenn a die Verschiebung eines Punktes in der Richtung des Drahtes ist,

$$e = \frac{da}{ds}.$$

Wenn a um δa zunimmt, so ist der Koeffizient von δa in der Änderung in der Lagrange'schen Funktion, wenn das Medium isotrop ist,

$$-\frac{d}{ds}\left\{\frac{1}{a} f'(e)\sigma\varrho\theta\right\} \dots\dots\dots\dots (133)$$

und folglich sind nach dem Hamilton'schen Prinzip die diesem Glied entsprechenden Wirkungen dieselben, die durch eine äufsere Kraft hervorgebracht werden würden, welche für die Längeneinheit gleich (133) ist und die den Draht zu deformieren strebt.

Wenn daher ein ungleichförmig erwärmter Draht Elektrizität enthält, die durch das ganze Volum gleichmäfsig verteilt ist, so sind in dem Draht Spannungen vorhanden, die ihn zu deformieren streben.

In ähnlicher Weise läſst sich auch beweisen, daſs ein ungleichmäſsig erwärmter Draht eine Torsion erleiden muſs, wenn Elektrizität in demselben verteilt wird.

56. Die elektromotorische Kraft in einem thermoelektrischen Stromkreis wird im allgemeinen aus der Wärme berechnet, welche in verschiedenen Teilen des Stromkreises durch den Durchgang des Stromes erzeugt wird. Unsere Kenntnis der elektromotorischen Kraft, die wir aus thermischen Betrachtungen ableiten können, ist jedoch einer gewissen Beschränkung unterworfen, die nach meiner Ansicht allgemein übersehen worden ist.

Aus § 47 ergiebt sich, daſs, wenn eine Koordinate x um δx zunimmt, die Wärme δQ, die dem System zugeführt werden muſs, um eine Temperaturveränderung zu verhindern, gegeben ist durch die Gleichung

$$\delta Q = -\frac{dX}{d\theta}\delta x,$$

wo X die Kraft vom Typus x bedeutet, die auf das System wirkt.

Nun sei X eine elektromotorische Kraft in einem thermoelektrischen Stromkreis und x eine Menge Elektrizität. Dann erkennen wir aus (114), daſs wir aus Betrachtungen über die entwickelte Wärme nur Schlüsse über denjenigen Teil der elektromotorischen Kraft ziehen können, welcher von der Temperatur abhängt, während wir über den anderen Teil durchaus nichts zu sagen vermögen.

So kann z. B. der Peltier-Effekt keine Aufklärung über die absolute Potentialdifferenz zwischen zwei verschiedenen Metallen geben und es liegt daher in den Erscheinungen der Thermoelektrizität nichts, wodurch wir gezwungen wären, die von Volta beobachtete grofse Potentialdifferenz zwischen zwei sich berührenden Metallen einer chemischen Wirkung zwischen ihnen und dem umgebenden Medium zuzuschreiben.

57. *Elektromotorische Kräfte, die durch Ungleichheiten der Temperatur in einem magnetischen Feld erzeugt werden.* v. Ettingshausen und Nernst (*Wied. Ann.* XXXI, 737 u. 760, 1887) haben unlängst eine elektromotorische Kraft entdeckt, die durch Ungleichheiten in der Temperatur erzeugt wird und die eine grofse Analogie mit dem Hall'schen Effekt zeigt. Sie fanden, dafs, wenn eine dünne Platte, die aus einer die Elektrizität leitenden Substanz besteht, von Wärme durchströmt wird, in dieser Platte elektromotorische Kräfte entstehen, wenn sie in ein magnetisches Feld gebracht wird. Die Richtung der elektromotorischen Kraft steht senkrecht auf der Richtung der magnetischen Kraft und auf der Richtung, in welcher sich die Temperatur am schnellsten ändert. Die Gröfse der elektromotorischen Kraft ist proportional dem Produkt aus der magnetischen Kraft und dem Grad der Zunahme der Temperatur rechtwinklig zu den magnetischen Kraftlinien.

Diese elektromotorische Kraft ist besonders grofs im Wismut.

Wenn θ die Temperatur und α, β, γ die Komponenten der magnetischen Kraft beziehungsweise parallel zu den Achsen der x, y, z bedeuten, so sind die Komponenten der durch diese Wirkung erzeugten elektromotorischen Kraft, wenn die angeführten Gesetze richtig sind, gegeben durch die Ausdrücke

$$Q\left\{\gamma\frac{d\theta}{dy}-\beta\frac{d\theta}{dz}\right\},$$

$$Q\left\{a\frac{d\theta}{dz}-\gamma\frac{d\theta}{dx}\right\},$$

$$Q\left\{\beta\frac{d\theta}{dx}-a\frac{d\theta}{dy}\right\},$$

wo Q eine Gröſse bedeutet, die für verschiedene Substanzen sehr verschiedene Werte besitzt. Die Resultate der Nernst'schen Bestimmungen dieser Gröſse (*Wied. Ann.* XXXI, 775) sind in der folgenden Tabelle gegeben:

	Q
Wismut	—0.132
Antimon	—0.00887
Nickel . .	—0.00861
Kobalt. .	—0.00224
Eisen. . .	+0.00156
Stahl . . .	+0.000706
Kupfer .	+0.000090
Zink . . .	+0.000054
Silber . .	+0.000046

Wir wollen jetzt ermitteln, welches Glied der Lagrange'schen Funktion das Auftreten derartiger Kräfte verursachen muſs.

Wir wollen das Glied

$$\iiint\theta\left\{\frac{d}{dx}[Q(\gamma g-\beta h)]+\frac{d}{dy}[Q(ah-\gamma f)]\right.$$
$$\left.+\frac{d}{dz}[Q(\beta f-ag)]\right\}dx\,dy\,dz$$

betrachten, in welchem f, g, h die Komponenten der

elektrischen Verschiebung beziehungsweise parallel zu den Achsen der x, y, z sind.

Die Variation dieses Gliedes, wenn f um δf zunimmt, ist

$$\iint \delta f Q \theta \, (\beta n - \gamma m) \, dS - \iiint \delta f Q \left(\beta \frac{d\theta}{dz} - \gamma \frac{d\theta}{dy} \right) dx\,dy\,dz,$$

wo l, m, n die nach aufsen gezogenen Richtungscosinus der Normalen der Fläche sind, die das Volum, durch welches die Integrale genommen werden, einschliefst.

Nach dem Hamilton'schen Prinzip zeigt das Glied in dem Flächenintegral an, dafs, wenn ein im magnetischen Feld liegender Stromkreis die Grenze zweier Medien passiert, eine elektromotorische Kraft vorhanden ist, deren Komponenten parallel zu den Achsen der x, y, z sind

$$\theta \left[n \{ Q_2 \beta_2 - Q_1 \beta_1 \} - m \{ Q_2 \gamma_2 - Q_1 \gamma_1 \} \right]$$

$$\theta \left[l \{ Q_2 \gamma_2 - Q_1 \gamma_1 \} - n \{ Q_2 \alpha_2 - Q_1 \alpha_1 \} \right]$$

$$\theta \left[m \{ Q_2 \alpha_2 - Q_1 \alpha_1 \} - l \{ Q_2 \beta_2 - Q_1 \beta_1 \} \right].$$

Entsprechende Gröfsen in den Medien (1) und (2) sind durch Indices 1 und 2 bezeichnet, und l, m, n sind die Richtungscosinus der Normalen, wenn die Richtungslinien vom Medium (2) nach dem Medium (1) gezogen werden.

Nach demselben Prinzip zeigen die Glieder im Volumintegral an, dafs durch den Körper hindurch eine elektromotorische Kraft vorhanden ist, deren Komponenten für die Längeneinheit parallel zu den Achsen der x, y, z sind:

$$\left.\begin{array}{l} Q\left(\gamma \frac{d\theta}{dy} - \beta \frac{d\theta}{dz}\right) \\ Q\left(\alpha \frac{d\theta}{dz} - \gamma \frac{d\theta}{dx}\right) \\ Q\left(\beta \frac{d\theta}{dx} - \alpha \frac{d\theta}{dy}\right) \end{array}\right\} \quad \ldots\ldots\ldots (134).$$

Dies sind die Ausdrücke für die Komponenten der von v. Ettingshausen und Nernst entdeckten elektromotorischen Kraft.

Diese Kräfte genügen nicht der Solenoidbedingung. Daher erzeugen sie eine Verteilung der Elektrizität durch die Substanz, deren Volumdichtigkeit gegeben ist durch die Gleichung

$$\varrho = \frac{K}{4\pi}\left[\frac{d}{dx} Q \left\{\gamma \frac{d\theta}{dy} - \beta \frac{d\theta}{dz}\right\} + \frac{d}{dy} Q \left\{\alpha \frac{d\theta}{dz} - \gamma \frac{d\theta}{dx}\right\} \right.$$
$$\left. + \frac{d}{dz} Q \left\{\beta \frac{d\theta}{dx} - \alpha \frac{d\theta}{dy}\right\}\right]$$

K ist die spezifische Induktionskapazität der Substanz. Es ist also

$$\varrho = \frac{KQ}{4\pi}\left\{\frac{d\theta}{dx}\left(\frac{d\beta}{dz} - \frac{d\gamma}{dy}\right) + \frac{d\theta}{dy}\left(\frac{d\gamma}{dx} - \frac{d\alpha}{dz}\right) + \frac{d\theta}{dz}\left(\frac{d\alpha}{dy} - \frac{d\beta}{dx}\right)\right\},$$

oder, wenn man Q^2 vernachlässigt,

$$\varrho = -KQ\left\{u \frac{d\theta}{dx} + v \frac{d\theta}{dy} + w \frac{d\theta}{dz}\right\},$$

wo u, v, w die Komponenten des Stroms sind.

58. *Thermische Wirkungen, welche aus diesem Glied entspringen.* Die Wärmemenge δH, welche für die Volumeinheit erforderlich ist, um eine Temperaturveränderung zu verhindern, wenn sie von der Elektri-

zitätsmenge δf in der Richtung der x-Achse durchflossen wird, ist, wie aus Gleichung (113) hervorgeht, gegeben durch die Gleichung

$\delta H =$ (**derjenige Teil der elektromotorischen Kraft, welcher aus dem der wahrnehmbaren Wärme entsprechenden Teil der Energie entspringt**) df.

Daher ist der aus diesem Glied entspringende Teil gegeben durch die Gleichung

$$\delta H = Q\left(\gamma \frac{d\theta}{dy} - \beta \frac{d\theta}{dz}\right)\delta f.$$

Wenn also die Elektrizitätsmengen δf, δg, δh beziehungsweise parallel zu den Achsen der x, y, z die Volumeinheit durchfliefsen, so ist

$$\delta H = Q\left\{\left(\gamma \frac{d\theta}{dy} - \beta \frac{d\theta}{dz}\right)\delta f + \left(\alpha \frac{d\theta}{dz} - \gamma \frac{d\theta}{dx}\right)\delta g + \left(\beta \frac{d\theta}{dx} - \alpha \frac{d\theta}{dy}\right)\delta h\right\}.$$

Sind ferner u, v, w die Komponenten des Stroms beziehungsweise parallel zu den Achsen der x, y, z und δt die Dauer der Verschiebung, so ist

$$\delta f = u\delta t;\ \delta g = v\delta t;\ \delta h = w\delta t,$$

und folglich

$$\delta H = Q\delta t\left[\left\{\gamma \frac{d\theta}{dy} - \beta \frac{d\theta}{dz}\right\}u + \left\{\alpha \frac{d\theta}{dz} - \gamma \frac{d\theta}{dx}\right\}v + \left\{\beta \frac{d\theta}{dx} - \alpha \frac{d\theta}{dy}\right\}w\right]$$

$$= Q\delta t\left[\frac{d\theta}{dx}\{\beta w - \gamma v\} + \frac{d\theta}{dy}\{\gamma u - \alpha w\} + \frac{d\theta}{dz}\{\alpha v - \beta w\}\right] \quad (135).$$

Wenn X, Y, Z die auf die Volumeinheit des Leiters wirkenden Kräfte sind, die aus der Einwirkung des magnetischen Feldes auf den das Volum durchfliefsenden Strom entspringen, so ist

$$X = \mu \{\gamma v - \beta w\}$$
$$Y = \mu \{\alpha w - \gamma u\}$$
$$Z = \mu \{\beta u - \alpha v\},$$

wenn μ die magnetische Permeabilität bedeutet. Wenn wir diese Gleichungen mit (135) kombinieren, so erhalten wir

$$\delta H = -\frac{1}{\mu} Q \delta t \left\{ X \frac{d\theta}{dx} + Y \frac{d\theta}{dy} + Z \frac{d\theta}{dz} \right\}.$$

Wenn daher die auf den Strom wirkende mechanische Kraft die den Strom leitende Substanz in derjenigen Richtung zu bewegen strebt, in welcher Wärme strömt, so mufs, wenn Q negativ ist, der Substanz Wärme entzogen werden, um die Temperatur derselben konstant zu erhalten, wenn sie von elektrischen Strömen durchflossen wird. Die Wärme, welche in der Zeiteinheit der Volumeinheit zugeführt werden mufs, um eine Veränderung der Temperatur zu verhindern, ist gegeben durch die Gleichung

$\delta H = \frac{1}{\mu} Q$ {resultierende mechanische Kraft, die auf die Volumeinheit wirkt $\times$ Wärmemenge, die die Volumeinheit durchfliefst $\times$ Cosinus des Winkels zwischen beiden Gröfsen}.

Erwärmende Wirkungen im magnetischen Feld sind von v. Ettingshausen entdeckt worden (*Wied. Ann.* XXX. p. 737—760, 1887).

59. *Magnetische Wirkungen dieses Gliedes.* Wenn wir auf das Glied

$$\iiint \theta \left[\frac{d}{dx} \{Q(\gamma g - \beta h)\} + \frac{d}{dy} \{Q(\alpha h - \gamma f)\} + \frac{d}{dz} \{Q(\beta f - \alpha g)\} \right] dx\,dy\,dz$$

dieselbe Methode anwenden, welche in § 43 auf das entsprechende Glied des Hall'schen Effekts angewandt wurde, so zeigt es, wie wir sehen werden, an, daſs an einem Punkt ξ, η, ζ, an welchem keine elektrische Verschiebungen stattfinden, eine magnetische Kraft vorhanden ist, deren Komponenten parallel zu den Achsen der x, y, z beziehungsweise sind

$$-\frac{d\chi}{d\xi}, -\frac{d\chi}{d\eta}, -\frac{d\chi}{d\zeta},$$

wo

$$\chi = -\iiint Q\theta \left[\left(\frac{dg}{dz} - \frac{dh}{dy}\right)\frac{d}{dx}\frac{1}{r} + \left(\frac{dh}{dx} - \frac{df}{dz}\right)\frac{d}{dy}\frac{1}{r} + \left(\frac{df}{dy} - \frac{dg}{dx}\right)\frac{d}{dz}\frac{1}{r}\right] dx dy dz.$$

In diesem Ausdruck bedeutet r den gegenseitigen Abstand der Punkte x, y, z und ξ, η, ζ.

Wenn ξ, η, ζ ein Punkt ist, an welchem eine elektrische Verschiebung stattfindet, dann sind die Komponenten der magnetischen Kraft parallel zu x, y, z beziehungsweise

$$\left.\begin{aligned} &-\frac{d\chi}{d\xi} - \frac{4\pi}{3} Q\left(h\frac{d\theta}{d\eta} - g\frac{d\theta}{d\zeta}\right) \\ &-\frac{d\chi}{d\eta} - \frac{4\pi}{3} Q\left(f\frac{d\theta}{d\zeta} - h\frac{d\theta}{d\xi}\right) \\ &-\frac{d\chi}{d\zeta} - \frac{4\pi}{3} Q\left(g\frac{d\theta}{d\xi} - f\frac{d\theta}{d\eta}\right) \end{aligned}\right\} \quad \ldots \text{(136)}.$$

In diesem Fall ist die Gleichung

$$4\pi u = \frac{d\gamma}{d\eta} - \frac{d\beta}{d\zeta}$$

nicht mehr richtig, dagegen ist jetzt

$$4\pi u - \frac{4\pi}{3} Q \left\{ \frac{d\theta}{d\xi}\left(\frac{df}{d\xi} + \frac{dg}{d\eta} + \frac{dh}{d\zeta}\right) - \frac{df}{d\xi}\frac{d\theta}{d\xi} - \frac{df}{d\eta}\frac{d\theta}{d\eta} - \frac{df}{d\zeta}\frac{d\theta}{d\zeta} \right\} = \frac{d\gamma}{d\eta} \frac{d\beta}{d\zeta}.$$

Wenn sowohl Dielektrika als Leiter die von v. Ettingshausen und Nernst entdeckte Erscheinung zeigen, so folgt aus Gleichung (136), dafs eine stetige elektrische Verschiebung durch ein erwärmtes Dielektrikum magnetische Kräfte erzeugen mufs. Eine numerische Rechnung wie die in § 43 ausgeführte zeigt jedoch, dafs diese Kräfte aufserordentlich klein sind.

60. *Thermische Wirkungen, welche die aus diesem Glied entspringenden Änderungen der Magnetisierung begleiten.* Da die durch Gleichung (136) ausgedrückten magnetischen Kräfte aus demjenigen Teil der kinetischen Energie entspringen, welcher der fühlbaren Wärme entspricht, so müssen Änderungen in der Intensität der Magnetisierung nach Gleichung (114) von umkehrbaren thermischen Wirkungen begleitet sein. Wenn die Intensitäten parallel zu den Achsen der x, y, z beziehungsweise um δA, δB, δC vergröfsert werden, dann ist nach Gleichung (114) δH, das mechanische Äquivalent der Wärme, welche der Volumeinheit zugeführt werden mufs, um eine Veränderung der Temperatur zu verhindern, gegeben durch die Gleichung

$$\delta H = -\tfrac{4}{3}\pi Q \left\{ \left(h\frac{d\theta}{d\eta} - g\frac{d\theta}{d\zeta}\right)\delta A + \left(f\frac{d\theta}{d\zeta} - h\frac{d\theta}{d\xi}\right)\delta B + \left(g\frac{d\theta}{d\xi} - f\frac{d\theta}{d\eta}\right)\delta C \right\}.$$

61. *Drehung der Polarisationsebene infolge der Wärmeströmung.* Wenn der Hall'sche Effekt in einem

Dielektrikum vorhanden ist, so mufs, wie Rowland nachgewiesen hat, nach Maxwell's elektromagnetischer Theorie des Lichts die Polarisationsebene von geradlinig polarisiertem Licht gedreht werden, wenn sich das Dielektrikum, welches von dem Licht durchlaufen wird, in einem magnetischen Feld befindet, dessen Kraftlinien der Fortpflanzungsrichtung des Lichtes mehr oder weniger parallel sind. Wir wollen jetzt untersuchen, ob das v. Ettingshausen-Nernst'sche Phänomen eine Drehung der Polarisationsebene bewirkt, wenn ein Strahl geradlinig polarisierten Lichtes durch ein Dielektrikum hindurchgeht, welches von Wärme durchflossen wird.

Wir wollen annehmen, ein circular polarisierter Lichtstrahl pflanze sich parallel der z-Achse in einem Dielektrikum fort, in welchem eine gleichförmige Wärmeströmung ebenfalls parallel der z-Achse stattfindet.

Es seien f und g die elektrischen Verschiebungen beziehungsweise parallel zu den Achsen der x und y, F und G die Komponenten des Vectorpotentials beziehungsweise parallel zu x und y, X und Y die Komponenten der elektromotorischen Kraft parallel zu diesen Achsen. Dann ist, weil $d\vartheta/dx$ und $d\vartheta/dy$ beide verschwinden,

$$X = -\frac{dF}{dt} - Q\beta\frac{d\vartheta}{dz},$$

$$Y = -\frac{dG}{dt} + Q\alpha\frac{d\vartheta}{dz},$$

wo α und β die Komponenten der magnetischen Kraft beziehungsweise parallel zu x und y sind.

Wenn daher K die spezifische Induktionskapazität ist, dann ist

$$\left.\begin{aligned} \frac{4\pi}{K} f &= -\frac{dF}{dt} - Q\beta\frac{d\theta}{dz} \\ \frac{4\pi}{K} g &= -\frac{dG}{dt} + Q\alpha\frac{d\theta}{dz} \end{aligned}\right\}.$$

Wenn wir die erste dieser beiden Gleichungen in Beziehung auf t differentiieren, so erhalten wir

$$\frac{4\pi}{K}\frac{df}{dt} = -\frac{d^2F}{dt^2} - Q\frac{d\beta}{dt}\frac{d\theta}{dz} \quad \ldots (137).$$

In einem Dielektrikum ist aber

$$4\pi\mu\frac{df}{dt} = -\frac{d^2F}{dz^2},$$

und in dem kleinen Glied

$$Q\frac{d\beta}{dt}\frac{d\theta}{dz}$$

können wir, wenn wir Q^2 vernachlässigen, setzen

$$\mu\frac{d\beta}{dt} = \frac{d^2F}{dt\,dz},$$

wo μ die magnetische Permeabilität des Dielektrikums bedeutet.

Wenn wir diese Werte in Gleichung (137) einsetzen, so erhalten wir

$$\frac{1}{\mu K}\frac{d^2F}{dz^2} = \frac{d^2F}{dt^2} + \frac{Q}{\mu}\frac{d\theta}{dz}\frac{d^2F}{dt\,dz} \quad \ldots\ldots (138).$$

Für einen circular polarisierten Strahl können wir setzen

$$\left.\begin{aligned} F &= A\sin\frac{2\pi}{\lambda}(vt - z) \\ G &= A\cos\frac{2\pi}{\lambda}(vt - z) \end{aligned}\right\} \quad \ldots\ldots\ldots (139).$$

wo v die Geschwindigkeit des Lichts und λ die Wellenlänge desselben bedeutet.

Durch Einsetzung dieses Wertes in Gleichung (138) erhalten wir

$$\frac{1}{\mu K} = v^2 - \frac{Q}{\mu}\frac{d\theta}{dz}v.$$

Die Geschwindigkeit des Strahles ist daher gröſser, als wenn die Temperatur gleichförmig gewesen wäre, um

$$\frac{1}{2}\frac{Q}{\mu}\frac{d\theta}{dz}.$$

Die Fortpflanzungsgeschwindigkeit eines im entgegengesetzten Sinne circular polarisierten Lichtstrahls wird ebenfalls um diese Gröſse vermehrt. Wenn wir daher einen gradlinig polarisierten Strahl als aus zwei in entgegengesetztem Sinne circular polarisierten Strahlen zusammengesetzt ansehen, so wird, wenn ein solcher Strahl ein Medium durchläuft, welches von einem stetigen Wärmestrom durchflossen wird, die Polarisationsebene nicht gedreht werden, dagegen wird die Geschwindigkeit vergröſsert werden um

$$\frac{1}{2}\frac{Q}{\mu}\frac{d\theta}{dz}.$$

Selbst wenn wir also eine durchsichtige Substanz hätten, für welche Q so groſs wie für Wismut, d. h. gleich 0.13 wäre, und wenn für 1 mm die Temperatur um 100^0 C fiele, so würde die Änderung der Geschwindigkeit nicht gröſser sein als

$$\frac{1}{2} \times 0.13 \times 10^3 = 65.$$

Diese Änderung macht nur 2.2×10^{-7} Prozent von der Lichtgeschwindigkeit aus und ein violetter Lichtstrahl müſste ungefähr 20,000 cm durchlaufen, um eine Wellenlänge zu gewinnen oder zu verlieren. Dieser Effekt ist daher viel zu klein, um experimentell nachgewiesen werden zu können.

Wenn eine elektrische Verschiebung in einem Feld stattfindet, in welchem die Temperatur nicht gleichförmig ist, so wird, wie sich aus Gleichung (135) ergab, Wärme absorbiert oder entwickelt, so dafs die Fortpflanzung eines Lichtstrahls durch ein Medium, dessen Temperatur nicht gleichförmig ist, von thermischen Veränderungen begleitet sein mufs.

Nach Gleichung (135) ist die Wärme δH, welche in der Zeiteinheit der Volumeinheit des Mediums zugeführt werden mufs, um eine Veränderung der Temperatur zu verhindern, wenn die Wärme in der Richtung der z-Achse strömt, gegeben durch die Gleichung

$$\delta H = Q \frac{d\theta}{dz} \{a\dot{g} - \beta\dot{f}\}.$$

Für einen geradlinig polarisierten Lichtstrahl ist annähernd

$$f = A \cos \frac{2\pi}{\lambda}(vt - z)$$

$$g = 0$$

$$a = 0$$

$$\beta = 4\pi v A \cos \frac{2\pi}{\lambda}(vt - z),$$

folglich

$$\delta H = Q \frac{8\pi^2 v^2 . A^2}{\lambda} \frac{d\theta}{dz} \cos \frac{2\pi}{\lambda}(vt - z) \sin \frac{2\pi}{\lambda}(vt - z).$$

Wenn daher diese Theorie richtig ist, so mufs die Fortpflanzung des Lichts durch ein ungleich erwärmtes Medium von einer periodischen Emission und Absorption von Wärme begleitet sein, analog derjenigen, welche nach der Laplace'schen Theorie die Fortpflanzung des Schalls begleitet. Nach Maxwell (*Electricity and Magnetism*, Vol. II. p. 402) ist der Maximalwert von β für starkes Sonnenlicht 0.193, so daſs

$$4\pi v A = 0.193$$

und daher

$$8\pi^2 v^2 A^2 = 0.02.$$

Für $\lambda = 3.9 \times 10^{-5}$, die Wellenlänge des violetten Strahls H in Luft ist

$$\delta H = 5 \times 10^2 \times Q \times \frac{d\theta}{dz} \cos \frac{2\pi}{\lambda}(vt - z) \sin \frac{2\pi}{\lambda}(vt - z).$$

Wäre Q so groſs wie für Wismut, d. h. gleich 0.132, und die Temperatur fiele für 1 cm um 100° C, so würde das Maximum der absorbierten oder emittierten Wärme

$$3.3 \times 10^3$$

sein. Dies würde Temperaturänderungen von nicht mehr als einem zehntausendstel Grad C entsprechen, wenn die spezifische Wärme der Substanz so groſs wie diejenige des Wassers wäre.

62. *Longitudinaleffekt.* v. Ettingshausen und Nernst fanden, daſs auſser der transversalen elektromotorischen Kraft eine in der Richtung der Wärmestromlinien wirkende longitudinale Kraft vorhanden ist, die nicht umgekehrt wird, wenn die magnetisierende Kraft umgekehrt wird, und die dem Quadrat der magnetisierenden Kraft proportional ist, so lange dieselbe klein ist. Dies beweist, daſs die Gröſse σ, welche wir bei Diskussion des Thomson-Effekts in § 51 betrachteten, eine Funktion des Quadrates der magnetischen Kraft ist. Wenn wir die Wirkung dieses

Gliedes in Rücksicht auf magnetische Erscheinungen betrachten, so werden wir sehen, dafs es anzeigt, dafs die magnetische Permeabilität eines Magnets durch die Nähe eines Leiters beeinflufst wird, in welchem Elektrizität verteilt ist.

63. Es ist interessant und führt auf neue physikalische Erscheinungen, wenn man die Folgerungen zieht, die sich aus der Existenz derjenigen Glieder in der Lagrange'schen Funktion ergeben, welche symmetrische Funktionen von f, g, h, α, β, γ und deren Differentialquotienten sind, z. B. Glieder, die proportional sind

$$f\alpha + g\beta + h\gamma,$$

$$f\,\frac{d\alpha}{dx} + g\,\frac{d\beta}{dy} + h\,\frac{d\gamma}{dz},$$

$$\alpha\,\frac{df}{dx} + \beta\,\frac{dg}{dy} + \gamma\,\frac{dh}{dz},$$

$$f\left(\frac{d\beta}{dz} - \frac{d\gamma}{dy}\right) + g\left(\frac{dg}{dx} - \frac{d\alpha}{dz}\right) + h\left(\frac{d\alpha}{dy} - \frac{d\beta}{dx}\right),$$

$$\left(\frac{d\beta}{dz} - \frac{d\gamma}{dy}\right)\left(\frac{dg}{dz} - \frac{dh}{dy}\right) + \left(\frac{d\gamma}{dx} - \frac{d\alpha}{dz}\right)\left(\frac{dh}{dx} - \frac{df}{dz}\right)$$
$$+ \left(\frac{d\alpha}{dy} - \frac{d\beta}{dx}\right)\left(\frac{df}{dy} - \frac{dg}{dx}\right).$$

Es wird jedoch dem Leser keine Schwierigkeiten bereiten, die Konsequenzen dieser Glieder nach den gegebenen Methoden zu verfolgen.

ACHTES KAPITEL.

Über „Rückstandswirkungen“.

64. Es giebt zahlreiche Fälle, in denen die Einwirkung von Kräften auf einen Körper in demselben eine Veränderung zu erzeugen scheint, die sich eine Zeitlang, nachdem die Kräfte zu wirken aufgehört haben, erhält.

Wenn man z. B. einen Metalldraht oder einen Glasfaden eine Zeitlang im Zustand der Torsion erhält, so schwingt er nicht, wenn das tordierende Kräftepaar zu wirken aufhört, sofort symmetrisch um die ursprüngliche Gleichgewichtslage, sondern er oscilliert um einen neuen Nullpunkt, der sich nach und nach dem alten nähert. Dabei wächst die Maximaldifferenz zwischen dem temporären und dem wahren Nullpunkt und die Zeit, welche bis zum Zusammenfallen der beiden Nullpunkte verfliefst, innerhalb gewisser Grenzen mit der Dauer der Wirkung des ursprünglichen tordierenden Kräftepaars.

Derartige Erscheinungen werden in deutschen Werken als „elastische Nachwirkung“ bezeichnet. Diese eigentümliche Wirkung der Torsion scheint in England keinen Namen erhalten zu haben, allein die analogen Fälle in der Elektrizität und dem Magnetismus werden beziehungsweise als „residual charge“ und „residual magnetism“ bezeichnet. Dieser letztere Effekt (magnetischer Rückstand) ist nur zum Teil demjenigen eines tordierten Drahtes analog, da sie sich in einer wichtigen Hinsicht unterscheiden, nämlich durch die Dauer. In einem tordierten Draht verschwindet die Wirkung der vorausgegangenen Torsion mit der Zeit, dagegen behält weiches Eisen, wenn keine störenden Einflüsse auf es einwirken, seinen Magnetismus, wie es scheint, eine beliebig lange Zeit bei.

Wir wollen jetzt ein dynamisches Analogon zu dem Falle des tordierten Drahtes zu ermitteln suchen. Wir wollen annehmen, wir besäfsen eine reibungslose Maschine, deren Konfiguration durch eine Koordinate x fixiert ist, diese Maschine sei mit einer anderen durch die Koordinate y fixierte Maschine verbunden und der Bewegung dieser zweiten Maschine setze eine Reibungskraft einen der Geschwindigkeit proportionalen Widerstand entgegen. Wir wollen zunächst annehmen, die Masse der zweiten Maschine sei so klein, dafs die Trägheit derselben vernachläfsigt werden kann, und der Zusammenhang zwischen den beiden Maschinen sei durch die Existenz eines Gliedes $f(xy)$ in ihrer Lagrange'schen Funktion ausgedrückt, welches sowohl x als y, aber nicht ihre Differentialquotienten nach der Zeit enthält. Wenn dann die Kraft X, die auf die erste Maschine wirkt, die einzige äufsere Kraft ist, welche auf das System wirkt, so sind die Bewegungsgleichungen von der Form

$$A\frac{d^2x}{dt^2} + \mu x - \frac{d}{dx} f(xy) = X \quad \ldots\ldots (140),$$

$$b\frac{dy}{dt} + ay - \frac{d}{dy} f(xy) = 0 \quad \ldots\ldots (141).$$

Wenn x und y klein sind, können wir setzen

$$\frac{d}{dx} f(xy) = \alpha x + \beta y,$$

$$\frac{d}{dy} f(xy) = \beta x + \gamma y,$$

wo α, β, γ Konstanten sind.

Durch diese Substitutionen erhalten wir

$$A\frac{d^2x}{dt^2}+(\mu-a)\,x-\beta y=X\,\ldots\ldots\,(142),$$

$$b\frac{dy}{dt}+(a-\gamma)\,y-\beta x=0\,\ldots\ldots\,(143).$$

Die Auflösung von (143) ist

$$y=\frac{\beta}{b}\int_0^t \varepsilon^{-\frac{a-\gamma}{b}(t-t')}\,x\,dt'\,\ldots\ldots\,(144).$$

Durch Einsetzung dieses Wertes von y in Gleichung (142) erhalten wir

$$A\frac{d^2x}{dt}+(\mu-a)\,x-\frac{\beta^2}{b}\int_0^t \varepsilon^{-\frac{a-\gamma}{b}(t-t')}\,x\,dt'=X\,(145).$$

Wir ersehen aus dieser Gleichung, dafs der Zusammenhang beider Systeme auf das erste die Wirkung hat, dafs die zu irgend einer Zeit durch die Verschiebung des Systems aus der Gleichgewichtslage hervorgerufenen Kräfte nicht nur von der Verschiebung des Systems zu dieser Zeit abhängen, sondern auch von den vorhergegangenen Verschiebungen, und dafs eine Verschiebung x, die eine kurze Zeit τ dauert, nach einer Zeit T eine Kraft $\tau x\psi\,(T)$ erzeugt, wo

$$\psi\,(T)=\frac{\beta^2}{b}\,\varepsilon^{-\frac{a-\gamma}{b}T}.$$

Neesen („Elastische Nachwirkung bei Torsion", *Berliner Monatsberichte*, 12. Feb. 1874, p. 141) hat gezeigt, dafs die Annahme, dafs $\psi\,(T)$ proportional ε^{-kT} ist, mit seinen Experimenten über die Torsion von Drähten in Einklang steht. Boltzmann (*Sitz. der k. Akad. zu Wien*, 70, p. 275, 1874) hat eine Theorie entwickelt, nach welcher $\psi(T)$ proportional $1/T$ ist.

In vielen Fällen sind anstatt der Verschiebung die Kräfte zur Zeit t' gegeben, und in diesen Fällen ist die Gleichung (145) nicht gut zu brauchen. Wenn, was gewöhnlich der Fall ist, die Bewegung so langsam ist, daſs wir den Einfluſs der Trägheit vernachlässigen können, so haben wir

$$b\frac{dy}{dt} + (a-\gamma)\,y = \beta x$$

$$(\mu - a)\,x = \beta y + X,$$

so daſs

$$b\frac{dy}{dt} + \left\{(a-\gamma) - \frac{\beta^2}{\mu - a}\right\} y = \frac{\beta}{\mu - a} X,$$

folglich

$$y = \frac{\beta}{b(\mu - a)} \int_0^t \varepsilon^{-k(t-t')} X\,dt',$$

wo

$$k = \frac{a-\gamma}{b} - \frac{\beta^2}{b(\mu - a)}.$$

Wenn daher die äuſsere Kraft zu wirken aufhört, so ist

$$x = \frac{\beta^2}{b(\mu - a)^2} \int_0^t \varepsilon^{-k(t-t')} X\,dt'.$$

Wenn die primäre Maschine nicht mit einer, sondern mit mehreren sekundären Maschinen verbunden gewesen wäre, so hätten wir, wenn die Verschiebungen gegeben sind,

$$x = \int_0^t x \left\{ \Sigma \frac{\beta^2}{b(\mu - a)} \varepsilon^{-\frac{(a-\gamma)}{b}(t-t')} \right\} dt',$$

und wenn die Kräfte gegeben sind,

$$x = \int_0^t X \Sigma \left\{ \frac{\beta^2}{b(\mu - a)^2} \varepsilon^{-k(t-t')} \right\} dt'$$

$$= \Sigma \varepsilon^{-kt} \int_0^t \omega X \varepsilon^{kt'} dt' \quad \ldots\ldots\ldots (146),$$

wenn ω für $\beta^2 / b(\mu - a)^2$ geschrieben und die Summe für alle sekundären Systeme genommen wird. Dies ist der allgemeine Ausdruck für die Rückstandswirkung, und zwar wird dieselbe durch die Kräfte ausgedrückt, welche auf das System gewirkt haben.

Wenn wir die Trägheit des sekundären Systems nicht vernachlässigen können, so müssen wir das Glied Bd^2y/dt^2 in die Gleichung (143) einführen. Dieselbe geht hierdurch über in

$$B \frac{d^2y}{dt^2} + b \frac{dy}{dt} + (a - \gamma) y = \beta x.$$

Die Auflösung dieser Gleichung ist

$$y = \frac{1}{B(\lambda_1 - \lambda_2)} \int_0^t \left\{ \varepsilon^{\lambda_1 (t - t'_1)} - \varepsilon^{\lambda_2 (t - t')} \right\} x dt',$$

wo λ_1 und λ_2 die Wurzeln der Gleichung

$$B\lambda^2 + b\lambda + a - \gamma = 0$$

sind.

Die Einführung der Trägheit in das sekundäre System ändert also die Form der Auflösung nicht. Sie führt nur neue Glieder von demselben Typus wie die bereits vorhandenen ein und die allgemeine Lösung ist von der Form

$$x = \int_0^t x \left\{ \Sigma c \varepsilon^{-\lambda(t-t')} \right\} dt'$$

$$= \Sigma \varepsilon^{-\lambda t} \int_0^t c x \varepsilon^{\lambda t'} dt',$$

wo c eine Konstante ist, die von der Konstitution des sekundären Systems, dagegen nicht von x abhängig ist. In diesem allgemeinen Ausdruck für die Rückstandswirkungen sind dieselben durch die Anfangsverschiebungen ausgedrückt.

65. In denjenigen Fällen, in welchen Rückstandswirkungen vorkommen, können wir annehmen, dafs die sekundären Systeme, welche durch die Veränderungen im primären beeinflufst werden, die Moleküle oder ein Teil der Moleküle des Körpers sind, welcher der Sitz der Erscheinung ist. So können wir z. B. bei dem elektrischen Rückstand einer Leydener Flasche das elektrische System als das primäre und das aus den Molekülen des Glases bestehende System als das sekundäre betrachten und können annehmen, dafs während der Einwirkung der elektromotorischen Kraft auf das Glas die Anordnung der Glasmoleküle fortschreitende Veränderungen erfährt, welche auf die elektrische Verschiebung zurückwirken.

Der folgende Auszug aus Clerk-Maxwell's Artikel über die Konstitution der Körper in der *Encyclopaedia Britannica* ist in dieser Beziehung sehr lehrreich.

„Wir wissen, dafs die Moleküle aller Körper in Bewegung sind. In Gasen und Flüssigkeiten kann bei dieser Bewegung jedes Molekül von einer Stelle ungehindert nach jeder beliebigen anderen Stelle der Masse übergehen. Wenn wir uns dagegen von der Bewegung der Moleküle in festen Körpern eine Vorstellung machen wollen, so müssen wir annehmen, dafs wenigstens einige derselben um eine gewisse mittlere Lage oszillieren. Die Konfiguration einer Gruppe von Molekülen ist daher nie sehr verschieden von einer gewissen stabilen Konfiguration, um welche sie oszilliert.

„Dies wird auch dann der Fall sein, wenn sich der Körper in einem Zustand von Deformation befindet, vorausgesetzt, dafs die Amplitude der Schwingungen eine gewisse Grenze nicht überschreitet. Wenn dagegen diese Grenze überschritten wird, so strebt die Gruppe nicht zu ihrer früheren Konfiguration zurückzukehren, sondern sie beginnt um eine neue stabile Konfiguration zu oszillieren, in welcher die Deformation entweder gleich Null oder wenigstens geringer ist, als in der ursprünglichen Konfiguration.

„Dieser Zustand des Zerfallens einer Konfiguration mufs zum Teil von der Amplitude der Schwingungen und zum Teil von dem Grade der Deformation in der ursprünglichen Konfiguration abhängen, und wir können annehmen, dafs verschiedene Gruppen von Molekülen selbst in einem homogenen festen Körper in dieser Hinsicht sich nicht in demselben Zustand befinden.

„Wir können z. B. annehmen, dafs in einer gewissen Anzahl von Gruppen die gewöhnliche Bewegung der Moleküle sich bis zu dem Grade steigert, dafs bei jeder Schwingung die Konfiguration einer dieser Gruppen zerfällt, und zwar einerlei, ob sie sich in einem Zustand von Deformation befindet oder nicht. Wir können in diesem Falle annehmen, dafs in jeder Sekunde eine gewisse Anzahl dieser Gruppen zerfällt und Konfigurationen annimmt, die einer nach allen Richtungen gleichförmigen Deformation entsprechen.

„Wenn alle Gruppen von dieser Art wären, so würde das Medium eine zähe Flüssigkeit sein.

„Wir können aber weiter annehmen, dafs andere

Gruppen von Molekülen vorhanden sind, deren Konfiguration so beständig ist, daſs sie unter der gewöhnlichen Bewegung der Moleküle nur dann zerfallen, wenn die mittlere Deformation eine gewisse Grenze überschreitet. Diese Grenze kann für verschiedene Systeme dieser Gruppen verschieden sein.

„Wenn nun solche Gruppen von gröſserer Stabilität durch die Substanz in solcher Menge verteilt sind, daſs sie ein festes Gerüst bilden, so ist die Substanz ein fester Körper, der nur dann eine dauernde Deformation erleidet, wenn die auf ihn einwirkende Kraft eine gewisse Gröſse übersteigt.

„Wenn aber der feste Körper Gruppen von geringerer Stabilität und auch Gruppen der ersten Art, die von selbst zerfallen, enthält, so wird der Widerstand gegen eine Deformation allmählich in dem Maſse kleiner werden, als die Gruppen der ersten Art zerfallen. Diese Verminderung des Widerstandes wird aufhören, wenn die Spannung bis auf denjenigen Grad reduziert ist, der durch die stabileren Gruppen bedingt wird. Wenn jetzt der Körper sich selbst überlassen wird, so kehrt er nicht sofort in die ursprüngliche Form zurück, sondern erst dann, wenn die Gruppen der ersten Art so oft zerfallen sind, daſs sie in den ursprünglichen Deformationszustand zurückgekehrt sind.

„Mit Hilfe dieser Annahme, daſs ein fester Körper aus Gruppen von Molekülen zusammengesetzt ist, von denen einige sich in einem anderen Zustand befinden, als die übrigen, läſst sich auch der Zustand eines festen Körpers erklären, in dem er sich befindet, wenn er eine dauernde Deformation erlitten hat. In diesem Falle sind einige der weniger beständigen Gruppen zerfallen und haben neue Konfigurationen angenommen, aber es ist sehr leicht möglich, daſs andere beständigere noch ihre ursprüngliche Konfiguration beibehalten, so daſs die Gestalt des Körpers durch das Gleichgewicht zwischen den Gruppen der ersten und der zweiten Art bedingt wird. Wenn aber durch Temperaturerhöhung, Zunahme der Feuchtigkeit, heftige Schwingung oder durch andere Ursachen das Zerfallen der weniger stabilen Gruppen erleichtert wird, so können die stabileren Gruppen wieder ungehindert schwingen und den Körper in seine ursprüngliche Form zurückzuführen streben."

66. Wir wollen jetzt die Gleichung (146) auf einen bestimmten Fall anwenden. Wir wollen annehmen, von $t=0$ bis $t=T_1$ wirke die Kraft X_1 auf das System, und von $t=T_1$ bis $t=T_2$ wirke die Kraft $-X_2$. Dann haben wir nach Gleichung (146)

$$x=\varpi\int_0^t \varepsilon^{-k(t-t')} X dt'$$

$$=\varpi\varepsilon^{-kt}\left\{\int_0^{T_1}\varepsilon^{kt'} X_1 dt' - \int_{T_1}^{T_2}\varepsilon^{kt'} X_2 dt'\right\}$$

$$=\varepsilon^{-kt}\frac{\varpi}{k}\left\{X_1\left(\varepsilon^{kT_1}-1\right)-X_2\left(\varepsilon^{kT_2}-\varepsilon^{kT_1}\right)\right\} \quad (147).$$

Wenn das primäre System nicht mit einem, sondern mit mehreren sekundären verbunden ist, so haben wir

$$x=X_1\Sigma\frac{\varpi}{k}\left(\varepsilon^{-k(t-T_1)}-\varepsilon^{-kt}\right)$$

$$-X_2\Sigma\frac{\varpi}{k}\left\{\varepsilon^{-k(t-T_2)}-\varepsilon^{-k(t-T_1)}\right\} \quad . \; . \; (148).$$

Wenn wir nur *ein* sekundäres System haben, so

ändert, wie aus Gleichung (147) hervorgeht, x nie das Zeichen, sondern das System kehrt langsam in die Gleichgewichtslage zurück und geht nie über dieselbe hinaus, welches auch die frühere Geschichte desselben gewesen sein mag. Wir wissen jedoch, dafs bei der Rückstandstorsion von Glasfäden und bei der Rückstandsladung einer Leydener Flasche die Rückstandswirkungen eine Änderung des Zeichens verursachen können. Wenn wir z. B. einem Glasfaden eine beträchtliche Zeitlang eine starke Torsion in der positiven Richtung geben und dann eine kurze Zeitlang eine Torsion in der negativen Richtung, so kann, wenn das tordierende Kräftepaar zu wirken aufhört, die Rückstandstorsion zuerst in der negativen und dann in der positiven Richtung liegen. Man drückt dies zuweilen dadurch aus, dafs man sagt, die Rückstandsladungen kommen in umgekehrter Reihenfolge heraus, als sie hineingekommen sind.

Wenn die Gröfse k nur die beiden Werte k_1 und k_2 hat, so ist

$$x = \varepsilon^{-k_1 t}\int_0^t \varpi X \varepsilon^{k_1 t'}\, dt' + \varepsilon^{-k_2 t}\int_0^t \varpi X \varepsilon^{k_2 t'}\, dt \,. \quad (149),$$

und wenn die äufsere Kraft zu wirken aufgehört hat, ist

$$\int_0^t \varpi X \varepsilon^{kt'}\, dt'$$

keine Funktion von t. Wir sehen also, dafs sich das Zeichen der Rückstandswirkung nur einmal ändern kann, wie kompliziert auch die Änderungen in den Zeichen der Torsionen oder Elektrisierungen, die das System vorher erfahren hat, gewesen sein mögen.

Dr. John Hopkinson hat die Rückstandsladung einer Leydener Flasche durch eine Formel von demselben Typus wie (149) ausgedrückt (s. Chrystal's Artikel Electricity, *Encyclopaedia Britannica,* p. 40) und gezeigt, dafs es nötig ist, mehr als zwei Werte von k anzunehmen, um die Formel mit seinen Versuchen über die Rückstandsladung in Glas in Einklang zu bringen. Wenn wir aber die Wirkungen der Trägheit mitberücksichtigten, so erhielten wir zwei, aber auch nur zwei Werte von k für jedes sekundäre System. Da wir also mehr als zwei Glieder einführen müssen, um die Rückstandswirkungen in Glas auszudrücken, so müssen wir mehr als ein sekundäres System haben. Hierdurch ist angedeutet, dafs Glas keine homogene Substanz, sondern ein Gemenge verschiedener Silikate ist.

Nach Neesen (a. a. O.) können die Rückstandswirkungen der Torsion in Seidenfäden und Guttaperchafäden durch ein einziges Glied von der Form $c\varepsilon^{-kt}$ dargestellt werden.

67. Wir wollen jetzt eine andere Wirkung untersuchen, die durch dieselbe Ursache wie die Rückstandswirkung hervorgebracht wird, die aber von dieser verschieden ist, nämlich die Einwirkung des sekundären Systems auf die Art und Weise, in welcher die freien Schwingungen des primären Systems aufhören.

Wenn wir uns derselben Bezeichnung bedienen wie im vorhergehenden und die Trägheit des sekundären Systems vernachlässigen, so haben wir für die freien Schwingungen die Gleichungen

$$A\frac{d^2x}{dt^2} + (\mu - a)\,x = \beta y$$

$$b\frac{dy}{dt}+(a-\gamma)\,y=\beta x$$

oder

$$A\frac{d^2x}{dt^2}+\mu' x=\beta y$$

$$b\frac{dy}{dt}+a'y=\beta x.$$

Durch Elimination von y erhalten wir

$$\left(b\frac{d}{dt}+a'\right)\left(A\frac{d^2}{dt^2}+\mu'\right)x=\beta^2 x \quad . . (150).$$

Da dies eine lineare Gleichung ist, wollen wir annehmen, dafs sich x proportional ε^{pt} ändert. Dann ist p gegeben durch die Gleichung

$$(bp+a')(Ap^2+\mu')=\beta^2$$

oder

$$Ap^2+\mu'=\frac{\beta^2}{bp+a'}.$$

Die rechte Seite dieser Gleichung ist klein, und wenn die Rückstandswirkung keine grofse Änderung in der Schwingungsperiode hervorbringt, so können wir auf der rechten Seite der Gleichung für p denjenigen Wert, den es annimmt, wenn kein sekundäres System vorhanden ist, d. h. $i\{\mu/A\}^{\frac{1}{2}}$, und a für a' setzen. Durch diese Substitution erhalten wir

$$Ap^2+\mu'=\frac{\beta^2}{a'+bi(\mu/A)^{\frac{1}{2}}}=\frac{\beta^2\left\{a-ib\,(\mu/A)^{\frac{1}{2}}\right\}}{a^2+b^2\mu/A}$$

oder

$$p^2=-\frac{\mu'}{A}+\frac{\beta^2}{A}\,\frac{\left\{a-ib\,(\mu/A)^{\frac{1}{2}}\right\}}{a^2+b^2\mu/A}$$

oder
$$p = i \left\{\frac{\mu'}{A}\right\}^{\frac{1}{2}} \left[1 - \frac{\beta^2}{\mu'} \frac{\{a - ib\,(\mu/A)^{\frac{1}{2}}\}}{a^2 + b^2\mu/A}\right]^{\frac{1}{2}}.$$

Wenn daher β^2 klein ist, so ist annähernd

$$p = i \left\{\frac{\mu'}{A}\right\}^{\frac{1}{2}} \left[1 - \frac{1}{2} \frac{\beta^2}{\mu'} \frac{\{a - ib\,(\mu/A)^{\frac{1}{2}}\}}{a^2 + b^2\mu/A}\right].$$

Der reelle Teil von p ist daher annähernd

$$-\frac{1}{2} \frac{b\beta^2}{Aa^2 + \mu b^2}$$

und die Amplitude der Schwingungen von x ist daher gegeben durch den Ausdruck

$$exp\left(-\frac{1}{2} \frac{b\beta^2}{Aa^2 + \mu b^2}\, t\right),$$

wo $exp\,(x) \equiv e^x$.

Das Verhältnis der Amplituden zweier aufeinander folgender Schwingungen ist daher

$$exp\left(-\frac{1}{2} \frac{b\beta^2}{Aa^2 + \mu b^2}\, T\right) \ldots\ldots (151),$$

wo T die Dauer einer vollständigen Schwingung und annähernd durch die Gleichung

$$T = 2\pi\,\{A/\mu\}^{\frac{1}{2}}$$

gegeben ist.

Durch Einsetzung dieses Wertes von T in (151) erhalten wir für das Verhältnis der beiden Amplituden den Ausdruck

$$exp\left(-\frac{\pi b \beta^2 A^{\frac{1}{2}} \mu^{-\frac{1}{2}}}{Aa^2 + \mu b^2}\right).$$

Wenn die Bewegung von x einen der Geschwindigkeit proportionalen Reibungswiderstand zu überwinden hat, so ist die Gleichung für x

$$A \frac{d^2x}{dt^2} + \lambda \frac{dx}{dt} + \mu x = 0.$$

Die Auflösung dieser Gleichung ist

$$x = Ce^{-\frac{\lambda t}{2A}} \cos\left\{\left(\frac{\mu}{A} - \frac{\lambda^2}{4A^2}\right)^{\frac{1}{2}} t + \varepsilon\right\},$$

wo C und ε Konstanten sind.

Das Verhältnis der Amplituden zweier aufeinander folgender Schwingungen ist in diesem Falle

$$exp\left(-\frac{\lambda T}{2A}\right)$$

oder annähernd

$$exp\left(-\frac{\lambda}{A}\,\pi\,\frac{A^{\frac{1}{2}}}{\mu^{\frac{1}{2}}}\right).$$

Wenn die Abnahme in der Amplitude durch die Verbindung mit dem sekundären System bewirkt wird, so ist das Verhältnis zweier aufeinander folgender Amplituden

$$exp\left(-\frac{\pi b^2\beta A^{\frac{1}{2}}\mu^{-\frac{1}{2}}}{Aa^2 + \mu b^2}\right).$$

Wenn daher der Widerstand durch Reibung verursacht wird, so ändert sich das logarithmische Dekrement proportional

$$\frac{1}{A^{\frac{1}{2}}\mu^{\frac{1}{2}}},$$

wenn er dagegen durch das sekundäre System verursacht wird, so ändert es sich proportional

$$\frac{1}{A^{\frac{1}{2}}\left\{1+\frac{\mu b^2}{Aa^2}\right\}\mu^{\frac{1}{2}}}.$$

Wenn daher die Masse des schwingenden Körpers verändert wird, so ist die Änderung des logarithmischen Dekrements in diesem Falle geringer, als wenn die Abnahme der Schwingungen durch Reibung verursacht würde. Dies steht mit den Versuchen Sir William Thomsons über die Abnahme der Torsionsschwingungen eines Drahtes in Einklang. Er fand nämlich, daſs bei längeren Perioden die Abnahme gröſser war, als diejenige, welche aus der Gröſse derselben bei kürzeren Perioden nach dem Gesetz der Quadratwurzeln berechnet worden war. Ja wenn A viel kleiner wäre als $\mu b^2/a^2$, so würde durch Vergröſserung der schwingenden Masse die Geschwindigkeit der Abnahme nicht *verkleinert*, sondern *vergröſsert* werden, da die Geschwindigkeit der Abnahme seinen gröſsten Wert hat, wenn $A = \mu b^2/a^2$.

NEUNTES KAPITEL.

Einleitung in das Studium umkehrbarer skalarer Erscheinungen.

68. Bei den Erscheinungen, mit denen wir uns bis jetzt beschäftigt haben, hatten die Gröſsen, um die es sich handelte, wie in der gewöhnlichen Dynamik, den Charakter von Vektoren. Jetzt wollen wir zur Betrachtung von Erscheinungen übergehen, bei denen es sich vorzugsweise um skalare Gröſsen handelt, wie die Erscheinungen der Verdampfung, der Dissociation,

der chemischen Vereinigung u. s. w., wo es sich um Gröfsen handelt wie Temperatur, Dampfdichte oder Anzahl der Moleküle in einem besonderen Zustand. Der Hauptunterschied zwischen diesen Fällen und denjenigen, welche wir in vorhergehenden betrachtet haben, besteht darin, dafs wir es in ihnen, wie in der kinetischen Gastheorie, hauptsächlich mit den Mittelwerten gewisser Gröfsen zu thun haben und nicht im stande sind, die Änderungen der einzelnen Glieder, aus denen sich der Mittelwert zusammensetzt, zu verfolgen, während wir in den früheren Fällen die Änderungen der Mehrzahl der eingeführten Gröfsen in allen Einzelheiten verfolgen konnten. Alles was wir in diesen neuen Fällen durch Anwendung des Hamiltonschen Prinzips erreichen können, sind Beziehungen zwischen den Mittelwerten einer Reihe von Gröfsen. Da indessen diese Mittelwerte das einzige sind, was wir in diesen Fällen beobachten können, so hat diese Einschränkung keine grofse praktische Bedeutung.

Die Beziehungen, welche wir ableiten wollen, sind diejenigen, welche existieren, wenn sich der Körper in einem *unveränderlichen Zustand* befindet.

69. Die Systeme, welche wir zu betrachten haben, sind Teile von Materie im festen, flüssigen oder gasförmigen Zustand und bestehen nach der Molekulartheorie aus einer sehr grofsen Anzahl von sekundären Systemen oder Molekülen. Ein primäres System können wir aber in vieler Hinsicht kontrollieren. Wir können seine geometrische Lage fixieren, wir können es innerhalb gewisser Grenzen in jeder beliebigen Weise deformieren, wir können elektrische Ströme oder elektrische Verschiebungen in demselben erregen, und wenn der Körper magnetisch ist, so können

wir ihn innerhalb der Grenzen der Sättigung magnetisieren. Die Koordinaten, welche die geometrische Konfiguration, die Konfiguration der Deformation, die elektrische und die magnetische Deformation fixieren, unterliegen daher unserer Kontrolle, weshalb wir sie als kontrollierbare Koordinaten (§ 46) bezeichnet haben.

Dagegen haben wir über die Koordinaten, welche die Lage der verschiedenen sekundären Systeme fixieren, keine Kontrolle und wir sind nicht im stande, irgend eine derselben zu ändern. Diese haben wir uneinschränkbare Koordinaten genannt.

70. Wenn wir sagen, ein aus einer grofsen Anzahl von Molekülen bestehendes System befinde sich in einem unveränderlichen Zustand, so soll damit gesagt sein, dafs der Zustand unveränderlich ist in Beziehung auf die kontrollierbaren Koordinaten. Ob er es in Beziehung auf die uneinschränkbaren Koordinaten ist oder nicht, darüber soll keine Annahme gemacht werden. Es soll weiter nichts vorausgesetzt werden, als dafs die Mittelwerte, die wir beobachten können und die von den uneinschränkbaren Koordinaten abhängen, unveränderlich sind.

Wenn sich daher das System in einem unveränderlichen Zustand befindet, so mufs die Geschwindigkeit jeder kontrollierbaren Koordinate konstant sein, und wenn die Koordinate in dem Ausdruck für die kinetische oder potentielle Energie explicit vorkommt, d. h. wenn die Koordinate keine „kinosthenische“ oder Geschwindigkeitskoordinate ist, so mufs die Geschwindigkeit verschwinden.

71. Wir wollen jetzt beweisen, dafs, wenn ein aus einer grofsen Anzahl von Molekülen bestehendes System sich in einem unveränderlichen Zustand be-

findet, der mittlere Wert der Lagrange'schen Funktion einen stationären Wert hat, so lange sich die Geschwindigkeiten der kontrollierbaren Koordinaten nicht ändern.

Wenn wir die kontrollierbaren Geschwindigkeitskoordinaten durch das Symbol q_1, die kontrollierbaren Koordinaten der Lage q_2 und die uneinschränkbaren Koordinaten mit q_3 bezeichnen, so erhalten wir mit Hilfe der Variationsrechnung die folgende Gleichung:

$$\delta\int_{t_0}^{t_1} L dt = \Sigma\left(\frac{dL}{d\dot{q}_2}\delta q_2\right)_{t_0}^{t_1} + \Sigma\left(\frac{dL}{d\dot{q}_3}\delta q_3\right)_{t_0}^{t_1} + \Sigma\int_{t_0}^{t_1}\frac{dL}{d\dot{q}_1}\delta\dot{q}_1\, dt$$

$$+\Sigma\int_{t_0}^{t_1}\left(\frac{dL}{dq_2}-\frac{d}{dt}\frac{dL}{d\dot{q}_2}\right)\delta q_2\, dt + \Sigma\int_{t_0}^{t_1}\left(\frac{dL}{dq_3}-\frac{d}{dt}\frac{dL}{d\dot{q}_3}\right)\delta q_3\, dt.$$

Mit Rücksicht auf die Lagrange'schen Gleichungen reduziert sich diese Gleichung auf

$$\delta L = \Sigma\int_{t_0}^{t_1}\frac{dL}{d\dot{q}_1}\delta\dot{q}_1\, dt + \Sigma\left(\frac{dL}{d\dot{q}_2}\delta q_2\right)_{t_0}^{t_1} + \Sigma\left(\frac{dL}{d\dot{q}_3}\delta q_3\right)_{t_0}^{t_1}. \quad (152).$$

Wir wollen annehmen, das Symbol der Variation beziehe sich auf eine gestörte Bewegung, in welcher die Werte der kontrollierbaren Koordinaten eine geringe Änderung erlitten haben, während die Geschwindigkeiten der Geschwindigkeitskoordinaten sowohl während der gestörten, als auch während der ungestörten Bewegung unverändert und konstant bleiben.

Wir wollen der gröſseren Deutlichkeit halber die drei Glieder auf der rechten Seite der Gleichung (152) einzeln betrachten, da die betreffenden Betrachtungen in jedem Falle andere sind.

72. Wir betrachten zuerst das Glied

$$\Sigma \int_{t_0}^{t_1} \frac{dL}{d\dot{q}_1}\, \delta \dot{q}_1\, dt.$$

Da wir annehmen, daſs in der gestörten Bewegung die Geschwindigkeiten der Geschwindigkeitskoordinaten unverändert sind, so ist $\delta \dot{q}_1$ immer null und folglich verschwindet das in Rede stehende Glied.

73. Wir wollen jetzt beweisen, daſs das Glied'

$$\left[\Sigma \frac{dL}{d\dot{q}_2}\, \delta q_2\right]_{t_0}^{t_1}$$

ebenfalls verschwindet. Da q_2 nicht eine Geschwindigkeitskoordinate ist, so muſs sie in dem Ausdruck L explicit vorkommen. Wenn daher die Bewegung unveränderlich ist, so verschwinden die Geschwindigkeiten der Koordinaten dieser Klasse. Diejenigen Glieder in L, welche die Geschwindigkeiten der Koordinaten der Lage enthalten, verschwinden immer, wenn die Bewegung unveränderlich ist. Sie tragen daher zu dem Mittelwert von L nichts bei, und wir können daher annehmen, daſs die Koeffizienten von Gliedern in der kinetischen Energie, welche die Geschwindigkeiten von Koordinaten der Lage enthalten, sämtlich null sind und daſs also $dL/d\dot{q}_2$ gleich null gesetzt werden kann. In dieser Weise erkennen wir, daſs die in Rede stehenden Glieder in dem Ausdruck für die Variation des mittleren Wertes der Lagrange'schen Funktion verschwinden.

74. Daſs die Glieder

$$\left[\frac{dL}{d\dot{q}_3}\, \delta q_3\right]_{t_0}^{t_1}$$

verschwinden, läſst sich mit Hilfe der Sätze beweisen,

welche Clausius in seiner Abhandlung über den zweiten Hauptsatz der mechanischen Wärmetheorie (Phil. Mag. XLII. p. 178) aufgestellt hat.

Wir wollen zunächst betrachten, was die mit q_3 bezeichneten Koordinaten sind. Es sind Koordinaten, welche die Lage der Moleküle des Systems fixieren und sie können in zwei Klassen eingeteilt werden, erstens Koordinaten, welche die Lage der Massenmittelpunkte der Moleküle fixieren, und zweitens Koordinaten, welche die Lage der Moleküle in Beziehung auf ihre Massenmittelpunkte fixieren. Die Bewegung der letzteren Koordinaten ist periodisch, die der ersteren dagegen nicht. Infolge der häufigen Zusammenstöfse zwischen den Molekülen wird die Bewegungsrichtung derselben fortwährend umgekehrt. Wenn daher die Lage eines Moleküls willkürlich geändert wird, so wird der Abstand zwischen der gestörten und der ungestörten Lage nicht mit der Zeit unbegrenzt wachsen. Der Unterschied wird bald positiv, bald negativ sein, aber er wird sich innerhalb gewisser Grenzen bewegen, die nicht mit der Zeit gröfser werden. Wenn daher q'_3 eine Koordinate dieser Art ist, so wird

$$\left[\frac{dL}{d\dot{q}'_3}\,\delta q'_3\right]_{t_0}^{t_1}$$

bald positive, bald negative Werte annehmen, die mit dem Intervall $t_0 - t_1$ nicht gröfser werden.

Genau dasselbe gilt für diejenigen Koordinaten, welche die Konfiguration eines Moleküls in Beziehung auf seinen Massenmittelpunkt fixieren, denn diese Koordinaten oszillieren und daher bewegt sich derjenige Teil von

$$\left[\frac{dL}{d\dot{q}_8}\,\delta q_8\right]_{t_0}^{t_1},$$

welcher von diesen Koordinaten abhängt, zwischen Grenzen, die nicht mit der Zeit $t_1 - t_0$ gröſser werden.

Da nun die Bewegung unveränderlich ist, so wird jede Veränderung, welche wir in irgend einer der das System fixierenden Koordinaten bewirken können, eine Veränderung in jedem Glied von

$$\int_{t_0}^{t_1} L dt$$

bewirken, welches proportional der Zunahme in dem Intervall $t_1 - t_0$ wachsen wird. Wenn wir daher über ein hinreichend groſses Intervall integrieren, so können wir alle Glieder auf der rechten Seite der Gleichung (152), die sich zwischen festen Grenzwerten bewegen, vernachlässigen und, sofern es sich um Koordinaten von der Art q_8 handelt,

$$\delta \int_{t_0}^{t_1} L dt = 0$$

setzen, wenn das Intervall $t_1 - t_0$ hinreichend groſs ist.

Wir haben aber gesehen, daſs dies auch für die Variationen der anderen Koordinaten q_1, q_2 richtig ist. Wenn daher die Bewegung unveränderlich ist, so ist

$$\delta\,(\overline{L}) = 0 \;\ldots\ldots\ldots\ldots\ldots (153),$$

wo $\overline{L}$ den mittleren Wert von L für die Zeiteinheit, z. B. eine Sekunde bezeichnet, und wo die Variationen solche sind, welche durch eine geringe Änderung der Koordinaten hervorgebracht werden können. Wir können annehmen, daſs eine Sekunde ein hinreichend langes Intervall für die Integration ist, da nach der

Molekulartheorie der Gase während dieser Zeit zahlreiche Zusammenstöſse und zahlreiche Schwingungen stattfinden.

75. In der vorhergehenden Untersuchung haben wir angenommen, daſs die Lagrange'sche Funktion L durch die Geschwindigkeiten der Koordinaten ausgedrückt ist, und der Beweis gilt nur für diesen Fall, nicht dagegen für den Fall, daſs die Geschwindigkeiten von Koordinaten eliminiert und an deren Stelle die entsprechenden Momente eingeführt werden.

Wir können jedoch in diesem Falle beweisen, daſs die modifizierte Lagrange'sche Funktion (§ 11) stationär ist, wenn sich das System in dem Zustand unveränderlicher Bewegung befindet.

Ist nämlich L' die modifizierte Lagrange'sche Funktion und q eine Koordinate, deren Geschwindigkeit nicht eliminiert worden ist, dann ist L' eine Funktion von $q, \dot{q} \ldots$ und den der anderen Koordinaten entsprechenden Momenten, und da

$$\frac{d}{dt}\frac{dL'}{d\dot{q}} - \frac{dL'}{dq} = 0,$$

so haben wir nach der Variationsrechnung

$$\delta\int_{t_0}^{t_1} L'dt = \left\{\Sigma \frac{dL'}{d\dot{q}}\,\delta q\right\}_{t_0}^{t_1} + \Sigma\int_{t_0}^{t_1} \frac{dL'}{dp}\,\delta p dt \quad (154),$$

wo p das einer der eliminierten Koordinaten entsprechende Moment ist. Wir können genau in derselben Weise wie vorher beweisen, daſs die rechte Seite der Gleichung (154) für alle Variationen verschwindet, in denen die den eliminierten Koordinaten entsprechenden Momente unverändert bleiben.

Wir haben daher in allen Fällen eine Gleichung von der Form

$$\delta \overline{L} = 0,$$

wo $\overline{L}$ der mittlere Wert der gewöhnlichen Lagrangeschen Funktion oder der modifizierten Form derselben ist, je nachdem sie die einigen Koordinaten entsprechenden Momente nicht enthält oder enthält.

76. In den physikalischen Anwendungen dieses Prinzips ist es zuweilen schwierig zu entscheiden, ob ein in L vorkommendes Symbol ein Moment oder eine Geschwindigkeit bedeutet. Es ist aber glücklicherweise nicht nötig, dies zu wissen, wenn wir die Lagrange'sche Funktion aus den Kräften berechnen, die zur Erhaltung des Gleichgewichts erforderlich sind. Denn wenn sich das System in einem unveränderlichen Zustand befindet, so ist die Kraft X vom Typus x, welche angewandt werden mufs, um das Gleichgewicht zu erhalten, gegeben durch die Gleichung

$$X = -\frac{dL}{dx},$$

wo L die Lagrange'sche Funktion oder die modifizierte Form derselben bedeutet, je nachdem die kinetische Energie die einigen Koordinaten entsprechenden Momente nicht enthält oder enthält. Daher ist nach dem, was wir soeben bewiesen haben,

$$-\Sigma \iint X dx dt \,\ldots\ldots\ldots\ldots (155),$$

wo die Summe für alle Koordinaten zu nehmen und X durch sie auszudrücken ist, der Ausdruck für die Glieder, welche von den kontrollierbaren Koordinaten in einer Funktion abhängen, welche die Eigenschaft hat, dafs sie einen stationären Wert annimmt, wenn sich das System, auf welche sie sich bezieht, in einem unveränderlichen Zustand befindet.

77. Um das Gesagte auf ein Beispiel anzuwenden, wollen wir uns eine schwere Partikel von der Masse m denken, die durch einen Faden von der Länge l mit einem festen Punkt verbunden ist und die sich so bewegt, dafs der Faden mit der Vertikalen einen konstanten Winkel ϑ bildet. Die kinetische Energie des Systems ist

$$\frac{1}{2} ml^2 \sin^2\vartheta\dot{\varphi}^2,$$

wo φ der Winkel ist, den die durch den Faden und eine Vertikallinie gelegte Ebene mit einer festen Ebene bildet. Das Kräftepaar Θ, welches auf das System wirken mufs, um ϑ konstant zu erhalten, ist

$$-ml^2 \sin\vartheta \cos\vartheta\dot{\varphi}^2.$$

Wenn das System unter dem Einflufs der Schwerkraft steht, so ist die potentielle Energie $-mgl\cos\vartheta$. Daher ist die Lagrange'sche Funktion

$$\frac{1}{2} ml^2 \sin^2\vartheta\dot{\varphi}^2 + mgl\cos\vartheta,$$

was geschrieben werden kann

$$-\int\Theta d\vartheta + mgl\cos\vartheta.$$

Dieser Ausdruck hat aber die Eigenschaft, stationär zu sein.

Wenn aber die Lagrange'sche Funktion durch Φ, das dem Winkel φ entsprechende und durch die Gleichung

$$\Phi = ml^2 \sin^2\vartheta\dot{\varphi}$$

gegebene Moment ausgedrückt ist, so wird die Lagrange'sche Funktion

$$\frac{1}{2ml^2}\,\Phi^2 \operatorname{cosec}^2\vartheta + mgl\cos\vartheta,$$

und dieser Ausdruck ist nicht stationär.

Die Funktion, welche diese Eigenschaft besitzt, ist die „modifizierte“ Lagrange’sche Funktion

$$-\frac{1}{2ml^2}\,\Phi^2 \operatorname{cosec}^2\vartheta + mgl\cos\vartheta.$$

Wenn aber Θ durch θ und Φ ausgedrückt wird, so ist es gleich

$$-\frac{1}{ml^2}\,\Phi^2\,\frac{\cos\vartheta}{\sin^2\vartheta}.$$

Also ist auch die „modifizierte“ Lagrange’sche Funktion

$$-\int \Theta d\theta + mgl\cos\vartheta.$$

Folglich ist der Ausdruck

$$-\int\Theta d\theta + mgl\cos\vartheta$$

stationär, einerlei ob Θ durch $\dot{\varphi}$ oder durch Φ ausgedrückt ist.

Wenn wir die Lagrange’sche Funktion aus den Kräften berechnen, die zur Erhaltung des Gleichgewichts erforderlich sind, so brauchen wir, wie dieses Beispiel zeigt, nicht zu berücksichtigen, ob sie durch die Geschwindigkeiten oder die Momente ausgedrückt ist.

78. Wenn wir bedenken, in welcher Weise die Gleichung

$$\delta\int_{t_0}^{t_1} Ldt = \Sigma\left(\frac{dL}{d\dot{q}}\,\delta q\right)_{t_0}^{t_1} \;\ldots\ldots\; (156)$$

bewiesen worden ist, so werden wir einen Punkt bemerken, der bei der Berechnung des Wertes der potentiellen Energie stets beachtet werden muſs.

Nach der Variationsrechnung ist

$$\delta \int_{t_0}^{t_1} L dt = \int_{t_0}^{t_1} \left\{ \frac{dL}{dq} - \frac{d}{dt} \frac{dL}{d\dot{q}} \right\} \delta q dt + \Sigma \left(\frac{dL}{d\dot{q}} \delta q \right)_{t_0}^{t_1}.$$

Wenn daher die Gleichung (156) richtig ist, so müssen wir haben

$$\frac{dL}{dq} - \frac{d}{dt} \frac{dL}{dq} = 0.$$

Nun ist in der gewöhnlichen Dynamik starrer Körper vielleicht die gebräuchlichste Form der Lagrange'schen Gleichung

$$\frac{d}{dt} \frac{dL}{d\dot{q}} - \frac{dL}{dq} = Q,$$

wo Q die äufsere Kraft vom Typus q ist, die diese Koordinate zu vergröfsern strebt. In diesem Falle ist $L = T - V'$, wo V' die potentielle Energie ist, wenn die Koordinaten ihren bestimmten Wert haben und das System frei von der Einwirkung äufserer Kräfte ist. Wenn wir dagegen die Gleichung (153) benutzen, so müssen wir $L = T - V$ setzen, wo

$$V = V' - \Sigma \int Q dq,$$

d. h. wir müssen zu der in Rede stehenden potentiellen Energie die potentielle Energie des Systems addieren, welches die äufseren Kräfte hervorbringt.

Die Lagrange'sche Gleichung kann jetzt geschrieben werden

$$\frac{d}{dt} \frac{dT}{d\dot{q}} - \frac{d}{dq} (T - V) = 0,$$

und die Gleichung (153) ist richtig.

So nehmen wir, um ein Beispiel anzuführen, in der Elektrostatik oft an, daſs die potentielle Energie V' der Volumeinheit eines Dielektrikums, dessen spezifische Induktionskapazität K ist und in welchem die den Achsen der x, y, z beziehungsweise parallelen elektrischen Verschiebungen f, g, h sind, gegeben ist durch den Ausdruck

$$\frac{4\pi}{K}\{f^2+g^2+h^2\},$$

und daſs die Gleichgewichtsbedingungen sind

$$\frac{dV'}{df}=X,\ \frac{dV'}{dg}=Y,\ \frac{dV'}{dh}=Z,$$

wo X, Y, Z die Komponenten der elektromotorischen Kraft beziehungsweise parallel zu den Achsen der x, y, z sind.

Wenn wir aber den in Rede stehenden Satz anwenden wollen, so müssen wir setzen

$$V=\frac{4\pi}{K}\{f^2+g^2+h^2\}-\{Xf+Yg+Zh\},$$

denn in diesem Falle sind die Gleichungen des Gleichgewichts

$$\frac{dV}{df}=\frac{dV}{dg}=\frac{dV}{dh}=0.$$

Wir dürfen daher bei der Behandlung derartiger Fragen nicht vergessen, daſs V so gewählt werden muſs, daſs die Bewegungsgleichungen von der Form

$$\frac{d}{dt}\frac{dT}{d\dot{q}}-\frac{d}{dq}(T-V)=0$$

sind.

ZEHNTES KAPITEL.

Die Berechnung der mittleren Lagrange'schen Funktion.

79. Da wir die Kräfte von den Typen der „kontrollierbaren" Koordinaten beobachten und regulieren können, so können wir bestimmen, wie sie von den Werten dieser Koordinaten abhängen und dann mit Hilfe des Ausdrucks (155) alle diejenigen Glieder in der mittleren Lagrange'schen Funktion berechnen, welche solche Koordinaten enthalten. Es können aber auch Glieder in der Lagrange'schen Funktion vorkommen, welche diese Gröfsen nicht enthalten, und wenn wir diese brauchen, so müssen wir dieselben durch andere Betrachtungen bestimmen. Eine grofse Anzahl von Problemen kann jedoch gelöst werden, ohne dafs wir die Werte dieser Glieder kennen.

Um eine Vorstellung von den verschiedenen Arten von Gliedern zu bekommen, die in der Lagrange'schen Funktion vorkommen können, wollen wir die Energie eines Systems betrachten, welches aus einer grofsen Anzahl von Molekülen besteht. In dem Ausdruck für die Energie können wir alle Glieder berechnen, welche die Koordinaten enthalten, durch die die elektrische, magnetische oder elastische Konfiguration des Systems fixiert wird, und in die Glieder, welche von den Deformationskoordinaten abhängen, können wir diejenigen Glieder einschliefsen, welche den mittleren Abstand der Moleküle enthalten. Es können aber aufserdem noch Glieder vorhanden sein, welche jedes Molekül unabhängig von den benachbarten Molekülen liefert und die keine der kontrollierbaren Koordinaten enthalten. Die Summe dieser Glieder mufs der Anzahl der Moleküle proportional und auch eine Funktion der Temperatur sein, weil der mittlere Zustand des Systems durch die kontrollierbaren Koordinaten und durch die Temperatur fixiert ist. Daher mufs die mittlere kinetische Energie eine Funktion dieser Gröfsen sein. Da vorausgesetzt wird, dafs die fraglichen Glieder die kontrollierbaren Koordinaten nicht enthalten, so ist die Temperatur die einzige Gröfse, von der sie abhängen können. Auch die potentielle Energie der Moleküle kann Glieder der Lagrange'schen Funktion liefern, welche die kontrollierbaren Koordinaten nicht enthalten und welche wir daher nicht nach Gleichung (155) berechnen können. Für die Zwecke, für die wir die Lagrange'sche Funktion benutzen, brauchen wir weiter nichts von ihr zu kennen, als die Änderung ihres Wertes, welche eintritt, wenn das System in einer bestimmten Weise verändert wird. Wenn wir nun die bei dem Eintritt der Änderung absorbierte oder entwickelte Wärme messen und wenn wir eine etwa stattfindende Änderung der kinetischen Energie kennen, so können wir die Änderung in demjenigen Teil der potentiellen Energie berechnen, welche von den kontrollierbaren Koordinaten unabhängig ist.

Die Methoden für die Berechnung des mittleren Wertes der Lagrange'schen Funktion werden am besten durch Ausführung einiger besonderer Fälle erläutert. Als erstes Beispiel möge ein vollkommenes Gas dienen.

Mittlerer Wert der Lagrange'schen Funktion für ein vollkommenes Gas.

80. Wir wollen annehmen, die Masseneinheit des Gases sei in einem mit einem Kolben versehenen Cylinder eingeschlossen und der Abstand des Kolbens von der Basis des Cylinders sei durch die Koordinate x dargestellt. Da der Druck des Gases eine Kraft ist, die den Wert von x zu ändern strebt, so mufs die mittlere Lagrange'sche Funktion für das System von Molekülen, die das Gas bilden, die Koordinate x enthalten.

Wenn H den mittleren Wert der Lagrange'schen Funktion des Systems bedeutet, so ist der mittlere Wert der Kraft vom Typus x, welche durch das System hervorgebracht wird, wenn es sich in einem unveränderlichen Zustand befindet, nach den Lagrange-schen Gleichungen

$$\frac{dH}{dx}.$$

Weil zwischen dem Druck des Gases und dem äufseren Druck Gleichgewicht vorhanden ist, ist

$$\frac{dH}{dx} = Ap,$$

wo p den Druck des Gases und A den Querschnitt des Kolbens bedeutet.

Wenn aber das Gas das Boyle'sche Gesetz befolgt, so ist

$$p = \frac{R\theta}{v},$$

wo v das Volum der Masseneinheit des Gases, θ die absolute Temperatur und R eine Konstante von der

Beschaffenheit bedeutet, dafs $R\vartheta$ gleich dem Quadrat der Schallgeschwindigkeit in dem Gase ist.

Nun ist

$$A = \frac{dv}{dx},$$

folglich

$$\frac{dH}{dx} = \frac{R\vartheta}{v}\frac{dv}{dx}.$$

Indem wir diese Gleichung integrieren, erhalten wir für H, soweit es von v und ϑ abhängt, die Gleichung

$$H = R\vartheta \log \frac{v}{v_0} + f(\vartheta) \ldots\ldots\ldots (157),$$

wo v_0 eine willkürliche Konstante und $f(\vartheta)$ eine willkürliche Funktion von ϑ bedeutet, die nicht x enthält. Sie entspricht demjenigen Teil der kinetischen Energie, welcher ganz von uneinschränkbaren Koordinaten abhängt. Wir werden später sehen, dafs sich eine grofse Anzahl von Problemen lösen läfst, ohne dafs man den Wert von $f(\vartheta)$ zu kennen braucht. Soweit $f(\vartheta)$ linear ist, kann sie in dem ersten Glied enthalten sein, da wir v_0 als ganz willkürlich ansehen können.

Der Ausdruck (157) giebt den mittleren Wert der Lagrange'schen Funktion an, soweit sie x enthält, auch enthält er denjenigen Teil der kinetischen Energie, welcher ganz durch uneinschränkbare Koordinaten ausgedrückt ist, da derselbe in dem Glied $f(\vartheta)$ enthalten sein kann. Um den Wert der kinetischen Energie zu vervollständigen, müssen wir von demselben die potentielle Energie w der Masseneinheit des Gases abziehen, wenn die Teilchen desselben unendlich weit voneinander entfernt sind, da dieses derjenige Teil der potentiellen Energie ist, welcher von uneinschränkbaren Koordinaten abhängt.

Daher ist für die Masseneinheit des Gases

$$H = R\theta \log \frac{v}{v_0} + f(\theta) - w,$$

oder wenn ϱ die Dichtigkeit des Gases ist,

$$H = R\theta \log \frac{\varrho_0}{\varrho} + f(\theta) - w.$$

Später, wenn wir die Erscheinung der Verdampfung betrachten, werden wir sehen, daſs $f(\theta)$ von der Form

$$A\theta + B\theta \log \theta \ldots\ldots\ldots\ldots (158)$$

ist.

Der Wert von H für eine Gasmenge m, deren Dichtigkeit ϱ ist, ist gegeben durch die Gleichung

$$H = mR\theta \log \frac{\varrho_0}{\varrho} + mf(\theta) - mw \ \ldots (159).$$

Dies ist die Lagrange'sche Funktion für das Gas selbst. Wenn ein äuſserer Druck auf dasselbe wirkt, so müssen wir zu diesem Werte die mittlere Lagrange'sche Funktion des den Druck ausübenden Systems addieren. Wir können annehmen, daſs dieses System ein auf den Kolben drückendes Gewicht ist. Der veränderliche Teil der potentiellen Energie desselben ist

$$pV,$$

wenn V das von dem Gas eingenommene Volum ist. Daher ist die Lagrange'sche Funktion dieses Systems

$$-pV$$

und folglich die Lagrange'sche Funktion beider Systeme

$$mR\theta \log \frac{\varrho_0}{\varrho} + mf(\theta) - mw - pV \ldots (160).$$

Mittlerer Wert der Lagrange'schen Funktion für einen flüssigen oder festen Körper.

81. Wir müssen jetzt dazu übergehen, den mittleren Wert H der Lagrange'schen Funktion für einen flüssigen oder festen Körper zu bestimmen. Wir wollen annehmen, ein Kolben, dessen Entfernung von einer festen Ebene x ist, drücke auf einen Stab der Substanz.

Wenn dann die Bewegung unveränderlich ist, so ist nach den Lagrange'schen Gleichungen

$$\frac{dH}{dx} = \text{mittlere von der Substanz ausgeübte Kraft, die } x \text{ zu vergrößern strebt,}$$

folglich

$$\frac{d^2H}{d\theta dx} = a \left(\frac{dp}{d\theta}\right)_{v \text{ konstant}},$$

wo p der Druck ist, der dieser Kraft entgegenwirken muss, und a der Querschnitt des Stabes. Der Differentialquotient $dp/d\theta$ wird unter der Voraussetzung gebildet, dass das Volum konstant ist.

Da

$$adx = dv,$$

so haben wir

$$\frac{d^2H}{d\theta dv} = \left(\frac{dp}{d\theta}\right)_{v \text{ konstant}}.$$

Folglich ist

$$\frac{dH}{dv} = \int_0^\theta \left(\frac{dp}{d\theta}\right)_{v \text{ konstant}} d\theta,$$

wo β der mittlere Wert von $(dp/d\theta)$ zwischen null und θ ist.

Es ist also

$$H = \theta \int_{v_0}^{v} \beta dv + f_1(\theta)$$
$$= \theta\gamma + f_1(\theta).$$

Da $f_1(\theta)$ eine willkürliche Funktion der Temperatur ist, ist es nicht nötig, bei der Integration eine willkürliche Funktion von v hinzuzufügen, da diese in der durch Deformation erzeugten potentiellen Energie enthalten ist.

Wenn die Masse der Substanz die Einheit ist, so ist

$$v = \frac{1}{\sigma},$$

wo σ die Dichtigkeit ist. Daher enthält der Ausdruck für H für die Masseneinheit der Substanz die Glieder

$$-\theta \int_{\sigma_0}^{\sigma} \frac{\beta}{\sigma^2} d\sigma + f_1(\theta).$$

Hiervon müssen wir w', die potentielle Energie der Masseneinheit, abziehen. Die Lagrange'sche Funktion für eine Masse m in der Substanz enthält also die Glieder

$$-m\theta \int_{\sigma_0}^{\sigma} \frac{\beta}{\sigma^2} d\sigma + mf_1(\theta) - mw'.$$

Wenn ein äufserer Druck vorhanden ist, so müssen wir hierzu den Ausdruck für den mittleren Wert der Lagrange'schen Funktion des den Druck erzeugenden Systems addieren. Derselbe ist, wie bei einem Gas

$$-pV',$$

wo p den äufseren Druck und V' das Volum des

festen oder flüssigen Körpers bedeutet. Wenn wir dieses Glied addieren, so erhalten wir

$$H = -m\vartheta \int_{\sigma_0}^{\sigma} \frac{\beta}{\sigma^2} d\sigma + mf_1(\vartheta) - mw' - pV'' . \quad (161).$$

Es darf nicht vergessen werden, dafs wir den Wert der Lagrange'schen Funktion nur für den einfachsten Fall berechnet haben, wenn sich der Körper in einem unveränderlichen Zustand befindet, wenn er frei von aller Deformation ist mit Ausnahme derjenigen, die mit der Temperatur untrennbar verbunden ist, und wenn er weder elektrisiert noch magnetisiert ist. Die Änderung in der Lagrange'schen Funktion, welche durch eine weitere Deformation, durch Elektrisierung oder durch Magnetisierung erzeugt wird, läfst sich ohne weiteres dadurch bestimmen, dafs man die Energie findet, welche zur Erzeugung dieses besonderen Zustandes erforderlich ist. Die durch statische Elektrisierung in H erzeugte Änderung z. B. ist gleich minus der potentiellen Energie der elektrischen Verteilung. Die durch ein System elektrischer Ströme, welche feste oder flüssige Körper durchfliefsen, bewirkte Änderung ist die durch diese Stromverteilung erzeugte kinetische Energie und kann mit Hilfe der gewöhnlichen Formeln der Elektrokinetik berechnet werden.

82. Die Probleme, welche wir jetzt durch Anwendung des Satzes, dafs der mittlere Wert der Lagrange'schen Funktion stationär ist, zu lösen versuchen wollen, sind diejenigen, welche oft mit Hilfe thermodynamischer Sätze gelöst werden können, indem man die Bedingung benutzt, dafs der Wert der Entropie des Systems stationär ist. Der Wert von

H mufs daher in einem sehr engen Zusammenhang mit dem Wert der Entropie stehen, und wir sehen in der That aus seinem Wert für ein vollkommenes Gas, welches unter einem äufseren Druck im Gleichgewicht ist, dafs mit Ausnahme des Gliedes pV die Glieder in H, welche von den kontrollierbaren Koordinaten abhängen, auch in dem Ausdruck für die Entropie vorkommen. Die Funktion H, welche eine direkte dynamische Bedeutung hat, scheint jedoch den Vorzug vor der Entropie zu verdienen, die sich nicht ausschliefslich auf rein dynamische Betrachtungen stützt.

ELFTES KAPITEL.

Verdampfung.

83. Wir wollen jetzt den Satz, dafs der Wert von H stationär ist, zur Lösung einiger spezieller physikalischer Probleme benutzen. Das erste Problem mag sein, den Gleichgewichtszustand zu finden, wenn eine gegebene Masse eines flüssigen oder festen Körpers in ein geschlossenes Gefäfs gebracht wird, aus welchem die Luft ausgepumpt ist. Ein Teil der Flüssigkeit wird verdampfen, und es fragt sich, wie weit die Verdampfung fortschreiten wird, bevor das Gleichgewicht erreicht wird. Dies ist gleichbedeutend mit der Frage, welches die Dichtigkeit eines Dampfes ist, wenn derselbe in Gegenwart der Flüssigkeit im Gleichgewicht ist.

Es seien v, v' beziehungsweise die von dem Dampf und der Flüssigkeit eingenommenen Volume, ξ die Masse des Dampfes, η die Masse der Flüssigkeit. Die übrigen Zeichen haben dieselbe Bedeutung wie in § 80 und 81.

Wenn wir annehmen, dafs der Dampf das Boyle'sche Gesetz befolgt, so sehen wir aus Gleichung (158), dafs der Dampf zu dem Ausdruck für H für das ganze System die Glieder

$$\xi R\theta \log \frac{v\varrho_0}{\xi} + \xi f(\theta) - \xi w \ldots\ldots (162)$$

beiträgt, da die Dichtigkeit ϱ des Dampfes gleich ξ/v ist.

Aus Gleichung (161) ergiebt sich, dafs die Flüssigkeit, wenn sie frei von Oberflächenspannung, Elektrisierung u. dergl. ist, zu demselben Ausdruck die Glieder

$$-\eta\theta \int_{\sigma_0}^{\sigma} \frac{\beta}{\sigma^2}\, d\sigma + \eta f_1(\theta) - \eta w' \ldots\ldots\ldots (163)$$

beiträgt.

Der mittlere Wert H der Lagrange'schen Funktion für die Flüssigkeit und den Dampf zusammen ist gleich der Summe von (162) und (163), also

$$H = \xi R\theta \log \frac{v\varrho_0}{\xi} + \xi f(\theta) + \eta f_1(\theta)$$
$$- \eta\theta \int_{\sigma_0}^{\sigma} \frac{\beta}{\sigma^2}\, d\sigma - \xi w - \eta w' \ldots\ldots (164).$$

Wenn Gleichgewicht vorhanden ist, so ist nach dem Hamilton'schen Prinzip (§ 75) der Wert von H stationär, so dafs in diesem Fall eine kleine Änderung den Wert auf der rechten Seite der Gleichung (164) nicht beeinflussen kann.

Die kleine Änderung, welche wir annehmen, soll darin bestehen, dafs die Masse des Dampfes um eine kleine Menge $\delta\xi$ zunimmt, während die Masse der

Flüssigkeit um dieselbe Menge abnimmt. Die Änderung in H ist

$$\frac{dH}{d\xi}\,\delta\xi.$$

Daher ist für den Fall, daſs Gleichgewicht vorhanden ist, nach dem Hamilton'schen Prinzip

$$\frac{dH}{d\xi}=0.$$

Wenn die Menge $\delta\xi$ der Flässigkeit verdampft, so vermindert sich das Volum der Flüssigkeit um $\delta\xi/\sigma$, so daſs wir haben

$$\frac{dv'}{d\xi}=-\frac{1}{\sigma},$$

und da das Volum des Dampfes und der Flüssigkeit konstant bleibt,

$$\frac{d}{d\xi}(v+v')=0,$$

und folglich

$$\frac{dv}{d\xi}=\frac{1}{\sigma}.$$

Nun ist

$$\frac{dH}{d\xi}=R\theta\log\frac{v\varrho_0}{\xi}-R\theta+\xi R\theta\frac{1}{v}\frac{dv}{d\xi}$$
$$+f(\theta)-f_1(\theta)+\gamma\theta-w+w',$$

wo

$$-\int_{\sigma_0}^{\sigma}\frac{\beta}{\sigma^2}\,d\sigma$$

der Kürze halber mit γ bezeichnet worden ist.

Wenn wir für $dv/d\xi$ seinen Wert einsetzen, so erhalten wir

$$\frac{dH}{d\xi} = R\theta \log \frac{v\varrho_0}{\xi} + \xi \frac{R\theta}{v\sigma} - (w - w') + \psi(\theta), \quad (165)$$

wenn man ψ (θ) schreibt für

$$(\gamma - R)\,\theta + f(\theta) - f_1\,(\theta),$$

eine Gröfse, die nicht ξ enthält. Da $\xi/v = \varrho$, so kann (165) in folgender Form geschrieben werden:

$$\frac{dH}{d\xi} = R\theta \log \frac{\varrho_0}{\varrho} + R\theta \frac{\varrho}{\sigma} - (w - w') + \psi(\theta).$$

Da $dH/d\xi$ für den Gleichgewichtszustand verschwindet, so haben wir in diesem Fall

$$R\theta \log \frac{\varrho_0}{\varrho} = - R\theta \frac{\varrho}{\sigma} + (w - w') - \psi(\theta) \quad . (166)$$

oder

$$\varrho = \varrho_0 \varepsilon^{\frac{\varrho}{\sigma} + \frac{\psi(\theta)}{R\theta}} \varepsilon^{-\frac{(w-w')}{R\theta}}.$$

Da ϱ/σ sehr klein ist, können wir dies schreiben

$$\varrho = \varphi\,(\theta)\,\varepsilon^{-\frac{(w-w')}{R\theta}} \quad \ldots\ldots\ldots (167),$$

wo $\varphi\,(\theta)$ irgend eine Funktion von θ bedeutet.

Bertrand (*Thermodynamique*, p. 93) hat gezeigt, dafs sich die Ergebnisse von Regnault's Versuchen über den Dampfdruck verschiedener Flüssigkeiten durch die folgenden Ausdrücke darstellen lassen, in denen p den Druck in Millimetern Quecksilber bedeutet:

Wasser: $\log p = 17.44324 - 2795/\theta - 3.8682 \log \theta$,
Äther: $\log p = 13.42311 - 1729/\theta - 1.9787 \log \theta$,
Alkohol: $\log p = 21.44686 - 2743/\theta - 4.2248 \log \theta$,
Chloroform: $\log p = 19.29792 - 2179/\theta - 3.91583 \log \theta$,
Schwefelkohlenstoff: $\log p = 12.58852 - 1684/\theta - 1.7689 \log \theta$.

Diese Ausdrucksform wurde ursprünglich von Dupré (*Théorie Mécanique de la Chaleur*, p. 97) benutzt.

Der Koeffizient von $1/\theta$ in jedem dieser Ausdrücke ist nahezu λ_0/R, wo λ_0 die latente Wärme der Substanz bei dem absoluten Nullpunkt der Temperatur ist. Dies ist das Glied $(w - w')/\theta$ in unserem Ausdruck (116) und $w - w'$ ist die latente Wärme beim absoluten Nullpunkt. Wenn man daher die anderen Glieder in diesen Ausdrücken vergleicht, so erkennt man, dafs $f(\theta)$ von der Form

$$A\theta + B\theta \log \theta$$

sein mufs.

84. Mit Hilfe der vorhergehenden Formeln läfst sich sehr leicht der Einflufs bestimmen, den eine geringe Veränderung in dem physikalischen Zustand der Flüssigkeit oder des Dampfes auf den Dampfdruck ausübt.

Wir wollen annehmen, die physikalischen Bedingungen würden so verändert, dafs die mittlere Lagrange'sche Funktion ihren bisherigen Wert um χ überschreitet. Dann haben wir offenbar statt Gleichung (167)

$$R\theta \log \frac{\varrho_0}{\varrho} + R\theta \frac{\varrho}{\sigma} + \psi(\theta) - (w - w') + \frac{d\chi}{d\xi} = 0.$$

Daher ist die Änderung in der Dampfdichte, die durch die Ursache erzeugt wird, die in der mittleren Lagrange'schen Funktion die Änderung χ hervorbrachte, gegeben durch die Gleichung

$$-R\theta \frac{\delta\varrho}{\varrho} + R\theta \frac{\delta\varrho}{\sigma} + \frac{d\chi}{d\xi} = 0$$

oder $$\delta\varrho = \frac{1}{R\theta} \frac{\varrho\sigma}{\sigma-\varrho} \frac{d\chi}{d\xi} \quad \text{(168)}.$$

Wenn daher χ mit wachsendem ξ zunimmt, so wird der Dampfdruck im Gleichgewichtszustand gröfser, wenn dagegen χ mit wachsendem ξ abnimmt, so wird der Gleichgewichtsdampfdruck kleiner. Dieser sehr wichtige Satz ist nur ein besonderer Fall des folgenden allgemeinen Satzes: *Wenn die physikalische Umgebung eines Systems eine geringe Veränderung erleidet und die entsprechende Änderung in der mittleren Lagrange'schen Funktion mit dem Fortschreiten irgend eines physikalischen Prozesses zunimmt, so mufs dieser Prozefs in dem veränderten System weiter fortschreiten, bevor das Gleichgewicht erreicht ist, als in dem unveränderten; wenn dagegen die Änderung in der mittleren Lagrange'schen Funktion mit dem Fortschreiten des Prozesses abnimmt, so mufs er nicht so weit fortschreiten.* Wir werden im Folgenden zahlreiche Anwendungen dieses Satzes kennen lernen.

85. Wir wollen jetzt den Einflufs der Oberflächenspannung auf den Dampfdruck untersuchen. Um einen bestimmten Fall anzunehmen, wollen wir uns denken, die Flüssigkeit sei ein sphärischer Tropfen. Derselbe besitzt infolge der Oberflächenspannung potentielle Energie, die seiner Oberfläche proportional ist, und da die Oberfläche des Tropfens infolge der Verdampfung des Wassers kleiner wird, so ändert sich die durch die Oberflächenspannung bewirkte Energie. Da nun jede Ursache, welche die Energie mit fortschreitender Verdampfung ändert, den Gleichgewichtszustand ändert, so kann der Dampfdruck für den Zustand des Gleichgewichts in diesem Falle nicht derselbe

sein, als wenn die Oberfläche und also die durch Oberflächenspannung erzeugte Energie nicht durch Verdampfung verändert wird.

Wenn a der Radius des Tropfens und T die durch Oberflächenspannung erzeugte Energie für die Flächeneinheit ist, dann enthält der Ausdruck für die potentielle Energie der Flüssigkeit aufser den Gliedern, die wir bereits betrachtet haben, das Glied

$$4\pi a^2 T,$$

und daher enthält die mittlere Lagrange'sche Funktion für die Flüssigkeit und den Dampf noch das Glied

$$-4\pi a^2 T.$$

Daher ist nach unserer früheren Bezeichnung

$$\chi = -4\pi a^2 T.$$

Nun ist

$$\frac{1}{a}\frac{da}{d\xi} = \frac{1}{3}\frac{1}{v'}\frac{dv'}{d\xi},$$

und daher

$$= -\frac{1}{3v'\sigma},$$

folglich

$$\frac{da}{d\xi} = -\frac{1}{4\pi a^2 \sigma} \quad \ldots\ldots\ldots\ldots (169)$$

und also

$$\frac{d\chi}{d\xi} = \frac{2T}{a\sigma}.$$

Wenn daher $\delta\varrho$ die durch die Oberflächenspannung bewirkte Änderung in der Dampfdichte ist, so haben wir nach Gleichung (168)

$$\delta\varrho = \frac{2\varrho}{\sigma - \varrho}\frac{T}{a}\frac{1}{R\theta} \quad \ldots\ldots\ldots\ldots (170),$$

und wenn δp die Änderung in dem Dampfdruck ist, so ergiebt sich, weil

$$\delta p = R\theta\delta\varrho,$$

aus Gleichung (170)

$$\delta p = \frac{2\varrho}{\sigma - \varrho}\,\frac{T}{a} \qquad \text{(171)}.$$

Diese Formel stimmt mit der von Sir William Thomson in den *Proceedings of the Royal Society of Edinburgh* (7. Feb. 1870) gegebenen und in Maxwell's *Theory of Heat* (5. Aufl. p. 290) angeführten Formel überein.

Wenn wir den Radius eines Wassertropfens gleich 0.1 mm annehmen, so erhalten wir aus (170) für eine Temperatur von ungefähr 10^0 C, da $R\theta$ für Wasserdampf ungefähr 1.3×10^9 ist,

$$\frac{\delta\varrho}{\varrho} = \frac{200}{1.3 \times 10^9} \times T,$$

und weil $T = 81$,

$$\frac{\delta\varrho}{\varrho} = 1.2 \times 10^{-5}.$$

Wir sehen, dafs die durch Oberflächenspannung erzeugte Energie die Lagrange'sche Funktion mit fortschreitender Verdampfung gröfser macht. Nach dem am Ende von § 84 gegebenen Satz mufs sie also bewirken, dafs die Verdampfung weiter fortschreitet, als sonst der Fall sein würde.

Wenn sich das Wasser in engen Kapillarröhren befindet, so wird durch die Verdampfung die Berührungsfläche zwischen dem Rohr und dem Wasser verkleinert, dagegen die Berührungsfläche zwischen dem Rohr und der Luft vergröfsert. Da die Oberflächenspannung an der Trennungsfläche von Rohr und Luft grösser ist als an der Trennungsfläche von Rohr und Wasser, so nimmt die durch die Oberflächenspannung erzeugte potentielle Energie mit fortschreitender Verdampfung zu. Die mittlere Lagrange'sche Funktion wird also kleiner, wenn die Flüssigkeit verdampft, so dass nach dem Satz des § 84 die Wirkung der Oberflächenspannung in diesem Falle darin bestehen muss, dass sie die Verdampfung verzögert und die Kondensation befördert. Wenn a der Radius des Rohrs ist, so ist in diesem Falle, wie leicht zu beweisen ist,

$$\delta p = -\frac{2\varrho}{\sigma - \varrho}\,\frac{T}{a}.$$

86. *Einfluss einer Ladung Elektrizität auf den Dampfdruck.* Mit Hilfe der Formel (168) können wir den Einfluss ermitteln, den die Elektrisierung der Flüssigkeit auf die Dampfdichte ausübt. Wenn der Flüssigkeit, die wir uns in Gestalt einer Kugel vom Radius a denken wollen, die Ladung e mitgeteilt wird, so wird die potentielle Energie um

$$\frac{1}{2K}\,\frac{e^2}{a}$$

vergrössert, wo K die spezifische Induktionskapazität des umgebenden Mediums bedeutet.

Die mittlere Lagrange'sche Funktion der Flüssigkeit und ihres Dampfes wird um ebensoviel vermindert. Blake's Versuche über die Verdampfung elektrisierter Flüssigkeiten (Wiedemann's *Elektrizität*, IV. p. 1212) zeigen, dass e konstant bleibt, wenn die Flüssigkeit verdampft, mit anderen Worten, dass der von der elektrisierten Flüssigkeit kommende Dampf nicht elektrisiert ist. Das neue Glied $-e^2/2Ka$ in der mittleren Lagrange'schen Funktion wird also kleiner, wenn die Flüssigkeit verdampft, und daher wird nach dem Satz des § 84 die Verdampfung nicht soweit fortschreiten, als vorher, d. h. die Dampfdichte wird, wenn Gleichgewicht vorhanden ist, durch Elektrisierung der Flüssigkeit vermindert.

Die Gröſse dieser Verminderung können wir leicht nach Gleichung (168) berechnen.

In diesem Falle ist

$$\chi = -\frac{1}{2K}\frac{e^2}{a},$$

und daher

$$\frac{d\chi}{d\xi} = \frac{1}{2}\frac{e^2}{Ka^2}\frac{da}{d\xi}.$$

Substituiert man den durch (169) gegebenen Wert von $da/d\xi$, so erhält man

$$\frac{d\chi}{d\xi} = -\frac{1}{8\pi K}\frac{e^2}{a^4\sigma}.$$

Wenn daher $\delta\varrho$ die durch die Elektrisierung bewirkte Änderung in der Dampfdichte ist, so ist nach (168)

$$\delta\varrho = -\frac{1}{R\theta}\frac{\varrho}{\sigma-\varrho}\frac{e^2}{8\pi K a^4} \quad \ldots\ldots (172).$$

Um die Gröſse dieser Wirkung zu berechnen, wollen wir $K = 1$ annehmen. Dann ist e/a^2 die elektrische Kraft unmittelbar auſserhalb der Kugel und dieselbe kann einen gewissen Wert nicht überschreiten, da sonst das Isolierungsvermögen der Luft aufhören und die Elektrizität entweichen würde. Der gröſste Wert von e/a^2, wenn die Kugel von Luft unter dem Druck einer Atmosphäre umgeben ist, ist in elektrostatischem Maſs ungefähr 120, und da σ die Einheit und ϱ ein kleiner Bruch ist, so ist die gröfste Änderung in der Dampfdichte gegeben durch die Gleichung

$$\frac{\delta\varrho}{\varrho} = -1.44 \times 10^4 \times \frac{1}{8\pi R\theta}.$$

Nun ist $R\theta$ für Wasserdampf bei 10^0 C ungefähr 1.3×10^9, so dafs

$$\frac{\delta\varrho}{\varrho} = -4 \times 10^{-7}.$$

Dieser Wert ist unabhängig von der Gröfse des Tropfens. Vergleicht man die Gleichungen (170) und (172), so erkennt man, dafs die gröfste Wirkung der Elektrisierung ungefähr ebenso grofs ist, aber das entgegengesetzte Zeichen hat als die Wirkung einer Krümmung von $^1/_4$ Centimeter.

Die Wirkung der Elektrisierung besteht darin, dafs sie die Dampfdichte vermindert, wenn die Flüssigkeit mit dem Dampf im Gleichgewicht ist. Sie steigert daher das Bestreben des Dampfes, sich auf der Flüssigkeit niederzuschlagen. Es läfst sich daher erwarten, dafs elektrische Regentropfen gröfser sind als unelektrische, und es ist denkbar, dafs dieser Umstand bei der Bildung der grofsen Regentropfen, die bei Gewittern niederfallen, mitwirkt.

87. *Einflufs eines elektrischen Feldes auf den Dampfdruck.* Die Elektrizität übt auch einen Einflufs auf den Dampfdruck aus, wenn der Tropfen nicht geladen, sondern nur in ein elektrisches Feld gebracht wird. Wir wollen annehmen, das Feld sei durch eine im Punkt P angesammelte Elektrizitätsmenge e erzeugt, der Radius des Wassertropfens, den wir uns als kugelförmig denken wollen, sei a und der Abstand des Mittelpunktes des Tropfens von P sei f. Dann

ist (Maxwell's *Elektricity and Magnetism*, I. p. 232) die durch die gegenseitige Einwirkung des elektrischen Punktes und des Wassertropfens erseugte potentielle Energie

$$-\frac{1}{2K}\frac{e^2a^3}{f^2(f^2-a^2)},$$

folglich die Zunahme in der mittleren Lagrange'schen Funktion

$$\frac{1}{2K}\frac{e^2a^3}{f^2(f^2-a^2)}$$

und daher ist die Änderung $\delta\varrho$ in der Dampfdichte für den Gleichgewichtszustand gegeben durch die Gleichung

$$\frac{\delta\varrho}{\varrho}=\frac{1}{R\theta}\frac{\sigma}{\sigma-\varrho}\frac{1}{K}\left\{\frac{3}{2}\frac{e^2a^2}{f^2(f^2-a^2)}+\frac{e^2a^4}{f^2(f^2-a^2)^2}\right\}\frac{da}{d\xi}.$$

Durch Einsetzung des Wertes von $da/d\xi$ aus (169) erhält man

$$\frac{\delta\varrho}{\varrho}=-\frac{1}{R_\theta K}\frac{e^2}{\sigma-\varrho}\left\{\frac{3}{2}\frac{1}{f^2(f^2-a^2)}+\frac{a^2}{f^2(f^2-a^2)^2}\right\}\frac{1}{4\pi}.$$

Wenn a im Vergleich mit f sehr klein ist, so ist annähernd

$$\frac{\delta\varrho}{\varrho}=-\frac{3}{8\pi}\frac{1}{RK_\theta}\frac{1}{\sigma-\varrho}\frac{e^2}{f^4}.$$

Nun ist e/Kf^2 die durch den elektrisierten Punkt im Mittelpunkt des Tropfens erzeugte Kraft. Wenn wir dieselbe F nennen und bedenken, daſs σ im Vergleich mit ϱ sehr klein ist, so erhalten wir

$$\frac{\delta\varrho}{\varrho}=-\frac{3KF^2}{8\pi\sigma R_\theta}\dots\dots\dots\dots(173).$$

Die Wirkung der Elektrisierung auf einen benachbarten Körper besteht also ebenfalls in einer

Verminderung der Dampfdichte im Gleichgewichtszustand. Die Formel (173) gilt offenbar auch dann, wenn das Feld nicht durch einen elektrisierten Punkt hervorgebracht wird, vorausgesetzt, daſs sich die Kraft F an dem Tropfen in einer mit dem Radius des Tropfens vergleichbaren Entfernung nicht viel ändert.

88. *Einfluſs der Deformation auf den Dampfdruck.* Wir wollen jetzt untersuchen, in welcher Weise der Dampfdruck von dem Kompressionszustand der Flüssigkeit abhängt. Wir wollen annehmen, auf die Flüssigkeit wirke der Druck p. Wenn dann k der Modulus des Widerstandes gegen Kompression ist, so ist die potentielle Energie, welche diese Deformation in der Flüssigkeit erzeugt,

$$\frac{1}{2}\frac{p^2}{k}\frac{\eta}{\sigma},$$

so daſs

$$\frac{d\chi}{d\xi} = \frac{1}{2}\frac{p^2}{\sigma k},$$

und daher nach Gleichung (168)

$$\frac{\delta\varrho}{\varrho} = \frac{1}{2}\frac{1}{R_\vartheta}\frac{1}{\sigma-\varrho}\frac{p^2}{k} \quad \ldots\ldots\ldots (174),$$

oder annähernd

$$\frac{\delta\varrho}{\varrho} = \frac{1}{2R\vartheta}\frac{p^2}{\sigma k} \ldots\ldots\ldots\ldots (175).$$

Für Wasser ist $k = 2.2 \times 10^{10}$. Daher ist der Einfluſs einer durch einen Druck von 1000 Atmosphären erzeugten Kompression auf den Dampfdruck bei 15° C gegeben durch die Gleichung

$$\frac{\delta\varrho}{\varrho} = \frac{1}{56}.$$

Für Äther ist der entsprechende Wert annähernd

$$\frac{\delta\varrho}{\varrho} = \frac{1}{5}.$$

Im folgenden Paragraphen wollen wir eine andere Wirkung des Druckes betrachten, welche mit Ausnahme von sehr grofsen Drucken gröfser ist, als diejenige, welche wir soeben betrachtet haben.

89. *Einflufs der Gegenwart eines Gases, welches auf den Wasserdampf nicht chemisch einwirkt, auf den Gleichgewichtsdampfdruck.* Man nimmt allgemein an, dafs der Gleichgewichtsdampfdruck des Wassers nur von der Temperatur des Wassers abhängt, dagegen nicht von dem Druck, der von einem indifferenten Gas ausgeübt wird, dafs derselbe z. B. in einem luftleeren Raum derselbe ist wie unter dem Atmosphärendruck. Wenn wir jedoch bedenken, dafs bei dem Verdampfen eines Teils der Flüssigkeit die Luft über derselben sich ausdehnen und Arbeit leisten mufs, so sehen wir, dafs dies nicht der Fall sein kann. Da nämlich die Verdampfung von einer Abnahme der Dichtigkeit der Luft und daher von einer Zunahme ihrer mittleren Lagrange'schen Funktion begleitet ist, so mufs sie nach dem Satz des § 84 in Gegenwart von Luft weiter fortschreiten, als im luftleeren Raum, so dafs die Dampfdichte durch die Gegenwart der Luft erhöht wird. Wir wollen jetzt die Gröfse dieser Zunahme untersuchen und wollen dabei zwei Fälle unterscheiden. In dem ersten Fall wollen wir annehmen, dafs die Luft und die Flüssigkeit in einem geschlossenen Gefäfs enthalten sind, dessen Volum konstant bleibt.

Es seien ξ, η, ζ beziehungsweise die Massen des Dampfes, des Wassers und der Luft, w, w_1, w_2 beziehungsweise die mittlere potentielle Energie der Masseneinheit dieser drei Substanzen.

Dann ist die mittlere Lagrange'sche Funktion für den Wasserdampf

$$\xi R\vartheta \log \frac{v\varrho_0}{\xi} + \xi f(\vartheta) - \xi w,$$

wo v das Volum des Gefäſses über der Flüssigkeit ist.

Die mittlere Lagrange'sche Funktion für das Wasser ist nach Gleichung (161)

$$\eta\gamma\vartheta + \eta f_1(\vartheta) - \eta w_1$$

und die mittlere Lagrange'sche Funktion für die Luft ist

$$\zeta R_2\vartheta \log \frac{v\varrho_0}{\zeta} + \zeta f_2(\vartheta) - \zeta w_2.$$

Wenn daher eine Menge $d\xi$ der Flüssigkeit verdampft, so ergiebt sich, weil $dv/d\xi = 1/\sigma$, aus der Bedingung, daſs $dH/d\xi = 0$, die Gleichung

$$\vartheta \log \frac{v\varrho_0}{\xi} + \frac{\xi R\vartheta}{v\sigma} - R\vartheta + f(\vartheta) - f_1(\vartheta) - \gamma\vartheta - (w - w_1) + \frac{\zeta R_2\vartheta}{\sigma v} =$$

Wenn nun $\sigma\varrho$ die durch die Gegenwart der Luft bewirkte Änderung in ϱ und δw_1 die entsprechende Änderung in w_1 ist, so haben wir nach dieser Gleichung

$$-\frac{R\vartheta\delta\varrho}{\varrho} + \frac{R\vartheta\delta\varrho}{\sigma} + \delta w_1 + \frac{\zeta R_2\vartheta}{\sigma v} = 0 \quad (176).$$

Die Gegenwart der Luft erhöht den Druck und bewirkt also, daſs die Flüssigkeit stärker zusammengedrückt wird, als wenn die Luft nicht da wäre. Daher wird durch die Gegenwart der Luft w_1 vergröſsert. Wenn δe die durch den Druck der Luft p' bewirkte Kompression und p den von dem Wasserdampf ausgeübten Druck bedeutet, so ist δw_1 proportional zu $(p + p')\,\delta e$ und solange der Druck der Luft nicht eine Höhe von vielen tausend Atmosphären erreicht, so ist dieses Glied sehr klein im Vergleich mit

$$\frac{\zeta R_2 \theta}{\sigma v},$$

welches gleich p'/σ ist.

Die Gleichung (176) kann daher geschrieben werden

$$-\frac{R\theta\delta\varrho}{\varrho} + \frac{R\theta\delta\varrho}{\sigma} + \frac{p'}{\sigma} = 0,$$

oder, da σ sehr grofs im Vergleich mit ϱ ist,

$$R\theta\,\frac{\delta\varrho}{\varrho} = \frac{p'}{\sigma} \quad \ldots\ldots\ldots\ldots (177).$$

Wenn nun δp die Änderung in dem Druck des Wasserdampfes bedeutet, die durch die Gegenwart der Luft bewirkt wird, so ist

$$R\theta\,\delta\varrho = \delta p,$$

so dafs die Gleichung (177) übergeht in

$$\frac{\delta p}{\varrho} = \frac{p'}{\sigma}.$$

Wenn aber ϱ' die Dichtigkeit des Dampfes beim Druck p' ist, dann ist

$$\frac{p}{\varrho} = \frac{p'}{\varrho'}$$

und die Gleichung (177) verwandelt sich in

$$\frac{\delta p}{p} = \frac{\varrho'}{\sigma}.$$

Daher ist die Änderung des Dampfdruckes, die durch

einen äufseren Druck von einer Atmosphäre erzeugt wird, gegeben durch die Gleichung

$$\frac{\delta p}{p} = \frac{\text{Dichtigkeit des Dampfes bei einem Atmosphärendruck}}{\text{Dichtigkeit des Wassers}}$$

$$= \frac{1}{1200} \text{ bei } 0^0 \text{ C.}$$

Für jeden Atmosphärendruck wird also der Dampfdruck des Wassers um ungefähr den zwölfhundertsten Teil erhöht. Für Äther beträgt die Erhöhung ungefähr 1/220.

90. Der zweite Fall, den wir betrachten wollen, ist der, dafs der auf das System wirkende Druck konstant bleibt. Wir wollen dieselbe Bezeichnung benutzen wie im ersten Fall. Die einzige Änderung, welche wir in der mittleren Lagrange'schen Funktion vorzunehmen haben, besteht darin, dafs wir derselben diejenige des Systems zu addieren haben, welches den unveränderlichen äufseren Druck ausübt. Um uns eine bestimmte Vorstellung von diesem System zu machen, können wir uns dasselbe als eine Menge Quecksilber vorstellen, die auf den vertikal aufwärts und abwärts beweglichen Kolben drückt. Wenn dann P der unveränderliche Druck auf die Flächeneinheit ist, so ist die potentielle Energie gleich

$$P(v + v'),$$

folglich die mittlere Lagrange'sche Funktion dieses Systems

$$-P(v + v'),$$

wo v' das Volum der Flüssigkeit bedeutet.

Die Bedingung $\frac{dH}{d\xi} = 0$

giebt

$$R\vartheta \log \frac{\varrho_0}{\varrho} - R\vartheta + \frac{\xi R\vartheta}{v}\frac{dv}{d\xi} + f(\vartheta) - f_1(\vartheta) - \gamma\vartheta - (w - w_1)$$
$$+ \frac{\zeta R_2 \vartheta}{v}\frac{dv}{d\xi} - P\left(\frac{dv}{d\xi} + \frac{dv'}{d\xi}\right) = 0.$$

Nun ist
$$\frac{\xi R\vartheta}{v} = p$$
und
$$\frac{\zeta R_2 \vartheta}{v} = p',$$
wo p und p' beziehungsweise die durch den Wasserdampf und die Luft ausgeübten Drucke bedeuten.

Weil
$$P = p + p'$$
und
$$\frac{dv'}{d\xi} = -\frac{1}{\sigma},$$
reduziert sich die obige Gleichung auf

$$R\vartheta \log \frac{\varrho_0}{\varrho} - R\vartheta + f(\vartheta) - f_1(\vartheta) - \gamma\vartheta - (w - w_1) + \frac{P}{\sigma} = 0,$$

oder, wenn $\delta\varrho$ die durch den äußeren Druck bewirkte Änderung ist,
$$R\vartheta \frac{\delta\varrho}{\varrho} = \frac{P}{\sigma}$$
oder
$$\frac{\delta p}{\varrho} = \frac{P}{\sigma},$$
ein ähnliches Resultat wie im ersten Falle.

Wir sehen aus diesem Resultat, daß (abgesehen von anderen Ursachen) Regentropfen sich bei niedrigem Barometerstand leichter bilden müssen, als bei hohem.

Aus Versuchen von Regnault scheint hervorzugehen, daß der Dampfdruck in einem luftleeren Raum um nahezu 5 Prozent größer ist, als wenn sich Luft vom Druck einer Atmosphäre über der Flüssigkeit befindet (Wüllner, *Lehrbuch der Physik*, III. p. 703). Er schrieb jedoch diesen Unterschied der Kondensation der Flüssigkeit an den Seiten des Gefäfses zu. Auch die Absorption von Luft durch die Flüssigkeit kann eine solche Wirkung hervorbringen, die aber, wie die folgende Untersuchung zeigen wird, bei weitem nicht die Höhe von 5 Prozent erreicht.

91. *Einflufs absorbierter Luft auf den Dampfdruck.* Wenn die Flüssigkeit ein durch das Volum gleichmäfsig verteiltes Gas enthält, welches bei der Verdampfung zurückbleibt, so bewirkt die Verdampfung der Flüssigkeit, dafs das von dem Gas eingenommene Volum kleiner und die Dichtigkeit desselben gröfser wird. Daher wird nach (157) die mittlere Lagrange'sche Funktion infolge der Verdampfung kleiner, so dafs nach § 84 die Gegenwart des in dem Volum gelösten Gases den Gleichgewichtsdampfdruck vermindert.

Wenn ε die Masse des gelösten Gases und v' das Volum der Flüssigkeit ist, in welcher sie gelöst ist, dann ist die Lagrange'sche Funktion des Gases

$$\varepsilon R'\theta \log \frac{v'\varrho_0}{\varepsilon} - \varepsilon w' + f'(\theta) \ldots\ldots (178),$$

wo w' die potentielle Energie der Masseneinheit des gelösten Gases bedeutet.

Der Ausdruck (178) ist die in § 84 mit χ bezeichnete Gröfse. Die einzige Variable in χ, welche ξ enthält, ist v' und $dv'/d\xi = -1/\sigma$. Also haben wir

$$\frac{d\chi}{d\xi} = -\frac{R'\theta\varepsilon}{v'\sigma}$$

und folglich nach (168)

$$R\theta \frac{\delta\varrho}{\varrho} = -\frac{1}{\sigma-\varrho}\frac{R'\theta\varepsilon}{v'} \ldots\ldots (179).$$

Wenn δp die durch das gelöste Gas bewirkte Zunahme der Dampfdichte ist und P der Druck, den dieses Gas ausüben würde, wenn es für sich allein ohne die Flüssigkeit das Volum v' einnähme, dann läſst sich, weil

$$R\theta\delta\varrho = \delta p$$

und

$$\frac{R'\theta\varepsilon}{v'} = P,$$

die Gleichung (179) in folgender Weise schreiben:

$$\delta p = -\frac{\varrho}{\sigma - \varrho} P.$$

Da aber ϱ im Vergleich mit σ sehr klein ist, so ist annähernd

$$\delta p = -\frac{\varrho}{\sigma} P \qquad \text{(180)},$$

oder wenn p der Dampfdruck und ϱ' die Dichtigkeit des Dampfes beim Atmosphärendruck π ist, so läſst sich Gleichung (180) schreiben:

$$\frac{\delta p}{p} = -\frac{\varrho'}{\sigma}\frac{P}{\pi}.$$

Da nun ϱ'/σ ungefähr gleich 1/1200 ist, so ist

$$\frac{\delta p}{p} = -\frac{1}{1200}(P),$$

wo (P) den Druck P in Atmosphären ausgedrückt bedeutet.

Die Volume verschiedener Gase, welche ein Volum Wasser bei 0° C und unter einem Druck von 760 mm Quecksilber absorbiert, sind von Bunsen ermittelt worden. Die von ihm gefundenen Werte sind die folgenden:

Wasserstoff	0.019
Stickstoff	0.0203
Luft	0.0247
Kohlensäure	1.79
Chlor	3.0361.

Nach Gleichung (180) wird daher der Dampfdruck des Wassers, wenn es mit Luft gesättigt ist, um ungefähr 1/50000, wenn es mit Kohlensäure gesättigt ist, um ungefähr 1/660, und wenn es mit Chlor gesättigt ist, um ungefähr 1/400 vermindert.

Bei dieser Untersuchung haben wir angenommen, dafs die Eigenschaften der Flüssigkeit durch die Gegenwart des Gases nicht verändert werden. Wenn dies der Fall ist, so müssen wir γ und w' als Funktionen von ε betrachten, was die Einführung einiger weiterer Glieder in die Gleichung für δp zur Folge haben würde. Wir haben ferner angenommen, dafs das Gas zurückbleibt, wenn die Flüssigkeit verdampft, und in diesem Falle ist die Verminderung des Dampfdrucks gröfser, als wenn bei der Verdampfung ein Teil des Gases aus der Flüssigkeit entwichen wäre.

92. *Der Einflufs von gelöstem Salz auf den Dampfdruck.* Van 't Hoff („L'équilibre chimique dans les systèmes gazeux ou dissous à l'état dilué", *Archives Neerlandais*, XX. p. 239, 1886) hat darauf aufmerksam gemacht, dafs die Versuche von Pfeffer über den durch in Wasser gelöste Salze ausgeübten osmotischen Druck (Pfeffer, *Osmotische Untersuchungen,* Leipzig 1877) und die Versuche von Raoult über den Einflufs gelöster Salze auf den Gefrierpunkt von Lösungen (*Annales de Chimie*, 6me serie, IV. p. 401) beweisen, dafs die Moleküle eines Salzes in verdünnter Lösung denselben Druck ausüben, den sie ausüben würden,

wenn sie sich bei derselben Temperatur im gasförmigen Zustand befänden und dasselbe Volum einnähmen wie die Flüssigkeit, in welcher das Salz gelöst ist, und dafs der von diesen Molekülen ausgeübte Druck die Gesetze von Boyle und Gay Lussac befolgt. Dann ist aber die mittlere Lagrange'sche Funktion für das in der Flüssigkeit gelöste Salz dieselbe wie für eine gleiche Menge des Salzes im gasförmigen Zustand, die das von der Flüssigkeit eingenommene Volum ausfüllt. Wenn daher die Eigenschaften der Flüssigkeit nicht durch die Gegenwart des Salzes verändert werden, so sind die Ergebnisse des vorhergehenden Abschnittes anwendbar, und es ist, vorausgesetzt dafs das Salz bei dem Verdampfen der Flüssigkeit zurückbleibt,

$$\frac{\delta p}{p} = -\frac{\varrho}{\sigma}(P) \qquad \text{(181)},$$

wo σ die Dichtigkeit der Flüssigkeit, ϱ die Dichtigkeit des Dampfes bei einem Atmosphärendruck und (P) der Druck in Atmosphären ausgedrückt ist, der von dem gelösten Salz ausgeübt werden würde, wenn es sich im gasförmigen Zustand befände.

Angenommen z. B., es seien n Gramm Salz in einem Liter des Lösungsmittels enthalten und n sei das Molekulargewicht des Salzes. Diese Stärke der Lösung wird oft der Kürze halber als Stärke von einem Äquivalent per Liter bezeichnet. Diese Salzmenge übt nach dem Avogadro'schen Gesetz denselben Druck aus wie 2 g Wasserstoff per Liter, d. h. ungefähr 22 Atmosphären. Wenn diese Salzmenge in Wasser gelöst wäre, so würde sie nach Gleichung (181), da ϱ/σ ungefähr $1/1200$ ist, den Dampfdruck um ungefähr 1/55 vermindern. Wenn sie in Äther, $C_4H_{10}O$, für den ϱ/σ ungefähr 1/220 ist, gelöst wäre, so würde der Dampfdruck um ungefähr 1/10, und wenn sie in Alkohol, C_2H_6O, für den ϱ/σ ungefähr 1/380 ist, gelöst wäre, so würde der Dampfdruck um ungefähr 1/17 erniedrigt werden. Wir ersehen aus Gleichung (181), dafs die Verminderung des Dampfdruckes der Menge des gelösten Salzes proportional ist. Wir können das Resultat dieser Gleichung auch in folgender Weise ausdrücken. Ist P der Druck, der von einem Grammäquivalent des Salzes ausgeübt wird, welches in einem Kilogramm des Lösungsmittels gelöst ist, dann ist P/σ, wo σ die Dichtigkeit des Lösungsmittels bedeutet, der Druck in Atmosphären, der durch ein in einem Liter des Lösungsmittels gelöstes Äquivalent des Salzes ausgeübt wird. Folglich ist

$$\frac{P}{\sigma} = \frac{2}{10^8} \Big/ \text{(Dichtigkeit des Wasserstoffs unter dem Atmosphärendruck.)}$$

Daher können wir Gleichung (181) in folgender Weise schreiben:

$$\frac{\delta p}{p} = \text{(Molekulargewicht des Lösungsmittels)} \times 1 \times 10^{-3},$$

wo δp die Verminderung in dem Dampfdruck ist, wenn ein Äquivalent des Salzes in einem Kilogramm des Lösungsmittels gelöst wird. Noch anders läfst sich dies in folgender Weise aussprechen. Wenn ein Äquivalent des Salzes in 1000 Äquivalenten des Lösungsmittels, d. h. in 1000 m Gramm gelöst wird, wo m das Molekulargewicht des Lösungsmittels ist, so beträgt die Verminderung des Dampfdrucks 1/1000, einerlei welches die Natur des Salzes oder des Lösungsmittels ist.

Weil
$$\frac{\delta p}{p} = \frac{\varrho'}{\sigma} \frac{P}{\pi},$$
und weil P der absoluten Temperatur direkt, ϱ' derselben umgekehrt proportional ist, so mufs $\delta p/p$ von der Temperatur nahezu unabhängig sein, da sich σ mit derselben nur sehr wenig ändert.

93. Bei der vorhergehenden Untersuchung haben wir angenommen, dafs die Eigenschaften des Lösungsmittels durch die Gegenwart des Salzes keine Änderung erleiden und dafs die einzige Wirkung des Lösungsmittels darin besteht, dafs es dem Salz ermöglicht, in einem Zustand zu existieren, in welchem die Moleküle sehr weit voneinander entfernt sind.

Wenn aber die Eigenschaften des Lösungsmittels durch die Gegenwart des Salzes verändert werden, dann müssen wir w' als eine Funktion der Menge des gelösten Salzes betrachten.

In diesem Falle haben wir anstatt der Gleichung (179) die folgende:
$$R\theta\,\delta\varrho \left\{\frac{1}{\varrho} - \frac{1}{\sigma}\right\} + \delta w' + \eta \frac{dw'}{d\eta} + \frac{P}{\sigma} = 0 \quad . . (182),$$
wo $\delta w'$ die Änderung in w' ist, welche durch die Gegenwart des Salzes bewirkt wird.

Wenn nun s die Stärke der Lösung, d. h. die in der Volumeinheit des Lösungsmittels enthaltene Salzmenge ist, dann ist
$$\eta \frac{dw'}{d\eta} = -s \frac{dw'}{ds},$$
so dafs die Gleichung (182) übergeht in
$$R\theta\,\delta\varrho \left(\frac{1}{\varrho} - \frac{1}{\sigma}\right) + \delta w' - s \frac{dw'}{ds} + \frac{P}{\sigma} = 0.$$

Wenn die Änderung in w' der Stärke der Lösung proportional ist, dann ist

$$\delta w' - s\,\frac{dw'}{ds} = 0.$$

Die niedrigste Potenz von s, welche in dem Ausdruck

$$\delta w' - s\,\frac{dw'}{ds}$$

vorkommt, ist im allgemeinen Fall die zweite. Der Einfluſs, den die Veränderung der Eigenschaften des Lösungsmittels ausübt, hängt daher vom Quadrat und den höheren Potenzen der Konzentration ab, während die Wirkung, welche wir im vorhergehenden Abschnitt behandelten, der ersten Potenz proportional war. Der letztere ist daher, wenn die Lösung verdünnt ist, der relativ wichtigere.

Raoult (*Comptes Rendus* 104, p. 1433) hat neuerdings gefunden, daſs, wenn ein Äquivalent einer Substanz in 100 Äquivalenten eines Lösungsmittels gelöst wird, der Dampfdruck um 1.05 Prozent erniedrigt wird, was mit unseren Resultaten sehr gut übereinstimmt.

ZWÖLFTES KAPITEL.

Eigenschaften verdünnter Lösungen.

94. Im vorhergehenden Kapitel haben wir den Einfluſs untersucht, der auf den Dampfdruck eines Lösungsmittels durch Lösen anderer Substanzen in demselben ausgeübt wird. In diesem Kapitel wollen wir einige andere Eigenschaften verdünnter Lösungen betrachten.

Absorption von Gasen durch Flüssigkeiten. Wir wollen annehmen, wir hätten einen geschlossenen Cylinder, welcher ein Gas und eine Flüssigkeit enthält, und wir wollten ermitteln, wieviel von dem Gas von der Flüssigkeit absorbiert wird. In diesem Falle haben wir vier Substanzen zu betrachten,

1. die Flüssigkeit,
2. den Dampf der Flüssigkeit,
3. das freie Gas,
4. das in der Flüssigkeit gelöste Gas.

Wir wollen annehmen, die Variation, welche eintritt und die nach dem Hamilton'schen Prinzip den Wert von H nicht ändert, wenn das System im Gleichgewicht ist, sei diejenige, welche dem Entweichen einer geringen Menge des Gases aus der Flüssigkeit entspricht. Hierdurch wird der Wert der mittleren Lagrange'schen Funktion des Dampfes der Flüssigkeit nicht beeinflufst, so dafs wir dies bei der Lösung des Problems unbeachtet lassen können. Die Masse der Flüssigkeit sei η, die des freien Gases ξ und die des absorbierten Gases ζ. Dann ist bei derselben Bezeichnung, die wir früher benutzt haben, die mittlere Lagrange'sche Funktion für die Flüssigkeit

$$\eta\gamma\theta + \eta f_1(\theta) - \eta w_1 \quad \ldots\ldots\ldots (183),$$

für das freie Gas

$$\xi R\theta \log \frac{v\varrho_0}{\xi}\, \xi f(\theta) - \xi w \quad \ldots\ldots\ldots (184)$$

und für das gelöste Gas

$$\zeta R\theta \log \frac{v'\varrho'_0}{\zeta} + \zeta f'(\theta) - \zeta w' \quad \ldots\ldots (185),$$

wo v das von dem freien Gas eingenommene Volum, v' das Volum der Flüssigkeit oder das von dem gelösten Gas eingenommene Volum bedeutet und wo w' und $f'(\theta)$ Gröfsen für das gelöste Gas sind, die den Gröfsen w und $f(\theta)$ für das freie Gas entsprechen. Wenn wir die Summe der Ausdrücke (183), (184) und (185) mit H bezeichnen, so ist nach dem Hamiltonschen Prinzip H stationär, wenn das System im Gleichgewicht ist. Wenn wir daher annehmen, dafs eine geringe Variation dadurch verursacht wird, dafs eine Menge $\delta\xi$ des Gases aus der Flüssigkeit entweicht, so ist für den Fall des Gleichgewichts

$$\frac{dH}{d\xi}\,\delta\xi = 0,$$

was gleichbedeutend ist mit

$$R\theta \log \frac{v\varrho_0}{\xi} - R\theta + f(\theta) - w - R\theta \log \frac{v'\varrho'_0}{\zeta} + R\theta - f'(\theta) + w'$$
$$+ \frac{d}{d\xi}\{\eta\gamma\theta + \eta f_1(\theta) - \eta w_1\} = 0 \quad (186).$$

Wenn die Menge des absorbierten Gases nicht grofs ist, so ist das letzte Glied nahezu unabhängig von dieser Menge. Die Gleichung (186) kann geschrieben werden

$$R\theta \log c\,\frac{\varrho'}{\varrho} = w - w' + f'(\theta) - f(\theta)$$
$$+ \frac{d}{d\xi}\{\eta\gamma\theta + nf_1(\theta) - \eta w_1\} \,.\,. \quad (187),$$

wo c eine Konstante, ϱ die Dichtigkeit des freien und ϱ' die Dichtigkeit des gelösten Gases ist. Da die Temperatur konstant ist, so ergiebt sich aus dieser Gleichung, dafs auch ϱ'/ϱ konstant ist, *dafs also die in der Volumeinheit gelöste Gasmenge der Dichtigkeit des freien Gases proportional ist.* Dies ist das Henry'sche Gesetz der Absorption von Gasen durch

Flüssigkeiten, welches durch die Untersuchungen von Bunsen und anderen bestätigt worden ist. Aus den Versuchen von Bunsen geht hervor, daſs der Wert des Verhältnisses ϱ'/ϱ von der Temperatur abhängt. Daher folgt aus Gleichung (187), daſs

$$w - f(\theta) - \{w' - f'(\theta)\} + \frac{d}{d\zeta}\{\eta\gamma\theta + nf_1(\theta) - \eta w_1\}$$

nicht null sein kann, weil sonst ϱ'/ϱ bei allen Temperaturen dasselbe sein würde. Daher können entweder die Eigenschaften des freien Gases nicht genau dieselben sein wie die des gelösten Gases, oder die Eigenschaften des Wassers sind durch das in ihm gelöste Gas verändert worden.

95. Eine ähnliche Untersuchung läſst sich für den Fall ausführen, daſs sich ein fester Körper oder ein Gas in zwei Flüssigkeiten lösen kann, die sich nicht mischen.

Wenn die Flüssigkeiten durcheinander geschüttelt werden und es ist Gleichgewicht vorhanden, so läſst sich, vorausgesetzt daſs die Lösungen verdünnt sind, beweisen, daſs die in der Volumeinheit der einen Flüssigkeit gelöste Menge in einem bestimmten Verhältnis zu derjenigen Menge steht, die in demselben Volum der anderen Flüssigkeit gelöst ist (s. Ostwald's *Lehrbuch der allgemeinen Chemie*, I. p. 401).

96. Die Diffusion von Salzen durch das Lösungsmittel, ein Prozeſs, der so lange fortschreitet, bis die Lösung einen bestimmten Zustand annimmt, läſst sich durch dieselben Prinzipien erklären. Mit der folgenden Untersuchung dieses Problems verbinden wir die Betrachtung des Einflusses der Schwere auf die Diffusion. Wir wollen annehmen, wir hätten ein flaches Gefäſs,

dessen Volum v ist und welches durch ein feines Kapillarrohr mit einem anderen flachen Gefäfs verbunden ist, dessen Volum v' ist und welches in der Höhe h über dem ersteren Gefäfs steht. Beide Gefäfse seien mit Wasser gefüllt, welches eine gewisse Menge Salz gelöst enthält, und es sei gefragt, wie das Salz zwischen den beiden Gefäfsen verteilt ist, wenn Gleichgewicht eingetreten ist. Es seien ξ und η beziehungsweise die Salzmengen in dem unteren und dem oberen Gefäfs und h' die Höhe des unteren Gefäfses über einer beliebigen festen Ebene. Dann kann die potentielle Energie des Salzes in dem unteren Gefäfs gleich $\xi g h'$ angenommen werden, so dafs der Ausdruck für die mittlere Lagrange'sche Funktion das Glied $-\xi g h'$ enthält. Ebenso enthält der Ausdruck für die Lagrange'sche Funktion des in dem oberen Gefäfs gelösten Salzes das Glied $-\eta g\,(h+h')$.

Daher ist bei derselben Bezeichnung, die wir früher benutzt haben, der Ausdruck für die mittlere Lagrange'sche Funktion des in dem unteren Gefäfs gelösten Salzes

$$\xi \theta R \log \frac{\varrho_0 v}{\xi} + \xi f(\theta) - \xi w - \xi g h' \ldots (188),$$

die mittlere Lagrange'sche Funktion des in dem oberen Gefäfs gelösten Salzes

$$\eta R \theta \log \frac{\varrho_0 v'}{\eta} + \eta f(\theta) - \eta w - \eta g\,(h'+h) \ldots (189).$$

Wir wollen nun annehmen, eine Salzmenge $\delta\eta$ gehe von dem unteren nach dem oberen Gefäfs über. Wenn dann Gleichgewicht vorhanden ist, so mufs H, die mittlere Lagrange'sche Funktion des Salzes und des Lösungsmittels in beiden Gefäfsen, unverändert bleiben. Wenn die Lösungen verdünnt sind, so ist der einzige Teil von H, welcher sich ändert, die Summe der Ausdrücke (188) und (189), und die Bedingung

$$\frac{dH}{d\eta} = 0$$

führt zu der Gleichung

$$R\theta \log \frac{v'\xi}{v\eta} - gh = 0,$$

oder, wenn ξ', η' beziehungsweise die Salzmengen in der Volumeinheit im unteren und oberen Gefäfs sind,

$$R\theta \log \frac{\xi'}{\eta'} - gh = 0,$$

oder

$$\frac{\eta'}{\xi'} = e^{-\frac{gh}{R\theta}} \quad \ldots\ldots\ldots\ldots (190).$$

Wenn daher Gleichgewicht vorhanden ist, ändert sich die Konzentration der Lösung in derselben Weise mit der Höhe wie die Dichtigkeit des Gases unter der Einwirkung der Schwerkraft.

97. Zahlreiche Versuche sind über den Einflufs gelöster Salze auf die Koeffizienten der Zusammendrückbarkeit verschiedener Lösungen ausgeführt worden (s. Schumann, „Kompressibilität von Chloridlösungen", Wied. Ann. XXXI, p. 14, 1887; Röntgen und Schneider, Wied. Ann. XXIX, p. 165, 1886). Wir wollen daher einen Ausdruck für diese Wirkung bilden und denselben mit den Ergebnissen der erwähnten Versuche vergleichen.

Wir wollen annehmen, die Lösung, deren ursprüngliches Volum v_0 ist, sei einem hydrostatischen Druck p unterworfen, welcher das Volum auf v reduziert, und k' sei der Kompressionskoeffizient. Dann ist die mittlere Lagrange'sche Funktion der Lösung und des den Druck erzeugenden Systems

$$-\frac{1}{2k'}\frac{(v_0-v)^2}{v_0}+p\,(v_0-v);$$

die mittlere Lagrange'sche Funktion des gelösten Salzes ist unter Anwendung der früheren Bezeichnung

$$\xi R\theta \log\frac{v\varrho_0}{\xi}+\xi f(\theta)-\xi w,$$

wo ξ die Masse des Salzes bedeutet.

Wenn H die Summe dieser Ausdrücke ist, so mufs nach dem Hamilton'schen Prinzip H stationär sein, wenn Gleichgewicht vorhanden ist. Wir wollen annehmen, das Volum werde um dv gröfser. Dann ist, weil H stationär ist,

$$\frac{dH}{dv}=0$$

oder

$$\frac{1}{k'}\frac{(v_0-v)}{v_0}-p+\frac{\xi R\theta}{v}=0 \;\ldots\ldots\; (191).$$

Nun ist $\xi R\theta/v$ der von den Molekülen des Salzes ausgeübte Druck. Derselbe soll mit P bezeichnet werden. Wenn p um δp vergröfsert wird, so ist die entsprechende *Verminderung* des Volums δv nach (191) gegeben durch die Gleichung

$$\frac{1}{k'}\frac{\delta v}{v_0}-\delta p+\frac{\xi R\theta}{v^2}\delta v=0$$

oder

$$\delta p=\frac{1}{k'}\frac{\delta v}{v_0}\left\{1+\frac{Pk'v_0}{v}\right\}.$$

Da aber v_0 nahezu gleich v ist, so können wir diese Gleichung in folgender Form schreiben:

$$\delta p = \frac{1}{k'} \frac{\delta v}{v_0} \{1 + Pk'\}.$$

Also ist der scheinbare Kompressionskoeffizient

$$\frac{k'}{1 + Pk'}.$$

Der durch die Moleküle des gelösten Salzes ausgeübte Druck bewirkt also eine Verminderung des Kompressionskoeffizienten. Wir wollen ermitteln, welches die Gröfse dieser Wirkung sein würde, wenn der Druck der Moleküle der einzige Umstand wäre, durch den das gelöste Salz den Widerstand gegen Kompression beeinflufst. Unter dieser Voraussetzung ist $k' = 1/2.2 \times 10^{10}$ in C.G.S.-Einheiten für reines Wasser bei 15^0 C. Wenn ein Äquivalent Salz in einem Liter Wasser gelöst ist, so ist P gleich 22 Atmosphären oder in absolutem Mafs 2.2×10^7. Da die Reduktion im Kompressionskoeffizienten nahezu gleich

$$Pk'^2$$

oder gleich einem Teil in $1/Pk'$ ist, so mufs die Reduktion in dem Kompressionskoeffizienten, wenn die Lösung ein Äquivalent Salz im Liter enthält, einen Teil in

$$\frac{1}{2.2 \times 10^7} \cdot \times 2.2 \times 10^{10}$$

d. h. einen Teil in 1000 betragen.

Aus der folgenden aus der Abhandlung von Röntgen und Schneider entlehnten Tabelle geht hervor, dafs die Wirkung von gelösten Salzen zuweilen mehr als das Hundertfache des auf Grund der obigen Annahmen berechneten Wertes erreicht. Hieraus müssen wir schliefsen, dafs das gelöste Salz nicht allein einen Druck in dem Lösungsmittel erzeugt, sondern dafs es aufserdem auch die elastischen Eigenschaften desselben direkt verändert.

Name des Salzes oder der Säure.	Stärke der Lösung in Äquivalenten per Liter.	Reduktion des Kompressionskoeffizienten in Tausendsteln.
HNO_3	1.49	42
HBr	1.49	40
HCl	1.52	52
H_2SO_4	1.48	79
NH_4I	1.49	90
NH_4NO_3	1.5	94
NH_4Br	1.5	90
NH_4Cl	1.45	97
Na_2CO_3	1.5	371

98. Durch den Druck, den die Moleküle des gelösten Salzes ausüben, lassen sich verschiedene Eigenschaften der Lösungen erklären. Man kann sich vorstellen, die Moleküle des Salzes seien in einem begrenzten Volum des Lösungsmittels eingeschlossen. Sie benutzen nun jede Gelegenheit, sich auszubreiten, selbst wenn sie Arbeit leisten müssen, um sich ausbreiten zu können. Wenn daher die Lösung in einem Gefäfs enthalten ist, dessen Boden für Wasser, aber nicht für die gelöste Substanz durchlässig ist, und das Gefäfs wird in Wasser eingetaucht, so dafs die Mündung desselben über der Oberfläche des Wassers liegt, so dringt durch den Boden Wasser in das Gefäfs ein, wobei die zum Heben des Wassers erforderliche Arbeit

durch die Ausbreitung der Moleküle des gelösten Salzes geleistet wird. Es ist die bekannte Erscheinung der Osmose.

Ein Diaphragma, welches für alle Salze undurchlässig ist, aber das Wasser durchläſst, kann dadurch hergestellt werden, daſs man schwache Lösungen von Kupfersulfat und Ferrocyankalium von den entgegengesetzten Seiten aus in eine poröse Platte diffundieren läſst. Wenn sich diese Lösungen begegnen, bilden sie eine Membran von der angegebenen Beschaffenheit. Ausführliche Anweisungen zur Herstellung dieser Membranen sind in Pfeffer's *Osmotische Untersuchungen*, Leipzig 1877, gegeben. Es ist mir gelungen, nach diesen Anweisungen solche Membranen herzustellen, doch war die Anzahl der Fälle, in denen die Herstellung nicht gelang, im Vergleich zu der Anzahl der günstigen Fälle eine sehr groſse. Herr Adie, welcher im Cavendish Laboratorium Untersuchungen über diesen Gegenstand ausführt, hat gefunden, daſs sich die Membranen leichter bilden, wenn statt Kupfersulfat Ferrichlorid benutzt wird.

Wir wollen jetzt versuchen, vermittelst des Hamilton'schen Prinzips die Höhe zu bestimmen, auf welche die Flüssigkeit im Osmometer steigen muſs. Wir wollen annehmen, das Osmometer sei ein langes Rohr mit einem Diaphragma der beschriebenen Art an dem unteren Ende und es enthalte Wasser und Salz. Es sei ξ die Masse des Salzes, η die des Wassers innerhalb des Rohres, ζ die des Wassers auſserhalb desselben und v das Volum des von der Lösung angefüllten Rohrs. Dann ist mit der bisher angewandten Bezeichnung die mittlere Lagrange'sche Funktion für das Salz

$$R\theta\xi \log \frac{v\varrho_0}{\xi} + \xi f(\theta) - \xi (w_1 + g\bar{z}) \quad . . (192),$$

wo $\bar{z}$ die Höhe des Schwerpunkts der Salzmoleküle über einer beliebigen festen Ebene ist.

Die mittlere Lagrange'sche Funktion für die Flüssigkeit im Rohr ist

$$\eta\gamma\theta' + \eta f'_1 (\theta) - \eta (w'_2 + g\bar{z}) \quad . . . . (193),$$

und für die Flüssigkeit außerhalb des Rohrs

$$\zeta\gamma\theta + \zeta f_1 (\theta) - \zeta (w_2 + g\bar{y}) \quad . . . . . (194),$$

wo $\bar{y}$ die Höhe des Schwerpunkts des Wassers außerhalb des Osmometers ist. Die Größen für die Flüssigkeit innerhalb des Rohrs sind mit denselben Symbolen wie die entsprechenden Größen für die äußere Flüssigkeit bezeichnet und von diesen durch einen Strich unterschieden.

Nach dem Hamilton'schen Prinzip ist der Wert von H, die Summe von (192), (193) und (194) stationär, wenn Gleichgewicht vorhanden ist. Wir wollen annehmen, es dringe eine Wassermenge $\delta\eta$ in das Osmometer.

Wenn keine Kontraktion stattfindet, ist

$$\frac{dv}{d\eta} = 1, \quad \frac{d\bar{z}}{d\eta} = \frac{1}{2a},$$

wo a den Querschnitt des Osmometers bedeutet, und

$$\frac{d}{d\eta} (\eta g\bar{z} + \zeta g\bar{y}) = gh,$$

wo h die Höhe der Flüssigkeit im Osmometer über dem äußeren Niveau ist. Daher führt die Bedingung

$$\frac{dH}{d\eta} = 0$$

auf die Gleichung

$$\frac{R\theta\xi}{v\sigma} + (\gamma' - \gamma)\,\theta + f'_1(\theta) - f_1(\theta) + \theta\,\frac{d\gamma'}{d\eta}\,\theta$$

$$+\eta\,\frac{df'_1(\theta)}{d\eta} - \frac{d}{d\eta}(\eta w'_2) + w_2 - g\left(h + \frac{\xi}{2a}\right) = 0 \quad (195).$$

Wenn die Eigenschaften der Lösung nicht durch die Gegenwart des Salzes verändert werden, dann ist

$$\gamma' = \gamma, \quad f'_1(\theta) = f_1(\theta), \quad w'_2 = w_2$$

und die Gleichung (195) geht über in

$$p = g\sigma\left(h + \tfrac{1}{2}h'\right),$$

wo p den durch die Moleküle des gelösten Salzes ausgeübten Druck bedeutet und h' die Höhe einer Wassersäule, deren Masse gleich der Masse des im Osmometer gelösten Salzes ist. Wenn die Stärke der Lösung im Osmometer ein Äquivalent im Liter ist, so ist p ungefähr gleich 22 Atmosphären, so daſs in diesem Fall $h + \frac{1}{2}h'$ ungefähr gleich 660 Fuſs (200 m) ist, d. h. das Wasser würde so lange in das Osmometer eindringen, bis die Flüssigkeit im Rohre auf eine Höhe von nahezu einer achtel Meile (190 m) über das Niveau des äuſseren Wassers gestiegen wäre.

Wenn die Flüssigkeit sich nicht ausdehnen kann, sondern bei konstantem Volum erhalten wird, so läſst sich leicht in ähnlicher Art beweisen, daſs für den Fall des Gleichgewichts der von der Flüssigkeit in dem Osmometer ausgeübte Druck derselbe sein muſs, wie der von den Salzmolekülen ausgeübte, vorausgesetzt daſs die Eigenschaften des Lösungsmittels nicht durch den Zusatz des Salzes verändert werden. Dieser Beweis ist von Van 't Hoff geführt worden (*L'équilibre chimique, Archives Neerlandais,* XX, p. 239).

Nach Pfeffer (*Osmotische Untersuchungen,* p. 12) ist der Druck für eine einprozentige Lösung von Kaliumsulfat und eine einprozentige Lösung von Kaliumnitrat beziehungsweise gleich dem Druck einer Quecksilbersäule von 192.6 und 178.4 cm. Berechnet man diese Drucke nach den angegebenen Formeln, so ergiebt sich für Kaliumsulfat 97 oder 194 cm, je nachdem man K_2SO_4 oder $\frac{1}{2}(K_2SO_4)$ als Molekül annimmt, und für Kaliumnitrat 167, wenn das Molekül KNO_3 ist.

Wir sehen wie in § 90, dafs die Glieder in (195), die von der Änderung der Eigenschaften des Lösungsmittels durch den Zusatz des Salzes abhängen, keine niedrigeren Potenzen der Stärke der Lösung enthalten als die zweite.

Aus der Messung des osmotischen Druckes, die eine Salzlösung ausübt, lassen sich nach den obigen Annahmen dieselben Schlüsse über die Struktur des gelösten Salzes ziehen wie aus der Bestimmung der Dampfdichte über die Struktur des Gases, dessen Dichte bestimmt worden ist, da sie uns in den Stand setzt, die Anzahl der Moleküle in einer gegebenen Gasmasse zu bestimmen. So spricht z. B. Pfeffer's Messung des osmotischen Druckes des Kaliumsulfats dafür, dafs die Beziehung zwischen der Zusammensetzung der Moleküle dieses Salzes und des Kaliumnitrats durch die Formeln $\frac{1}{2}K_2SO_4$ und KNO_3, nicht durch K_2SO_4 und KNO_3 ausgedrückt wird.

Selbst wenn wir nicht annehmen, dafs die Salzmoleküle einen ähnlichen Druck ausüben wie ein Gas, so würde doch aus dem Hamilton'schen Prinzip folgen, dafs ein Steigen der Flüssigkeit im Osmometer stattfinden mufs, wenn die Zunahme der mittleren Lagrange'schen Funktion der Flüssigkeit innerhalb des Osmometers, die durch Hinzufügen der Masseneinheit Wasser erzeugt wird, gröfser ist als die Abnahme in der mittleren Lagrange'schen Funktion in dem Wasser aufserhalb des Osmometers, die durch die Entziehung der Masseneinheit Wasser bewirkt wird.

Alles was eine derartige Änderung verursacht, vergröfsert die Höhe, auf welche die Flüssigkeit im Osmometer steigt. Wenn z. B. ein Zusatz von Wasser zu der Lösung innerhalb des Osmometers von einer Wärmeentwickelung begleitet ist, so steigt die Lösung im Osmometer höher, als eine Lösung ähnlicher Stärke, in welcher bei der Verdünnung keine Wärme entwickelt wird. Aus diesem Grunde sind die Angaben des Osmometers etwas zweideutig, und bevor sich ein sicherer Schlufs über die Struktur des Salzmoleküls ziehen läfst, ist es nötig, verschiedene Lösungsmittel zu benutzen und nachzuweisen, dafs sich die osmotische Höhe der absoluten Temperatur proportional ändert.

99. *Oberflächenspannung von Lösungen.* Aus den bereits erwähnten Versuchen von Röntgen und Schneider geht hervor, dafs für die meisten Lösungen das Produkt aus der Höhe, auf welche die Lösung in einem Kapillarrohr steigt, und der Dichtigkeit der Lösung für eine Salzlösung gröfser ist, als für reines Wasser, und dafs für verdünnte Lösungen der meisten, wenn auch nicht aller Substanzen dies Produkt mit der Stärke der Lösung zunimmt. Hieraus folgt, dafs die Spannung an der Berührungsfläche zwischen der Lösung und der Luft mit der Stärke der Lösung zunimmt, während die Spannung an der Berührungs-

fläche zwischen der Lösung und dem Glas oder einer anderen festen Substanz abnimmt, wenn die Lösung stärker wird.

Die Änderung der Oberflächenspannung mit der Stärke der Lösung kann bewirken, dafs sich die Stärke der Lösung in der Nähe der Oberfläche ändert.

Um die Gröfse dieser Wirkung zu ermitteln, wollen wir annehmen, ein dünnes Häutchen, dessen Oberfläche S und dessen Oberflächenspannung T ist, sei mit der Masse der Flüssigkeit durch einen Kapillarfaden verbunden. Es sei ξ die Masse des Salzes in dem dünnen Häutchen, η die Masse des Salzes in der übrigen Flüssigkeit, ζ die Masse des Wassers im Häutchen und ε die Masse des übrigen Wassers. Dann ist nach der früheren Bezeichnung die mittlere Lagrange'sche Funktion der Flüssigkeit und des Salzes in dem Häutchen

$$\xi R\theta \log \frac{v\varrho_0}{\xi} + \xi f(\theta) - \xi w_1 + \zeta\gamma\theta + \zeta f_1(\theta) - \zeta w_2 - ST,$$

wo v das Volum des Häutchens bedeutet.

Die mittlere Lagrange'sche Funktion für die übrige Flüssigkeit ist

$$\eta R\theta \log \frac{v'\varrho_0}{\eta} + \eta f(\theta) - \eta w_1 + \varepsilon\gamma\theta + \varepsilon f_1(\theta) - \varepsilon w_2.$$

Wenn nun die Salzmenge $\delta\xi$ in das Häutchen eintritt, so ist die Änderung in der mittleren Lagrange'schen Funktion

$$\left(R\theta \log \frac{v}{\xi}\,\frac{\eta}{v'} - S\,\frac{dT}{d\xi}\right)\delta\xi,$$

und diese mufs nach dem Hamilton'schen Prinzip verschwinden. Wenn also ϱ, ϱ' beziehungsweise die Salzmassen in der Volumeinheit des Häutchens und der Flüssigkeit sind, so ist

$$\frac{\varrho'}{\varrho} = \varepsilon^{\frac{S}{R\vartheta} \frac{dT}{d\xi}},$$

oder wenn T' die Zunahme in der Oberflächenspannung ist, wenn die Salzmasse in der Volumeinheit um die Einheit vermehrt wird,

$$\frac{\varrho'}{\varrho} = \varepsilon^{\frac{2T'}{R\vartheta t}},$$

wo t die Dicke des Häutchens bedeutet. Wenn also die Oberflächenspannung durch Hinzufügen von Salz vergröſsert wird, so ist in der Volumeinheit des Häutchens weniger Salz enthalten, als in der Flüssigkeitsmasse. Wenn dagegen die Oberflächenspannung durch Hinzufügen von Salz vermindert wird, so ist in der Volumeinheit des Häutchens mehr Salz enthalten als in der Volumeinheit der übrigen Flüssigkeit. Wir sahen, daſs die Oberflächenspannung einer Lösung in Berührung mit einem festen Körper abnimmt, wenn die Stärke der Lösung zunimmt. Wenn wir also ein Häutchen in Berührung mit einem festen Körper hätten, so würde in der Volumeinheit des Häutchens mehr Salz enthalten sein, als in der Volumeinheit der Flüssigkeitsmasse. Wenn wir z. B. in eine solche Lösung ein Stück Filtrierpapier eintauchen, so würde die Lösung im Filtrierpapier stärker sein, als die übrige Lösung. Oder wenn eine solche Lösung durch ein Kapillarrohr strömte, so würde das Salz das Bestreben haben, sich nach den Seitenwänden hin zu bewegen. Je schneller sich daher die Flüssigkeit bewegt, desto schwächer muſs sie in der Mitte werden. Es lassen sich verschiedene Thatsachen anführen, durch welche dieser Schlufs eine experimentelle Bestätigung erfährt. Einer dieser Versuche, der von Dr. Monckman und mir im Cavendish Laboratorium ausgeführt wurde, besteht darin, dafs man eine intensiv gefärbte Lösung von Kaliumpermanganat durch fein verteilte Kieselerde durchsickern läfst, aus welcher sie fast farblos heraustropft. Wenn man ferner ein Stück Filtrierpapier in eine farbige Salzlösung, z. B. eine Lösung von Kaliumpermanganat eintaucht, so wird die Lösung farblos, wenn sie eine gewisse Höhe im Filtrierpapier erreicht hat, wenn nicht das Salz eine sehr starke Affinität für Wasser hat.

Wenn eine geringe Menge Paraffinöl mit Wasser gemischt wird, so ist die Oberflächenspannung der Lösung gegen einen festen Körper gröfser als die des Wassers, und eine solche Lösung wird stärker, wenn sie durch fein verteilte Kieselerde fliefst.

DREIZEHNTES KAPITEL.

Dissociation.

100. Die Hamilton'sche Methode kann dazu dienen, die Gesetze, welche von den Erscheinungen der Dissociation befolgt werden, zu ermitteln. Eine sogenannte Dissociation findet z. B. statt, wenn ein Molekül in seine Atome zerfällt, z. B. das Jodmolekül I_2 in die Atome I und I, oder wenn ein komplizierteres Molekül in einfachere zerfällt, z. B. das Molekül N_2O_4 in zwei Moleküle NO_2, oder wenn das Molekül Ammoniumchlorid in Ammoniak und Salzsäure zerfällt.

Diese Erscheinung hat einige Ähnlichkeit mit der Verdamptung. In dem letzteren Falle findet Gleichgewicht zwischen Teilen von Materie statt, die sich in zwei verschiedenen Aggregatzuständen, dem gasförmigen und dem flüssigen, befinden, und Materie kann durch Verdampfung und Kondensation aus dem einen Zustand in den anderen übergehen. Auch bei der Dissociation ist Gleichgewicht zwischen Teilen derselben Substanz in zwei verschiedenen und zwar gasförmigen Zuständen vorhanden. Die Moleküle in dem einen Zustand sind komplizierter zusammengesetzt, als in dem anderen Zustand, und es kann Materie aus dem einen in den anderen Zustand übergehen, indem die komplizierteren Moleküle in die einfacheren zerfallen oder sich „dissociieren", oder indem sich die einfacheren vereinigen und so die komplizierteren bilden. Das Gleichgewicht ist erreicht, wenn die Anzahl der komplizierteren Moleküle, die in einer gewissen Zeit zerfallen, gleich der Anzahl derjenigen ist, die in derselben Zeit gebildet werden.

Wir wollen zuerst den Fall betrachten, dafs die komplizierteren Moleküle zwei von den einfacheren Molekülen enthalten. Dies ist der Fall, wenn, wie beim Jod, die komplizierteren Systeme zweiatomige Moleküle und die einfacheren Atome sind, ebenso bei der Dissociation von N_2O_4 und ähnlichen Fällen.

Wir wollen annehmen, das System sei in einem geschlossenen Gefäfs enthalten und ξ die Masse der komplizierteren und η die Masse der einfacheren Moleküle. Wir wollen für den Augenblick annehmen, dafs beide Gase das Boyle'sche Gesetz befolgen und dafs die Fundamentalgleichung für das kompliziertere Gas

$$p = R_1 \varrho \theta$$

und für das einfachere Gas

$$p = R_2 \varrho \vartheta$$

ist, wo p den Druck, ϱ die Dichtigkeit und ϑ die absolute Temperatur bedeutet.

Da die Moleküle des komplizierteren Gases aus zwei Molekülen des einfacheren Gases bestehen, so ist die Dichtigkeit des einfacheren bei demselben Druck und derselben Temperatur halb so grofs als die des komplizierteren Gases und daher

$$R_2 = 2R_1.$$

Die mittlere Lagrange'sche Funktion des komplizierteren Gases ist

$$\xi R_1 \vartheta \log \frac{v\varrho_0}{\xi} + \xi f_1(\vartheta) - \xi w_1 \quad \ldots . (196),$$

wo v das Volum des Gefäfses ist, in welchem das Gas enthalten ist, und w_1 die potentielle Energie der Masseneinheit des komplizierteren Gases.

Die mittlere Lagrange'sche Funktion für das einfachere Gas ist

$$\eta R_2 \vartheta \log \frac{v\varrho'_0}{\eta} + \eta f_2(\vartheta) - \eta w_2 \quad \ldots . (197),$$

wo w_2 die potentielle Energie der Masseneinheit dieses Gases ist.

Die mittlere Lagrange'sche Funktion H für die beiden Gase ist unter der Voraussetzung, dafs die Eigenschaften des einen nicht durch die Eigenschaften des anderen geändert werden, die Summe der Ausdrücke (196) und (197). Nach dem Hamilton'schen Prinzip ist der Wert von H stationär, wenn das System im Gleichgewicht ist. Wir wollen annehmen, der Gleichgewichtszustand werde dadurch gestört, dafs sich eine Masse $\delta\xi$ der einfacheren Moleküle zu komplizierteren Molekülen vereinigt. Dann ist, weil H stationär ist,

$$\frac{dH}{d\xi} = 0.$$

Da die Masse des Gases konstant ist, ist

$$\delta\xi + \delta\eta = 0,$$

und die Bedingung

$$\frac{dH}{d\xi} = 0$$

ist gleichbedeutend mit

$$R_1\vartheta \log \frac{v\varrho_0}{\xi} - R_1\vartheta + f_1(\vartheta) - w_1 - R_2\vartheta \log \frac{v\varrho'_0}{\eta} + R_2\vartheta - f_2(\vartheta) + w_2 = 0 \; . \; . \; (198).$$

Weil aber

$$R_2 = 2R_1$$

ist, so verwandelt sich diese Gleichung in

$$R_1\vartheta \log \frac{\eta^2\varrho_0}{\xi v \varrho_0'^2} + R_1\vartheta + f_1(\vartheta) - f_2(\vartheta) = w_1 - w_2.$$

Dies läfst sich in folgender Form schreiben:

$$\frac{\eta^2}{v\xi} = \varphi(\vartheta)\, \varepsilon^{\frac{w_1 - w_2}{R_1\vartheta}} \; . \; . \; . \; . \; . \; . \; . \; . \; . \; (199).$$

Hier bedeutet $\varphi(\vartheta)$ eine Funktion von ϑ, aber nicht von ξ, η oder v.

Bei Versuchen über Dissociation ist die Gröfse, welche gewöhnlich gemessen wird, die Dampfdichte des Gemisches bei einem bestimmten Normaldruck π.

Es sei Δ die Dichtigkeit des Gemisches der beiden Gase bei diesem Druck und D die Dichtigkeit des nicht dissociierten Gases bei demselben Druck.

Der Druck im Gefäfs ist

$$\frac{\xi R_1 \theta}{v} + \frac{\eta R_2 \theta}{v}.$$

Da aber

$$R_2 = 2 R_1,$$

so ist dieser Druck

$$\frac{\xi + 2\eta}{v} R_1 \theta.$$

Die Dichtigkeit des Gases bei diesem Druck ist

$$\frac{\xi + \eta}{v}.$$

Daher ist die Dichtigkeit Δ bei dem Druck π gegeben durch die Gleichung

$$\Delta = \frac{\xi + \eta}{\xi + 2\eta} \frac{\pi}{R_1 \theta}.$$

Die Dichtigkeit des nicht dissociierten Gases bei diesem Druck ist gegeben durch die Gleichung

$$D = \frac{\pi}{R_1 \theta},$$

so dafs

$$\Delta = \frac{\xi + \eta}{\xi + 2\eta} D,$$

und daher

$$\frac{\eta}{\xi + 2\eta} = \frac{D - \Delta}{D}$$

und

$$\frac{\xi}{\xi + 2\eta} = \frac{2\Delta - D}{D}.$$

Weil

$$pv = (\xi + 2\eta) R_1 \theta,$$

so ist

$$\eta = \frac{pv}{R_1 \theta} \frac{D - \Delta}{D},$$

$$\xi = \frac{pv}{R_1 \theta} \frac{2\Delta - D}{D},$$

so dafs Gleichung (199) folgende Form annimmt:

$$\frac{p\,(D-\Delta)^2}{D\,(2\Delta - D)} = \varphi_1\,(\theta)\,\varepsilon^{\frac{w_1 - w_2}{R_1 \theta}} \quad \ldots\ldots (200),$$

wo

$$\varphi_1\,(\theta) = R_1 \theta\ \varphi\,(\theta).$$

101. Bevor wir diese Gleichung diskutieren, wollen wir untersuchen, in welcher Weise sie modifiziert werden mufs, wenn das Gas das Boyle'sche Gesetz nicht befolgt.

Formeln, welche den Zusammenhang zwischen Druck und Volum für solche Gase ausdrücken, sind von Van der Waals (*Die Kontinuität des gasförmigen und flüssigen Zustandes*) und Clausius (Wied. *Ann.* IX. p. 337) gegeben worden.

Die einfachere dieser beiden Formeln ist die von Van der Waals

$$p = \frac{R\theta}{v - b} - \frac{a}{v^2}.$$

R ist der Wert von $p/\varrho\theta$ für ein vollkommenes Gas von demselben spezifischen Gewicht und b und a sind Konstanten, die von der Natur des Gases abhängen.

Die Formel von Clausius ist

$$p = \frac{R\theta}{v - a} - \frac{\varkappa}{\theta\,(v + \beta)^2}.$$

R hat hier dieselbe Bedeutung wie in der Van der Waals'schen Formel und a, β, $\varkappa$ sind kleine Konstanten, die von der Natur des Gases abhängen. Wir wollen jetzt den Gleichgewichtszustand eines dissociierbaren Gases für den Fall untersuchen, dafs es das Van der Waals'sche Gesetz anstatt des Boyle'schen befolgt.

Die Fundamentalgleichungen für das nicht dissociierte und die einfachen Gase seien beziehungsweise

$$p = \frac{R_1 \theta}{v - b_1} - \frac{a_1}{v^2}$$

und

$$p = \frac{R_2 \theta}{v - b_2} - \frac{a_2}{v^2},$$

wo auch hier

$$R_2 = 2 R_1.$$

Dann läfst sich leicht beweisen, dafs die mittlere Lagrange'sche Funktion anstatt des Gliedes

$$\theta R_1 \theta \log \frac{\varrho_0}{\varrho}$$

das Glied

$$\theta R_1 \theta \log \left(\frac{1 - b_1 \varrho}{\varrho} \varrho_0 \right) + \xi a_1 \varrho$$

enthält, in welchem ϱ die Dichtigkeit des nicht dissociierten Gases ist. Ein entsprechendes Glied ist in der Lagrange'schen Funktion des einfachen Gases enthalten.

Die Bedingung

$$\frac{dH}{d\xi} = 0$$

führt jetzt zu der Gleichung

$$R_1 \theta \left\{ \log (1 - b_1 \varrho) + \log \frac{\varrho_0}{\varrho} - \frac{1}{1 - b_1 \varrho} \right\}$$

$$- R_2 \theta \left\{ \log (1 - b_2 \varrho') + \log \frac{\varrho'_0}{\varrho'} - \frac{1}{1 - b_2 \varrho'} \right\} + 2 a_1 \varrho - 2 a_2 \varrho'$$

$$+ f_1(\theta) - f_2(\theta) - (w_1 - w_2) = 0 \quad \ldots . (201)$$

und nicht zu der Gleichung (198).

Weil $R_2 = 2R_1$, läfst sich die Gleichung (201) in folgender Weise schreiben:

$$R_1\theta\left\{\log\frac{\eta^2}{v\xi}+\log\frac{1-b_1\dfrac{\xi}{v}}{\left(1-b_2\dfrac{\eta}{v}\right)^2}+\log\frac{\varrho_0}{\varrho_0'^2}-\frac{1}{1-b_1\dfrac{\xi}{v}}+\frac{2}{1-b_2\dfrac{\eta}{v}}\right\}$$

$$+\frac{2(a_1\xi-a_2\eta)}{v}+f_1(\theta)-f_2(\theta)=w_1-w_2.$$

Wenn wir nun annehmen, die Abweichungen vom Boyle'schen Gesetz seien gering, so dafs b_1 und b_2 so klein sind, dafs ihre Quadrate vernachlässigt werden können, so können wir diese Gleichung in folgender Form schreiben:

$$\frac{\eta^2}{v\xi}=\varphi(\theta)\varepsilon^{-\frac{2(a_1-b_1)\xi-2(a_2-2b_2)\eta}{vR\theta}}\varepsilon^{\frac{(w_1-w_2)}{R_1\theta}} \qquad (202).$$

Weil $\xi/vR_1\theta$ annähernd gleich ϱ^2/p ist und a_1 und ϱ beide kleine Brüche sind, während für den Druck einer Atmosphäre $p = 10^6$, so kann Gleichung (202) in folgender Weise geschrieben werden:

$$\frac{\eta^2}{v\xi}=\varphi(\theta)\varepsilon^{\frac{(w_1-w_2)}{R\theta}}.$$

Diese Gleichung ist von derselben Form wie in dem Falle, dafs das Gas das Boyle'sche Gesetz befolgt. Der Zusammenhang zwischen den Massen des nicht dissociierten und der einfachen Gase und der Dampfdichte des Gemisches ist jedoch nicht derselbe wie in dem Fall, dafs das Gas das Boyle'sche Gesetz befolgt. Ebenso kann die Beziehung zwischen der

Dampfdichte, dem Druck und der Temperatur verschieden sein, wenn auch aus Gleichung (202) hervorgeht, daſs die Beziehung zwischen den Massen der dissociierten Gase und des nicht dissociierten Gases dieselbe ist.

Es würde ein interessantes Problem sein, in diesem Falle die Dampfdichte des Gemisches durch die Massen der beiden Gase auszudrücken. Wir wollen uns jedoch mit der Bildung eines solchen Ausdruckes nicht aufhalten, da derselbe nicht dazu dienen kann, eine Verbindung zwischen Theorie und Experiment herzustellen, da bei der Bestimmung der Dampfdichte aus den Versuchen ohne Zweifel die Gültigkeit des Boyle'schen Gesetzes angenommen wurde.

102. Ähnliche Formeln wie (200) sind von Willard Gibbs (*Equilibrium of Heterogeneous Substances*, p. 239) und Boltzmann (Wied. *Ann.* XXII. p. 39, 1884) aus thermodynamischen Betrachtungen abgeleitet worden.

Die von Gibbs angegebene Formel,

$$\frac{p(D-\Delta)^2}{D(2\Delta-D)} = Ce^{-\frac{\alpha}{\theta}} \quad \ldots\ldots\ldots (203),$$

stimmt mit (200) überein, wenn $\varphi_1(\theta)$ konstant ist.

Die Boltzmann'sche Formel

$$\frac{p(D-\Delta)^2}{D(2\Delta-D)} = C\theta e^{-\frac{\alpha}{\theta}} \quad \ldots\ldots\ldots\ldots (204),$$

stimmt mit (200) überein, wenn $\varphi_1(\theta)$ mit θ proportional ist.

Gibbs diskutiert in seiner Abhandlung „On the vapour densities of peroxide of nitrogen, formic acid, acetic acid and perchloride of phosphorus,“ *(American*

Journal of Science and Art, XVIII. p. 277, 1879) die Ergebnisse von Experimenten über die Dampfdichten der genannten Substanzen bei verschiedenen Temperaturen und Drucken und hat gefunden, daſs sie mit den nach der Formel (203) berechneten Resultaten recht gut übereinstimmen. Ganz vor kurzem haben E. und L. Natanson sehr eingehende Untersuchungen über die Dampfdichte von Stickstofftetroxyd bei verschiedenen Temperaturen und Drucken angestellt (Wied. *Ann.* XXVII. p. 306). Sie fanden, daſs, solange die Temperatur konstant bleibt, die Dampfdichte von Stickstofftetroxyd bei verschiedenen Drucken sehr genau durch Formel (200) angegeben wird, daſs aber, wenn sich die Temperatur ändert, der Unterschied zwischen den beobachteten und den nach der Gibbs'schen oder Boltzmann'schen Formel unter der Voraussetzung, daſs die Gröſse a konstant ist, berechneten Resultaten gröſser ist, als daſs er auf Beobachtungsfehler zurückgeführt werden könnte. Ein Teil dieses Unterschiedes mag aus dem Umstande entspringen, daſs N_2O_4 nicht das Boyle'sche Gesetz befolgt. Doch sind die Unterschiede, wie es scheint, zu groſs, als daſs sie sich vollständig in dieser Weise erklären lieſsen, und wahrscheinlich würde ein von dem Gibbs'schen und Boltzmann'schen verschiedener Wert von $\varphi_1(\theta)$ mit den Beobachtungen besser im Einklang stehen.

103. Im *Philosophical Magazine* vom Oktober 1884 behandelte ich die Frage der Dissociation vom Standpunkt der kinetischen Gastheorie aus, indem ich die Annahme machte, daſs die komplexen Moleküle fortwährend zerfallen und die einfacheren sich fortwährend vereinigen, und daſs ein unveränderlicher

Zustand eintritt, wenn die Anzahl der komplexen Moleküle, die in der Zeiteinheit zerfallen, gerade so grofs ist als die Anzahl der Moleküle, die sich in dieser Zeit bilden. Diese Bedingungen führen bei der Bezeichnung von § 99 auf die Gleichung

$$\frac{\eta^2}{v\xi} = f(\vartheta),$$

wenn, und nur wenn die mittlere Zeit, die ein komplexes Molekül besteht, ohne in einfachere zu zerfallen, unabhängig von der Anzahl der Gasmoleküle in der Volumeinheit ist. Dies wird offenbar nicht der Fall sein, wenn das Zerfallen der komplexen Moleküle eine Folge des Zusammenstofsens mit anderen Molekülen ist, denn je gröfser die Anzahl der Moleküle ist, desto gröfser würde in diesem Falle die Anzahl der Zusammenstöfse und folglich desto kürzer die Zeit sein, welche ein komplexes Molekül existiert. Da die Resultate einer grofsen Anzahl von Versuchen beweisen, dafs die Gleichung (200) richtig ist, wenn die Temperatur konstant ist, so schliefsen wir, dafs die Dissociation der komplexen Moleküle nicht eine Folge des Zusammenstofses mit anderen Molekülen ist. Die Gleichung (200) haben wir aber aus mechanischen Prinzipien abgeleitet, welche richtig sind, wenn nur die beiden Gase das Avogadro'sche Gesetz befolgen und wenn der von einem Gasgemische ausgeübte Druck gleich der Summe der Drucke ist, die von jedem der Gase einzeln in Abwesenheit der anderen Gase ausgeübt werden würden. Wenn daher in einem Gas einige Moleküle komplex sind und in einfachere Moleküle zerfallen, die sich nach einiger Zeit wieder zu komplexen Molekülen vereinigen, und wenn das

Zerfallen der komplexen Moleküle durch das Zusammentreffen derselben mit anderen Molekülen verursacht wird, so mufs der Druck des Gases nicht gleich der Summe der Drucke sein, die die dissociierten und nicht dissociierten Gase ausüben würden, wenn jedes derselben für sich allein in dem Gefäfs enthalten wäre.

104. Wir wollen jetzt untersuchen, in welcher Weise der Grad der Dissociation, welche in einem Gas bei gegebener Temperatur und gegebenem Druck stattfindet, durch äufsere Einflüsse modifiziert werden kann.

Wir wollen $\eta^2/v\xi$ mit λ bezeichnen und λ als Mafs für den Grad der Dissociation benutzen. Wenn dann die Lagrange'sche Funktion durch eine äufsere Ursache um χ vergröfsert wird, so folgt aus Gleichung (198), dafs die Änderung $\delta\lambda$ in λ gegeben ist durch die Gleichung

$$R_1 \theta \frac{\delta\lambda}{\lambda} + \frac{d\chi}{d\xi} = 0 \quad \ldots\ldots\ldots\ldots (205).$$

Wenn daher χ mit abnehmendem ξ, d. h. mit fortschreitender Dissociation gröfser wird, so ist $\delta\lambda$ positiv, d. h. die Dissociation schreitet weiter fort, als im ungestörten Zustand. Dies ist ein weiteres Beispiel für den in § 84 aufgestellten allgemeinen Satz, dafs eine geringe Veränderung in den Bedingungen, unter denen sich ein System befindet, die die Geschwindigkeit der Zunahme der mittleren Lagrangeschen Funktion mit irgend einer Veränderung in dem System vergröfsert, bewirkt, dafs diese Veränderung weiter fortschreitet, bevor Gleichgewicht eintritt, als in dem ungestörten System, und umgekehrt.

Wir wollen jetzt betrachten, welchen Einfluſs die Oberflächenspannung, Elektrisierung, die Gegenwart anderer Gase und andere Umstände, wie in dem analogen Falle der Verdampfung, auf die Dissociation ausüben.

105. *Einfluſs der Oberflächenspannung auf die Dissociation.* Wenn auch die Wirkungen der Oberflächenspannung in Gasen bedeutend geringer sind, als in Flüssigkeiten, so läſst sich doch wegen der vollkommenen Kontinuität des flüssigen und gasförmigen Zustandes erwarten, daſs die äuſsere Schicht von Molekülen eines Gases, welches sich nicht im „vollkommenen" Zustand befindet, sich wie die äuſsere Schicht einer Flüssigkeit unter anderen Bedingungen befindet, als die übrigen Moleküle, und daſs sie daher nicht dieselbe Menge von Energie besitzt wie dieselbe Anzahl von Molekülen im Innern des Gases.

In der van der Waals'schen Theorie der Beziehung zwischen Druck und Volum eines unvollkommenen Gases, deren Resultat durch die Gleichung

$$\left(p + \frac{a}{v^2}\right)(v - b) = R\vartheta$$

ausgedrückt wird, hat das Glied a/v^2 seinen Ursprung in der Oberflächenspannung des Gases (Van der Waals, Die Kontinuität des gasförmigen und flüssigen Zustands, p. 34).

Die Wirkung der Oberflächenspannung ist zwar in Gasen bedeutend schwieriger experimentell nachzuweisen, als in Flüssigkeiten, allein daſs dieselbe auch in Gasen vorhanden ist, geht doch aus einigen Experimenten hervor, z. B. denjenigen, die Bosscha über die Formen der Wolken von Nebel und Tabakrauch angestellt hat.

Der Ausdruck für die potentielle Energie eines Gases mufs daher ein Glied enthalten, welches der Oberfläche des Gases proportional ist. Wir wollen dieses Glied mit

$$TS$$

bezeichnen, wo T die der Oberflächenspannung entsprechende Gröfse und S die Gröfse der Oberfläche des Gases ist. Die Änderung χ in der Lagrange'schen Funktion, § 104, ist daher

$$-TS,$$

folglich nach (205)

$$R_1\theta \frac{\delta\lambda}{\lambda} - \frac{d}{d\xi}(TS) = 0 \quad \ldots\ldots\ldots (206).$$

Wenn also die Oberflächenspannung mit fortschreitender Dissociation kleiner wird, in welchem Falle $dT/d\xi$ positiv ist, so ist die Dissociation um so gröfser, je gröfser die Oberfläche des Gases ist. Es läfst sich *a priori* erwarten, dafs die Oberflächenspannung des dissociierten Gases kleiner ist als die des nicht dissociierten, denn in den meisten Fällen nähert sich das dissociierte Gas mehr als das andere dem Zustand eines vollkommenen Gases. Daher wird $dT/d\xi$ in den meisten Fällen positiv sein, so dafs die Dissociation durch Vergröfserung der Oberfläche des Gases erleichtert wird.

Wir wollen jetzt einen angenäherten Wert für die Gröfse dieser Wirkung abzuleiten versuchen. Nach van der Waals ist das Mafs für die Energie der Oberflächeneinheit des Gases

$$\frac{xa}{v^2},$$

wo x eine mit den Molekularabständen vergleichbare Entfernung ist. Nun ist für 1 cm Ätherdampf bei 0^0 C und unter dem Druck einer Atmosphäre a/v^2 ein Druck von ungefähr 324×10^{-4} Atmosphären oder in absolutem Mafs 3.24×10^4. Wenn wir den Molekularabstand x gleich 10^{-7} annehmen, so ist

$$T = \frac{xa}{v^2} = 10^{-7} \times 3.24 \times 10^4$$

$$= 3.24 \times 10^{-3}.$$

Nach Gleichung (206) ist

$$\frac{\delta\lambda}{\lambda} = \frac{1}{R_1 \xi} \frac{d}{d\xi}(ST).$$

Um einen angenäherten Wert von $dT/d\xi$ zu bilden, wollen wir annehmen, das komplexe Gas besitze Oberflächenspannung, das einfachere dagegen nicht. Dies entspricht annähernd der Wahrheit, da der Wert von a und daher der Wert der Oberflächenspannung für komplexe Gase bedeutend gröfser ist, als für einfache. Es sei ϱ die Dichtigkeit des komplexen Gases und v das Volum, in welchem es enthalten ist. Dann ist

$$\xi = v\varrho.$$

Da sich die Oberflächenspannung in demselben Verhältnis wie a/v^2 ändert, so ist sie dem Quadrat der Dichtigkeit proportional, folglich ist

$$\frac{1}{T}\frac{dT}{d\xi} = \frac{2}{\varrho}\frac{d\varrho}{d\xi}$$

$$= \frac{2}{v\varrho},$$

also

$$\frac{dT}{d\xi} = \frac{2T}{v\varrho},$$

und folglich

$$\frac{\delta\lambda}{\lambda} = \frac{2}{R_1\theta\varrho}\frac{ST}{v} \quad \ldots\ldots\ldots\ldots (207).$$

Nun ist für den Druck einer Atmosphäre, für den wir T berechneten,

$$R_1\theta\varrho = 10^6,$$

und wenn wir für T seinen Wert einsetzen, so erhalten wir annähernd

$$\frac{\delta\lambda}{\lambda} = \frac{2S}{v}\frac{3}{10^9}.$$

Wenn das Gas ein Häutchen von der Dicke t bildet, dann ist

$$\frac{\delta\lambda}{\lambda} = \frac{1.2}{t \times 10^8}.$$

Wäre daher die Dicke des Häutchens mit Moleküldimensionen vergleichbar, wäre z. B. $t = 10^{-7}$, dann würde die Oberflächenspannung sehr große Wirkungen hervorbringen.

Dies Beispiel mag genügen, um zu zeigen, daß die Oberflächenspannung eine bedeutende Wirkung hervorbringen kann, wenn das Gas ein dünnes Häutchen bildet. Derartige Häutchen kommen an Glasfäden und an sehr fein verteilten Substanzen, wie Platinschwamm und Holzkohle, vor. Der oben gegebene Wert von T ist nur ein Teil der Oberflächenspannung an der Berührungsfläche zwischen dem Gas und dem festen Körper. Die Oberflächenspannung an den Trennungsflächen von A und B wird dadurch erzeugt, daß die Energie dünner Schichten von A und B an der Berührungsstelle merklich verschieden ist von der Energie, welche gleich dünne Schichten im Inneren von *A* und *B* besitzen. Die abnorme Energie dieser Schichten hat ihren Grund in dem Mangel der Symmetrie der Wirkung an beiden Seiten. In der vorhergehenden Untersuchung haben wir denjenigen Teil der Energie einer Schicht einer dieser beiden Substanzen berechnet, der aus der Wirkung der eignen Moleküle entspringt. Hierzu kommt aber noch die Energie in dem Glashäutchen sowie diejenige, welche aus der Wirkung des Glases auf das Gas entsteht. Der Wert der Oberflächenspannung kann daher viel gröfser sein als der angegebene und daher können die Wirkungen derselben unsere Schätzung übersteigen.

106. Der Wert von *T* kann von der Substanz abhängen, an welcher das Häutchen haftet, und daher kann die Beschaffenheit der Wände der für chemische Versuche benutzten Gefäfse die in diesen Gefäfsen vorgehenden chemischen Prozesse beeinflussen. Van 't Hoff hat einige Versuche beschrieben, aus denen hervorzugehen scheint, dafs derartige Wirkungen existieren. Er zeigt (*Études de Dynamique Chimique*, p. 56), dafs die Geschwindigkeit, mit der die Polymerisation der Cyansäure vor sich geht, gesteigert wird, wenn man die Oberfläche der Wände des Gefäfses, in welchem die Säure enthalten ist, vergröfsert, während das Volum konstant bleibt. Wenn z. B. die Oberfläche der Wände auf das Sechsfache vergröfsert wurde, so wuchs die Geschwindigkeit im Verhältnis 4:3. Wenn die Wände des Gefäfses mit einer Schicht von Cyamelid bedeckt wurden, so war die Polymerisationsgeschwindigkeit der Cyansäure die dreifache. Victor Meyer fand, dafs die Zersetzung der Kohlensäure in einem Porzellangefäfs bei einer um mehrere Hundert

Grad niedrigeren Temperatur stattfindet, als in einem Platingefäſs. Wenn die Wirkungen von dieser Gröſse sind, so ist es zweifelhaft, ob sie durch die Oberflächenspannung erzeugt sein können, aber es ist wahrscheinlich, daſs sich bei vielen katalytischen Wirkungen, bei denen dünne Gashäutchen vorhanden sind, die beobachteten Erscheinungen durch derartige Betrachtungen erklären lassen.

107. *Einfluſs der Elektrizität auf die Dissociation.* Wenn keine elektrische Entladung stattfindet, so übt die Elektrisierung nur dann einen Einfluſs auf den Endzustand des Systems aus, wenn sich die spezifische Induktionskapazität des Gases bei fortschreitender Dissociation ändert. Da die spezifischen Induktionskapazitäten aller Gase, welche bestimmt worden sind, nahezu gleich sind, so muſs der Einfluſs der Elektrisierung auf die Dissociation sehr gering sein. Wir wollen uns daher nicht damit aufhalten, denselben zu bestimmen.

108. *Einfluſs eines neutralen Gases.* Wenn die Eigenschaften des neutralen Gases in keiner Weise durch die Gegenwart des Gases, welches eine Dissociation erleidet, beeinfluſst werden, so ändert sich der Wert der mittleren Lagrange'schen Funktion bei fortschreitender Dissociation nicht. Die Gegenwart dieses Gases beeinfluſst daher den Maximalbetrag der Dissociation nicht. Die Gegenwart eines fremden Gases verändert jedenfalls die Dissociationsgeschwindigkeit, und in einigen Fällen scheinen die Versuche zu beweisen, daſs sie den Maximalbetrag der Dissociation ändert. Dies widerspricht dem Resultat, welches wir soeben erreicht haben, und beides läſst sich nicht anders in Einklang bringen als durch die Annahme,

dafs das Gas nicht vollkommen neutral ist, sondern dafs die Eigenschaften desselben durch die Gegenwart des anderen Gases bis zu einem gewissen Grade beeinflufst werden. Wenn die Dissociation durchaus katalytisch ist, so läfst sich die Wirkung des neutralen Gases durch die Annahme erklären, dafs es selbst an der Gefäfswand ein Häutchen bildet und dadurch bis zu einem gewissen Grade verhindert, dafs das andere Gas dieses thut.

109. In den vorhergehenden Untersuchungen haben wir angenommen, dafs die komplexen Moleküle in zwei Moleküle oder Atome derselben Art zerfallen. In manchen Fällen sind jedoch die Bestandteile, in welche ein Molekül zerfällt, verschieden, z. B. wenn PCl_5 in PCl_3 und Cl_2 zerfällt.

Die vorhergehende Untersuchung läfst sich leicht so modifizieren, dafs sie auch auf diese Fälle anwendbar ist.

Wir wollen die Dissociation des Phosphorpentachlorids als typischen Fall betrachten, und es seien ξ, η, ζ beziehungsweise die Massen von PCl_5, PCl_3 und Cl_2.

Dann sind die mittleren Lagrange'schen Funktionen für diese Gase beziehungsweise

$$\xi R_1 \theta \log \frac{v\varrho_0}{\xi} + \xi f_1(\theta) - \xi w_1,$$

$$\eta R_2 \theta \log \frac{v\varrho'_0}{\eta} + \eta f_2(\theta) - \eta w_2,$$

$$\zeta R_3 \theta \log \frac{\varrho''_0}{\zeta} + \zeta f_3(\theta) - \zeta w_3.$$

Wenn nun c_1, c_2, c_3 beziehungsweise die Molekulargewichte dieser Gase sind, so ist, weil die Zunahme der Zahl der Moleküle von PCl_3 und Cl_2 dieselbe und gleich der Abnahme der Zahl der Moleküle von PCl_5 ist,

$$\frac{d\xi}{c_1} = -\frac{d\eta}{c_2} = -\frac{d\zeta}{c_3},$$

wo $d\xi$, $d\eta$, $d\zeta$ beziehungsweise die Änderungen in den Mengen von PCl_5,. PCl_3 und Cl_2 bedeuten. Da nun

$$c_1 R_1 = c_2 R_2 = c_3 R_3,$$

so sehen wir, daſs die Bedingung

$$\frac{dH}{d\xi} = 0$$

auf die Gleichung

$$\frac{\eta\zeta}{\xi v} = \varphi_1(\theta)\, \varepsilon^{\frac{\left(w_1 - \frac{c_2}{c_1} w_2 - \frac{c_3}{c_1} w_3\right)}{R_1\theta}} \quad \ldots\ldots (208)$$

führt. Daher ist $\eta\zeta/\xi v$ konstant, so lange die Temperatur konstant ist.

Wir wollen annehmen, die Werte von ξ, η, ζ seien vor Beginn der Dissociation ξ_0, η_0, ζ_0 gewesen und die Menge $c_1 p$ von PCl_5 werde zersetzt. Dann ist

$$\xi = \xi_0 - c_1 p,$$
$$\eta = \eta_0 + c_2 p,$$
$$\zeta = \zeta_0 + c_3 p,$$

und die Gleichung zur Ermittelung von p ist

$$(\eta_0 + c_2 p)(\zeta_0 + c_3 p) = kv(\xi_0 - c_1 p) \quad \ldots\ldots (209),$$

wo k eine Funktion der Temperatur ist.

Wir wollen jetzt untersuchen, welchen Einfluſs Änderungen in den Werten von v, η_0 und ζ_0 auf p ausüben.

Wenn man (209) differentiiert und γ für

$$\frac{c_1}{\xi_0 - c_1 p} + \frac{c_2}{\eta_0 + c_2 p} + \frac{c_3}{\zeta_0 + c_3 p}$$

schreibt, so erhält man

$$\gamma \frac{dp}{dv} = \frac{1}{v} \quad \text{(210)},$$

$$\gamma \frac{dp}{d\eta_0} = - \frac{1}{\eta_0 + c_2 p} \quad \text{(211)},$$

$$\gamma \frac{dp}{d\zeta_0} = - \frac{1}{\zeta_0 + c_3 p} \quad \text{(212)}.$$

Wir sehen aus (210), dafs dp/dv positiv ist. Daher wird die Dissociation befördert, wenn das Volum, in welchem eine bestimmte Gasmenge enthalten ist, vergröfsert wird. Aus den Gleichungen (211) und (212) sehen wir, dafs $dp/d\eta_0$ und $dp/d\zeta_0$ beide negativ sind. Daher strebt die Gegenwart von PCl_3 und Cl_2, die Dissociation zu verhindern. Würtz hat experimentell nachgewiesen, dafs PCl_5 in einer Atmosphäre von PCl_3 nur eine sehr geringe Dissociation erleidet. Es ist auch leicht einzusehen, dafs dieses so sein mufs. Denn sobald das Molekül PCl_5 zerfällt, ist das freie Chlor von einer solchen Menge von Molekülen PCl_3 umgeben, dafs sich der gröfste Teil desselben wieder mit PCl_3 zu PCl_5 vereinigt und auf diese Weise die Dissociation verhindert.

Auch in diesem Falle ergiebt sich, wie im vorhergehenden, aus der Theorie, dafs, wenn keine katalytische Wirkung stattfindet, die Gegenwart eines neutralen Gases keinen Einflufs ausübt.

In manchen Fällen sind zwar die Produkte der Dissociation gasförmig, dagegen der Körper, welcher eine Dissociation erleidet, nicht, wie in den vorhergehenden Beispielen, gasförmig, sondern fest oder flüssig. Die Dissociation von NH_5S in H_2S und NH_3 ist ein Beispiel dieser Art.

Wir haben die vorhergehende Entwickelung nur wenig abzuändern, um sie auf diesen Fall anwendbar zu machen. Es seien, wie vorher, ξ die Masse des dissociierenden Körpers, η und ζ die Massen der Bestandteile, in welche er zerfällt. Dann ist die mittlere Lagrange'sche Funktion für den festen oder flüssigen dissociierenden Körper nach § 81

$$\xi\gamma\vartheta + \xi f_1(\vartheta) - \xi w_1.$$

Die mittleren Lagrange'schen Funktionen der Gase, in welche der Körper zerfällt, sind beziehungsweise

$$\eta R_2\vartheta \log \frac{v\varrho'_0}{\eta} + \eta f_2(\vartheta) - \eta w_2$$

und

$$\zeta R_3\vartheta \log \frac{v\varrho''_0}{\zeta} + \zeta f_3(\vartheta) - \zeta w_3.$$

Weil nun

$$d\xi = -(d\eta + a\zeta),$$

$$\frac{dv}{d\xi} = -\frac{1}{\sigma}$$

und

$$\frac{d\eta}{c_2} = \frac{d\zeta}{c_3},$$

wo c_2 und c_3 die Verbindungsgewichte der Gase sind, in welche der feste Körper zerfällt, und σ die Dichtigkeit des festen oder flüssigen Körpers ist, so führt die Bedingung

$$\frac{dH}{d\xi} = 0$$

auf die Gleichung

$$\frac{\eta\zeta}{v^2} = \varphi_1(\theta)\,\varepsilon^{\frac{((c_2+c_3)w_1 - c_2w_2 - c_3w_3)}{c_2R_2\theta} + (c_2+c_3)\left(\frac{\eta}{c_2} + \frac{\zeta}{c_3}\right)\frac{1}{\sigma v}}.$$

Aus dieser Gleichung folgt, daſs, wie im vorhergehenden Fall, die Dissociation durch die Gegenwart eines Überschusses eines der beiden Dissociationsprodukte verhindert wird.

In diesem Fall würde die Dissociation durch die Gegenwart eines neutralen Gases in geringem Grade beeinfluſst werden, denn wenn das System in einem geschlossenen Gefäſs enthalten ist, so wird das Volum des festen oder flüssigen Körpers geringer, wenn er verdampft, und das neutrale Gas oberhalb desselben dehnt sich aus und die Lagrange'sche Funktion desselben nimmt also zu. Hieraus ergiebt sich nach § 84, daſs die Gegenwart des neutralen Gases die Dissociation steigert.

Durch eine ähnliche Untersuchung wie in § 89 läſst sich leicht beweisen, daſs, wenn $\varkappa$ den Wert von $\eta\zeta/v^2$ und $\delta\varkappa$ die durch die Gegenwart des neutralen Gases bewirkte Änderung bedeutet,

$$\frac{\delta\varkappa}{\varkappa} = \frac{c_3 + c_2}{c}\,\frac{\varepsilon}{v\sigma},$$

wo ε die Masse des neutralen Gases, c sein Verbindungsgewicht und σ die Dichtigkeit des festen oder flüssigen Körpers bedeutet. Da $\varepsilon/v\sigma$ das Verhältnis der Masse des Gases zu der Masse desselben Volums des dissociierbaren festen Körpers ist, so sehen wir, daſs die Wirkung des neutralen Gases, ausgenommen wenn der Druck desselben mehrere hundert Atmosphären beträgt, auſserordentlich gering ist. Für

Salmiak z. B., für den σ ungefähr 1.5 ist, ist für einen Druck von 100 Atmosphären annähernd

$$\frac{\delta\varkappa}{\varkappa} = 0.3.$$

Wenn also der Druck um ungefähr 3.3 Atmosphären erhöht würde, so würde die Änderung in $\varkappa$ ungefähr ein Prozent betragen.

110. *Dissociation von Salzen in Lösung.* Wie wir in § 92 gesehen haben, hat van 't Hoff Gründe für die Annahme angegeben, dafs die Moleküle eines Salzes in verdünnter Lösung denselben Druck ausüben, als ob sie sich bei derselben Temperatur und bei demselben Volum im gasförmigen Zustand befänden, und dafs daher die mittlere Lagrange'sche Funktion der Moleküle in Lösung dieselbe ist wie die derselben Anzahl von Gasmolekülen. Diese Analogie läfst vermuten, dafs diese Moleküle in manchen Fällen dissociiert sind, wenn auch die Wirkungen dieser Dissociation nicht so leicht zu erkennen sind wie bei Gasen. Es sind viele Fälle von Dissociation gelöster Salze beobachtet worden. Natriumsulfat und die Ammoniumsalze sind bekannte Beispiele (Muir's *Principles of Chemistry,* p. 367). Ja man hat neuerdings die Theorie aufgestellt, dafs in verdünnten wässerigen Lösungen die Säure oder das Salz in den meisten Fällen dissociiert ist, und zwar in sehr beträchtlichem Grade. So ist z. B. behauptet worden, dafs in verdünnten Lösungen von HCl 90 Prozent der Säure dissociiert sind. Die Gründe, welche für diese Behauptung angegeben werden, scheinen mir nicht sehr überzeugend zu sein, und die Versuchsresultate, auf welche sie sich stützen, lassen sich, wie es scheint,

auch in anderer Weise interpretieren. Die Vertreter dieser Theorie glauben die Wirkung, welche das Salz in manchen Fällen ausübt, nur durch die Annahme erklären zu können, dafs der Druck, den die Moleküle des Salzes ausüben, gröfser ist, als derjenige Druck, den sie ausüben würden, wenn sie dasselbe Volum bei derselben Temperatur im gasförmigen Zustand einnähmen. Dieser Schlufs stützt sich auf die Annahme, dafs sich alle Wirkungen des gelösten Salzes ausschliefslich durch die Annahme erklären lassen, dafs das von dem Lösungsmittel eingenommene Volum mit den im gasförmigen Zustand befindlichen Salzmolekülen angefüllt ist. Nun können wir allerdings annehmen, dafs das Salz die Wirkungen hervorbringt, welche durch diese hypothetische Verteilung von Gasmolekülen hervorgebracht werden müssen, allein hieraus folgt nicht, dafs dies die einzigen von dem Salz hervorgebrachten Wirkungen sind. Das Salz kann die Eigenschaften des Lösungsmittels verändern, und die der Dissociation der Moleküle zugeschriebenen Wirkungen können in Wirklichkeit durch diese Veränderung verursacht sein. Die Untersuchung des § 97 beweist, dafs dies in manchen Fällen so sein mufs, denn wir sahen, dafs der Einflufs, den ein Zusatz von Salz auf die Zusammendrückbarkeit der Lösung ausübt, viel zu grofs ist, als dafs er sich durch irgend einen Grad der Dissociation erklären liefse.

Bei der Dissociation von Salzlösungen können sich die Eigenschaften der Lösung mit fortschreitender Dissociation ändern. Die Dissociation kann z. B. die Oberflächenspannung der Lösung ändern. In diesem Falle würde der Grad, bis zu welchem die Dissociation fortschreitet, von der Gestalt und dem Volum der Lösung abhängen. Oder sie kann den Kompressibilitätskoeffizienten oder das Volum der Lösung ändern, und dann würde der Grad der Dissociation durch äufseren Druck beeinflufst werden. Die Dissociation des gelösten Salzes würde vermutlich für äufsere physikalische Einflüsse in viel höherem Grade empfänglich sein, als die Dissociation eines Gases. Dies sind jedoch besondere Fälle der folgenden Untersuchung, die einen viel allgemeineren Fall von chemischem Gleichgewicht zwischen Gasen oder verdünnten Lösungen zum Gegenstand hat. Bei dieser Untersuchung werden auch jene Fälle erörtert werden.

VIERZEHNTES KAPITEL.

Allgemeiner Fall des chemischen Gleichgewichts.

111. Der Fall, welchen wir in diesem Kapitel betrachten wollen, ist das Gleichgewicht von vier Substanzen *A*, *B*, *C*, *D*, die entweder gasförmig oder in verdünnter Lösung befindlich und so beschaffen sind, dafs durch die Einwirkung von *A* auf *B* die Substanzen *C* und *D* und durch die Einwirkung von *C* auf *D* die Substanzen *A* und *B* entstehen.

Ein bekanntes Beispiel dieser Art von Wirkung ist der Fall, in welchem die vier Substanzen *A*, *B*, *C*, *D* beziehungsweise Salpetersäure, Natriumsulfat, Schwefelsäure und Natriumnitrat sind. Durch die Einwirkung von Salpetersäure auf Natriumsulfat entsteht Natriumnitrat und Schwefelsäure, und durch die Einwirkung der Schwefelsäure auf Natriumnitrat entsteht Natriumsulfat und Salpetersäure.

Das Problem, welches wir zu diskutieren haben, besteht darin, diejenigen Mengen von vier derartigen Substanzen zu ermitteln, welche miteinander vermischt werden müssen, damit Gleichgewicht vorhanden ist.

Es seien ξ, η, ζ, ε beziehungsweise die Massen der Substanzen A, B, C, D und w_1, w_2, w_3, w_4 die mittlere potentielle Energie der Masseneinheit jeder dieser Substanzen, w die mittlere potentielle Energie des Gemisches. Wir wollen annehmen, jede dieser Substanzen befolge das Boyle'sche Gesetz, und es sei ϱ die Dichtigkeit jeder dieser Substanzen bei der Temperatur ϑ und dem Druck p. Die Fundamentalgleichungen für A, B, C, D seien beziehungsweise

$$p = R_1 \varrho \vartheta,$$
$$p = R_2 \varrho \vartheta,$$
$$p = R_3 \varrho \vartheta,$$
$$p = R_4 \varrho \vartheta.$$

Dann sind die mittleren Lagrange'schen Funktionen für A, B, C, D beziehungsweise

$$\xi R_1 \vartheta \log \frac{v\varrho_0}{\xi} + \xi f_1(\vartheta) - \xi w_1,$$

$$\eta R_2 \vartheta \log \frac{v\varrho'_0}{\eta} + \eta f_2(\vartheta) - \eta w_2,$$

$$\zeta R_3 \vartheta \log \frac{v\varrho''_0}{\zeta} + \zeta f_3(\vartheta) - \zeta w_3,$$

$$\varepsilon R_4 \vartheta \log \frac{v\varrho'''_0}{\varepsilon} + \varepsilon f_4(\vartheta) - \varepsilon w_4,$$

wo v das Volum bedeutet, in welchem die Substanzen enthalten sind.

Die obigen Ausdrücke stellen die mittleren Lagrange'schen Funktionen dar, einerlei ob die Substanzen A, B, C, D Gase oder verdünnte Lösungen sind, vorausgesetzt dafs die Lösungen so verdünnt sind, dafs die Moleküle der gelösten Substanzen denselben Druck ausüben, als ob sie allein ohne das Lösungsmittel bei derselben Temperatur in demselben Volum enthalten wären.

Wenn es sich um Lösungen handelt, so müssen wir die mittlere Lagrange'sche Funktion des Lösungsmittels kennen, da sich die Eigenschaften desselben ändern können, wenn eine chemische Wirkung stattfindet. Wenn π die Masse des Lösungsmittels und w_5 die potentielle Energie der Masseneinheit ist, so ist die mittlere Lagrange'sche Funktion von der Form

$$\pi\gamma\theta + \pi f_5(\theta) - \pi w_5.$$

Wir müssen jetzt die Beziehungen zwischen den Veränderungen in ξ, η, ζ, ε untersuchen, welche eintreten, wenn eine chemische Wirkung stattfindet.

Wir wollen durch (A) das Molekül der Substanz A und in ähnlicher Weise die anderen Moleküle bezeichnen. Die chemische Wirkung, welche zwischen den vier Substanzen stattfindet, sei dargestellt durch

$$a(A) + b(B) = c(C) + d(D) \quad \ldots\ldots\ldots (213).$$

So ist z. B. für ein Gemisch von Schwefelsäure, Salpetersäure, Natriumnitrat und Natriumsulfat, da die Reaktion durch die Gleichung

$$2HNO_3 + Na_2SO_4 = H_2SO_4 + 2NaNO_3$$

ausgedrückt wird, $a = 2$, $b = 1$, $c = 1$, $d = 2$, wenn die Moleküle der Salpetersäure, des Natriumsulfats, der Schwefelsäure und des Natriumnitrats beziehungsweise durch HNO_3, Na_2SO_4, H_2SO_4 und $NaNO_3$ dargestellt werden. Wenn dagegen die Moleküle dieser Substanzen durch $H_2N_2O_6$, Na_2SO_4, H_2SO_4 und $Na_2N_2O_6$ bezeichnet werden, dann ist $a = b = c = d = 1$.

Wir sehen also, dafs es nötig ist, sowohl die Struktur des Moleküls, als auch seine relative Zusammensetzung zu kennen.

Aus Gleichung (213) sehen wir, dafs, wenn a Moleküle von A verschwinden, dies geschieht, weil sie sich mit b Molekülen von B verbunden und c Moleküle von C und d Moleküle von D erzeugt haben, so dafs b Moleküle von B ebenfalls verschwunden sind, während c Moleküle von C und d Moleküle von D aufgetreten sind.

Es seien δ_1, δ_2, δ_3, δ_4 die relativen Dichtigkeiten von A, B, C, D bei derselben Temperatur und demselben Druck. Dann ist

$$R_1\delta_1 = R_2\delta_2 = R_3\delta_3 = R_4\delta_4 \quad \ldots\ldots (214).$$

Wenn die Massen von A, B, C, D beziehungsweise um $d\xi$, $d\eta$, $d\zeta$, $d\varepsilon$ geändert werden, dann sind die Änderungen in der Anzahl der Moleküle von A, B, C, D beziehungsweise proportional zu

$$\frac{d\xi}{\delta_1}, \quad \frac{d\eta}{\delta_2}, \quad \frac{d\zeta}{\delta_3}, \quad \frac{d\varepsilon}{\delta_4}.$$

Da nun die Änderungen in der Anzahl der Moleküle beziehungsweise zu a, b, $-c$, $-d$ proportional sind, so ist

$$\frac{d\xi}{a\delta_1} = \frac{d\eta}{b\delta_2} = -\frac{d\zeta}{c\delta_3} = -\frac{d\varepsilon}{d\delta_4},$$

und folglich

$$\left.\begin{aligned}\frac{d\eta}{d\xi} &= \quad \frac{b\delta_2}{a\delta_1}\\ \frac{d\zeta}{d\xi} &= -\frac{c\delta_3}{a\delta_1}\\ \frac{\delta\varepsilon}{d\xi} &= -\frac{d\delta_4}{a\delta_1}\end{aligned}\right\} \quad \ldots\ldots\ldots\ldots (215).$$

Wenn nun das System im Gleichgewicht ist, so mufs der Wert der Hamilton'schen Funktion stationär sein. Wenn wir daher annehmen, das Gleichgewicht werde dadurch gestört, dafs die Menge $d\xi$ von A sich mit der entsprechenden Menge von B verbindet, so mufs die Änderung in der Hamilton'schen Funktion null sein, d. h. es ist

$$\frac{dH}{d\xi} = 0 \ldots\ldots\ldots\ldots\ldots\ldots (216).$$

Wir wollen zuerst den Fall annehmen, dafs A, B, C, D Gase sind. Da H die Summe der mittleren Lagrange'schen Funktionen für diese Substanzen ist, so führt die Bedingung (216) mit Hilfe der Gleichungen (215) auf die Gleichung

$$a\delta_1 R_1 \theta \log \frac{v\varrho_0}{\xi} - a\delta_1 R_1 \theta + b\delta_2 R_2 \theta \log \frac{v\varrho'_0}{\eta} - b\delta_2 R_2 \theta$$

$$- c\delta_3 R_3 \theta \log \frac{v\varrho''_0}{\zeta} + c\delta_3 R_3 \theta - d\delta_4 R_4 \theta \log \frac{v\varrho'''_0}{\varepsilon} + d\delta_4 R_4 \theta$$

$$+ a\delta_1 f_1(\theta) + b\delta_2 f_2(\theta) - c\delta_3 f_3(\theta) - d\delta_4 f_4(\theta) - a\delta_1 \frac{dw}{d\xi} = 0,$$

wo

$$w = \xi w_1 + \eta w_2 + \zeta w_3 + \varepsilon w_4.$$

Mit Rücksicht auf (214) können wir diese Gleichung in folgender Form schreiben:

$$\frac{\zeta^c \varepsilon^d}{\xi^a \eta^b} = v^{c+d-a-b}\, \varphi(\theta) \varepsilon^{\frac{a}{R_1\theta}\frac{dw}{d\xi}} \quad \ldots\ldots (217),$$

wenn $\varphi(\theta)$ eine Funktion von θ ist, die aber nicht ξ, η, ζ oder ε enthält.

112. Für verdünnte Lösungen ist, wie leicht einzusehen, die der Gleichung (217) entsprechende Gleichung die folgende:

$$\frac{\zeta^c \varepsilon^d}{\xi^a \eta^b} = \varphi(\theta)\, v^{c+d-a-b}\, \varepsilon^{\frac{a}{R_1\theta}\frac{dw}{d\xi}}\, \varepsilon^{-\frac{a}{R_1\theta}\frac{dQ}{d\xi}} \quad \ldots (218),$$

wo Q die mittlere Lagrange'sche Funktion des Lösungsmittels und gleich

$$\pi y \theta + \pi f_5(\theta) - \pi w_5$$

ist.

Der Wert von $dQ/d\xi$ wird null sein, wenn sich die Eigenschaften des Lösungsmittels nicht ändern, wenn eine chemische Wirkung stattfindet. Da die Lösungen sehr verdünnt sind, kann in allen Fällen angenommen werden, dafs sich die Eigenschaften des Lösungsmittels um einen Betrag ändern, welcher der Menge des gelösten Salzes proportional ist. Daher ist Q eine lineare Funktion von ξ, η, ζ, ε und $dQ/d\xi$ enthält keine dieser Gröfsen und es gilt daher in diesem Falle die Gleichung

$$\frac{\zeta^c \varepsilon^d}{\xi^a \eta^b} = \varphi_1(\theta)\, v^{c+d-a-b}\, \varepsilon^{\frac{a}{R_1\theta}\frac{dw}{d\xi}} \quad \ldots\ldots (219).$$

Die Gleichungen des Gleichgewichts für Gase und für verdünnte Lösungen sind also genau von derselben Form.

113. Der Wert von $dw/d\xi$ bildet das Maſs für die Zunahme der potentiellen Energie des Systems, wenn die Masse von ξ um die Einheit vergröſsert wird. Wenn bei dem chemischen Prozeſs, durch den sich C und D zu A und B umsetzen, Wärme erzeugt wird, so wird die potentielle Energie kleiner, wenn ξ gröſser wird, und wenn die Wärmemenge groſs ist, so kann das mechanische Äquivalent derselben als Maſs für die Abnahme der potentiellen Energie angenommen werden.

Wenn die Umsetzung von C und D in A und B von Wärmeentwickelung begleitet ist, dann ist $dw/d\xi$ negativ. Es ist daher für $\theta = 0$ auch

$$\zeta^c \varepsilon^d / \xi^a \eta^b = 0$$

oder es muſs entweder ζ oder ε verschwinden, d. h. die chemische Reaktion zwischen C und D hört nicht eher auf, als bis eine der beiden Substanzen erschöpft ist, mit anderen Worten, die von Wärmeentwickelung begleitete Reaktion schreitet bei dem Nullpunkt der absoluten Temperatur so weit fort als möglich.

Nach dem Berthelot'schen Gesetz vom „*Arbeitsmaximum*" schreitet die von Wärmeentwickelung begleitete Reaktion bei allen Temperaturen so weit als möglich fort. Aus Gleichung (218) ergiebt sich jedoch, daſs dies streng genommen nur für den Nullpunkt der Temperatur richtig ist.

Für Substanzen, welche groſse Wärmemengen entwickeln, wenn sie sich verbinden, ergiebt sich aus Gleichung (218), daſs die Vereinigung ebenso schnell zunimmt wie die Temperatur abnimmt. Wenn also bei einer Temperatur von etwa 1000° C überhaupt eine Vereinigung stattfindet, dann kann das Berthelot'sche Gesetz für alle gewöhnlichen Temperaturen als gültig angesehen werden. Als Beispiel mag die Vereinigung von Wasserstoff und Sauerstoff dienen. Der Vorgang wird durch ſolgende Gleichung ausgedrückt:

$$2H_2 + O_2 = 2H_2O.$$

Es seien ξ, η, ζ beziehungsweise die Mengen Wasserstoff, Sauerstoff und Wasser. Dann ist $a = 2$, $b = 1$, $c = 2$, $d = 0$ und die Gleichung (218) geht über in

$$\frac{\zeta^2}{\xi^2\eta} = \frac{1}{v}\,\varphi(\theta)\,\varepsilon^{\frac{2}{R_1\theta}\frac{dw}{d\xi}}.$$

Wenn wir für $f(\theta)$ den auf S. 239 gegebenen Wert einsetzen, so ergiebt sich, daſs in diesem Fall $\varphi(\theta) = C/\theta^{3.5}$. Für Wasserstoff bei 0° C ist $R_1\theta = 1.1 \times 10^{10}$, und da bei der Vereinigung von einem Gramm Wasserstoff mit Sauerstoff 34000 Kalorien frei werden, ist

$$\frac{dw}{d\xi} = 1.43 \times 10^{12}.$$

Wir wollen annehmen, es seien äquivalente Mengen Wasserstoff und Sauerstoff miteinander vermischt und es verhalte sich die Anzahl der Äquivalente, welche sich zu Wasser vereinigen, zu der Gesamtzahl der ursprünglich vorhandenen Äquivalente Sauerstoff oder Wasserstoff wie $x:1$. Dann ist x gegeben durch die Gleichung

$$\frac{x^2}{(1-x)^3} = \frac{C'}{\theta^{3.5}}\,\varepsilon^{\frac{2}{R_1\theta}\frac{dw}{d\xi}}.$$

Wenn wir annehmen, daſs sich bei 1092° C die

Hälfte der Äquivalente vereinigen, dann ist der Wert von x bei 546^0 C gegeben durch die Gleichungen

$$\frac{x^2}{(1-x)^3} = 2.\left(\frac{5}{3}\right)^{3\cdot5} \varepsilon^{2\left(\frac{130}{3} - \frac{130}{5}\right)}.$$

Es ist also annähernd

$$1 - x = \frac{1}{5} \varepsilon^{-\frac{34}{3}}$$

$$= \frac{1}{5} \times 10^{-5}.$$

Bei dieser Temperatur bleibt also nur ungefähr der fünfhunderttausendste Teil der Moleküle unverbunden. Es findet also in diesem Falle bei einer gewissen Temperatur eine sehr beträchtliche Dissociation statt, während bei einer nicht viel niedrigeren Temperatur eine fast vollständige Vereinigung stattfindet.

114. *Der Einflufs des Druckes auf das chemische Gleichgewicht.* Nach Gleichung (219) ist

$$\frac{\zeta^c \varepsilon^d}{\xi^a \eta^b} = v^{c+d-a-b} \varphi(\theta) \varepsilon^{\frac{a}{R_1 \theta} \frac{dw}{d\xi}}.$$

Wenn daher

$$a + b = c + d,$$

dann ist das Verhältnis $\zeta^c \varepsilon^d / \xi^a \eta^b$ vom Volum unabhängig. Wenn wir also gegebene Mengen der vier Substanzen vermischen, so ist der Betrag der chemischen Einwirkung, welche stattfindet, unabhängig von dem Volum, welches die Substanzen einnehmen. Da die chemische Reaktion so beschaffen ist, dafs bei der Einwirkung von A auf B a Moleküle von A und *b* Moleküle von *B* verschwinden, dagegen *c* Moleküle von *C* und *d* Moleküle von *D* entstehen, so bleibt, wenn $a + b = c + d$, die Anzahl der Moleküle im Gefäſs unverändert, wenn die chemische Reaktion eintritt. Dies drückt man zuweilen so aus, daſs man sagt, die Vereinigung finde ohne Veränderung des Volums statt. In diesem Falle wird aber, wie wir soeben gesehen haben, der Betrag der chemischen Vereinigung durch das Volum, in welchem die sich verbindenden Substanzen enthalten sind, nicht beeinfluſst. Wenn $a + b$ gröſser ist als $c + d$, dann ist das Verhältnis von $\zeta^c \varepsilon^d$ zu $\xi^a \eta^b$ um so kleiner, je gröſser das Volum v ist. Nun strebt die Einwirkung von *C* auf *D* dieses Verhältnis kleiner zu machen, während die Einwirkung von *A* auf *B* dasselbe zu vergröſsern strebt, und wenn $a + b$ gröſser als $c + d$ ist, so wird die Anzahl der Moleküle durch die Einwirkung von *C* auf *D* vermehrt und durch die Einwirkung von *A* auf *B* vermindert. Aus Gleichung (219) ergiebt sich also, daſs, wenn die chemische Vereinigung die Anzahl der Moleküle verändert, der Gleichgewichtszustand von dem Volum abhängt, in welchem die Substanzen enthalten sind, und daſs eine Vergröſserung des Volums diejenige Reaktion begünstigt, welche von einer Vermehrung der Anzahl der Moleküle begleitet ist. Die chemische Wirkung, welche eine Vergröſserung des Volums bewirkt, wird also durch Druck verhindert, diejenige Reaktion dagegen, welche eine Verminderung des Volums bewirkt, wird durch Druck befördert. Es ist dies ein weiteres Beispiel des in § 84 ausgesprochenen Gesetzes.

115. Wir wollen jetzt einige der Resultate der Gleichung (219) etwas näher betrachten, und zwar

wollen wir der Einfachheit wegen annehmen, dafs $a = b = c = d = 1$ ist.

Wir wollen annehmen, die Massen der vier Substanzen A, B, C, D seien, bevor die Vereinigung beginnt, ξ_0, η_0, ζ_0, ε_0, und es sei, wenn der Gleichgewichtszustand eingetreten ist, die Menge $\delta_1 p$ von A verschwunden. Dann ist nach Gleichung (215)

$$\begin{aligned} \xi &= \xi_0 - \delta_1 p \\ \eta &= \eta_0 - \delta_2 p \\ \zeta &= \zeta_0 + \delta_3 p \\ \varepsilon &= \varepsilon_0 + \delta_4 p, \end{aligned}$$

und die Gleichung (219) geht über in

$$\frac{(\zeta_0 + \delta_3 p)(\varepsilon_0 + \delta_4 p)}{(\xi_0 - \delta_1 p)(\eta_0 - \delta_2 p)} = \varphi(\theta)\varepsilon^{\frac{a}{R_1 \theta}\frac{dw}{d\xi}} \quad \ldots (220).$$

Wir wollen annehmen, die ursprünglich miteinander vermischten Mengen der Substanzen seien den Verbindungsgewichten derselben proportional gewesen, d. h. es seien äquivalente Mengen der vier Substanzen genommen worden. Dann können wir setzen

$$\xi_0 = \delta_1 t, \ \eta_0 = \delta_2 t, \ \zeta_0 = \delta_3 t, \ \varepsilon = \delta_4 t.$$

Die Gleichung (220) geht dann über in die folgende:

$$\frac{\delta_3 \delta_4 (t + p)^2}{\delta_1 \delta_2 (t - p)^2} = \varphi(\theta)\varepsilon^{\frac{a}{R_1 \theta}\frac{dw}{d\xi}}.$$

Setzen wir

$$\frac{\delta_1 \delta_2}{\delta_3 \delta_4}\varphi(\theta)\varepsilon^{\frac{a}{R_1 \theta}\frac{dw}{d\xi}} \equiv k^2,$$

so ist

$$k = \frac{t + p}{t - p}$$

und heifst der Affinitätskoeffizient der Reaktion (Muir's *Principles of Chemistry*, p. 417). Wir können also die Gleichung (220) in folgender Form schreiben:

$$\frac{(\zeta_0 + \delta_3 p)\,(\varepsilon_0 + \delta_4 p)}{(\xi_0 - \delta_1 p)\,(\eta_0 - \delta_2 p)} = k^2 \frac{\delta_3 \delta_4}{\delta_1 \delta_2} \quad \ldots . (221),$$

wo k konstant ist, solange die Temperatur unverändert bleibt.

Der Einflufs der „Massenwirkung", d. h. der Einflufs, der dadurch ausgeübt wird, dafs man die ursprünglich vorhandenen Mengen der vier Substanzen ändert, läfst sich sofort aus dieser Gleichung ableiten.

Es sei dp_1 die Zunahme von p, wenn ξ_0 um $\delta\xi_0$ zunimmt, während die Mengen η_0, ζ_0, ε_0 konstant bleiben. Ferner seien δp_2, δp_3, δp_4 die Zunahme, wenn η_0, ζ_0, ε_0 beziehungsweise um $\delta\eta_0$, $\delta\zeta_0$, $\delta\varepsilon_0$ zunehmen. Dann ergeben sich sofort aus Gleichung (221) die folgenden Gleichungen:

$$\gamma \delta p_1 = \frac{\delta \xi_0}{\xi_0 - \delta_1 p} = \frac{\delta \xi_0}{\xi}$$

$$\gamma \delta p_2 = \frac{\delta \eta_0}{\eta_0 - \delta_2 p} = \frac{\delta \eta_0}{\eta},$$

$$\gamma \delta p_3 = -\frac{\delta \zeta_0}{\zeta_0 + \delta_3 p} = -\frac{\delta \zeta_0}{\zeta},$$

$$\gamma \delta p_4 = -\frac{\delta \varepsilon_0}{\varepsilon_0 + \delta_4 p} = -\frac{\delta \varepsilon_0}{\varepsilon},$$

wo γ die positive Gröfse

$$\frac{\delta_1}{\xi_0 - \delta_1 p} + \frac{\delta_2}{\eta_0 - \delta_2 p} + \frac{\delta_3}{\zeta_0 + \delta_3 p} + \frac{\delta_4}{\varepsilon_0 + \delta_4 p}$$

oder

$$\frac{\delta_1}{\xi} + \frac{\delta_2}{\eta} + \frac{\delta_3}{\zeta} + \frac{\delta_4}{\varepsilon}$$

bedeutet.

Wir sehen aus diesen Gleichungen, dafs $\delta p_1/\delta \xi_0$ und $\delta p_2/\delta\eta_0$ positiv, $\delta p_3/\delta\zeta_0$ und $\delta p_4/\delta\varepsilon_0$ dagegen negativ sind. Eine Zunahme der anfangs gegenwärtigen Mengen von A und B erhöht also den Betrag der Vereinigung, welche zwischen diesen Substanzen stattfindet, während eine Zunahme der anfangs vorhandenen Mengen von C und D den Betrag der Vereinigung vermindert, und die Wirkungen gleicher kleiner Veränderungen in den Massen von A, B, C, D, bevor eine Vereinigung stattfindet, sind umgekehrt proportional der im Gleichgewichtszustand vorhandenen Mengen dieser Substanzen.

In dem allgemeineren Fall, wenn a, b, c, d nicht sämtlich gleich der Einheit gesetzt werden, läfst sich leicht beweisen, dafs

$$\gamma\delta p_1 = \frac{a\delta\xi_0}{\xi},$$

$$\gamma\delta p_2 = \frac{b\delta\eta_0}{\eta},$$

$$\gamma\delta p_3 = -\frac{c\delta\zeta_0}{\zeta},$$

$$\gamma\delta p_4 = -\frac{d\delta\varepsilon_0}{\varepsilon},$$

und dafs, wenn δp die einer Zunahme δv des Volums entsprechende Änderung von p ist, wenn alle anderen Gröfsen konstant sind,

$$\gamma\delta p = (c + d - a - b)\,\frac{\delta v}{v},$$

wo $$\gamma = \frac{a\delta_1}{\xi} + \frac{b\delta_2}{\eta} + \frac{c\delta_3}{\zeta} + \frac{d\delta_4}{\varepsilon}.$$

Hier ist $a\delta_1 p$ die Masse von A, welche verschwunden ist.

116. Der Ausdruck (221) stimmt mit der Formel überein, die Guldberg und Waage aus ganz anderen Prinzipien abgeleitet haben (s. Muir's *Principles of Chemistry*, p. 407, und Lothar Meyer, *Moderne Theorien der Chemie*, Kap. XIII). Der aus dem Hamilton'schen Prinzip abgeleitete Ausdruck stimmt jedoch mit dem von Guldberg und Waage gegebenen nur in dem Falle überein, wenn $a = b = c = d$. Nach der Theorie von Guldberg und Waage, wie sie in den citierten Werken gegeben wird, ist die Gleichung (221) immer richtig, während sie nach unserer Theorie nur richtig ist, wenn $a = b = c = d$. Die Prinzipien, aus denen Guldberg und Waage ihre Gleichungen ableiten, führen jedoch, wie es scheint, wenn a, b, c, d nicht sämtlich gleich sind, eher auf die Gleichung (219), als auf (221). Ihr Gesichtspunkt scheint nämlich der folgende zu sein. Wenn zunächst $a = b = c = d = 1$, so wird in einer bestimmten Anzahl der Zusammenstöfse zwischen den Molekülen von A und B eine chemische Vereinigung von A und B stattfinden. Die Anzahl der Zusammenstöfse in der Zeiteinheit ist proportional dem Produkt aus der Anzahl der Moleküle von A und B, also proportional $\xi\eta$. Die Anzahl der Fälle, in denen chemische Vereinigung stattfindet, kann daher gleich $k\xi\eta$ angenommen werden, wenn k eine Gröfse bedeutet, die von den gegenwärtigen Mengen von A, B, C, D unabhängig ist. Die Anzahl der Moleküle, mit anderen Worten, welche aus den Zuständen von A und B austreten und in diejenigen von C und D

eintreten, ist $k\xi\eta$. In ähnlicher Weise können wir sehen, dafs die Anzahl der Moleküle von C und D, welche sich in A und B verwandeln, $k'\zeta\varepsilon$ ist. Wenn sich nun das System in einem unveränderlichen Zustand befindet, so mufs die Anzahl der entstehenden Moleküle von A und B gleich der Anzahl der verschwindenden Moleküle sein, d. h. es ist

$$k\xi\eta = k'\zeta\varepsilon.$$

Dies ist aber die Gleichung von Guldberg und Waage. Es ist aber leicht einzusehen, dafs das Gesagte nur dann gilt, wenn eine chemische Vereinigung zwischen *einem* Molekül von A und *einem* Molekül von B, sowie zwischen je einem Molekül von C und D stattfindet, mit anderen Worten, wenn $a = b = c = d = 1$. Wenn dagegen die chemische Reaktion durch die Gleichung

$$2(A) + (B) = (C) + 2(D)$$

ausgedrückt wird, so findet eine chemische Vereinigung statt, wenn ein Molekül von B mit zwei Molekülen von A zugleich zusammenstöfst. Die Anzahl solcher Verbindungen wird $\eta\xi^2$, und nicht $\eta\xi$ proportional sein, und die Anzahl der Moleküle von A, welche infolge ihrer Verbindung mit Molekülen von B verschwinden, wird daher durch $k\eta\xi^2$ dargestellt. In ähnlicher Weise kann die Anzahl der Moleküle von D, welche verschwinden, und die Anzahl der Moleküle von A, welche infolge der Vereinigung von C und D auftreten, durch $k'\zeta\varepsilon^2$ dargestellt werden, und da für den Gleichgewichtszustand die Anzahl der verschwindenden und die der auftretenden Moleküle von A dieselbe sein mufs, so ist

$$k\eta\xi^2 = k'\zeta\varepsilon^2.$$

Diese Gleichung stimmt mit (219), aber nicht mit der Gleichung von Guldberg und Waage überein.

117. Es ist, wie in § 107 bemerkt wurde, etwas unbestimmt, was das Molekül des gelösten Salzes oder der Säure in Wirklichkeit ist. In dem bereits erwähnten Fall z. B., in welchem die Reaktion durch die Gleichung

$$H_2SO_4 + 2NaNO_3 = 2HNO_3 + Na_2SO_4$$

ausgedrückt wird, wissen wir nicht, ob das Molekül Natriumnitrat durch $NaNO_3$ oder durch $Na_2N_2O_6$, oder ob das Molekül Salpetersäure durch HNO_3 oder durch $H_2N_2O_6$ dargestellt wird. Diese Frage kann vielleicht durch Versuche über den osmotischen Druck, die Erniedrigung des Dampfdrucks der Lösung und die Einwirkung des Salzes oder der Säure auf den Gefrierpunkt entschieden werden. Wenn die Moleküle durch $Na_2N_2O_6$, $H_2N_2O_6$ und nicht durch $NaNO_3$, HNO_3 dargestellt werden, so müfste man 170 und 126 Gramm dieser Substanzen statt 85 und 63 in einem Liter Wasser lösen, um die Wirkungen hervorzubringen, welche in Lösungen von einem Grammäquivalent im Liter beobachtet werden.

Um diese Frage zu entscheiden, können wir indessen die Formel (219) benutzen, welche den Betrag der chemischen Wirkung zwischen diesen Substanzen angiebt. Wenn die Moleküle durch HNO_3, Na_2SO_4, H_2SO_4 und $NaNO_3$ dargestellt werden, dann ist nach Gleichung (219) $\varepsilon\zeta^2/\xi\eta^2$ konstant, vorausgesetzt, dafs die Temperatur unverändert bleibt. Wenn dagegen die Moleküle durch $H_2N_2O_6$, Na_2SO_4, H_2SO_4 und $Na_2N_2O_6$ (oder durch HNO_3, $^1/_2Na_2SO_4$, $^1/_2H_2SO_4$, $NaNO_3$) dargestellt werden, dann ist $\varepsilon\zeta/\xi\eta$ konstant, solange die Temperatur unverändert bleibt. Hier bedeuten ξ, η, ζ, ε beziehungsweise die Massen der Schwefelsäure, des Natriumnitrats, der Salpetersäure und des Natriumsulfats.

Diese Reaktion ist von Thomsen (*Thermochemische Untersuchungen* I. p. 121) untersucht worden und in der folgenden Tabelle sind die aus seinen Experimenten berechneten Werte von $\varepsilon\zeta^2/\xi\eta^2$, $\varepsilon\zeta/\xi\eta$ für verschiedene Mengen der Substanzen zusammengestellt.

n	$\varepsilon\zeta/\xi\eta$	$\varepsilon\zeta^2/\xi\eta^2$
8	2.07	40.5
4	2.6	33
2	2.5	13.05
1	3.3	8
$^1/_2$	4.1	3.2
$^1/_4$	4.1	1.0

n bedeutet das Verhältnis der Anzahl der Äquivalente von Natriumsulfat zu der Anzahl der Äquivalente von Salpetersäure vor Beginn der chemischen Reaktion.

Wenn anfangs nur eine sehr geringe Menge von Salpetersäure gegenwärtig ist, so steht, wie sich aus dieser Tabelle ergiebt, die Formel (219) ebenso gut wie die Formel (221) mit den Beobachtungen in Einklang. Wenn die Lösung dagegen stärker wird, so hört jede Annäherung auf und die Gleichung (221) steht jetzt mit den Versuchen besser in Einklang. Hieraus können wir schliefsen, dafs in sehr verdünnten Lösungen die Moleküle von Salpetersäure und Natriumnitrat möglicherweise durch HNO_3, $NaNO_3$ dargestellt werden, dafs sie dagegen in stärkeren Lösungen entweder durch $H_2N_2O_6$, $Na_2N_2O_6$ dargestellt werden, oder dafs die Moleküle von Schwefelsäure und Natriumsulfat durch $^1/_2 H_2SO_4$, $^1/_2 Na_2SO_4$ dargestellt werden. Pfeffer's Bestimmung (§ 98) des von einer Kaliumsulfatlösung ausgeübten osmotischen Drucks spricht dafür, dafs das Molekül durch $^1/_2 K_2SO_4$ dargestellt wird. Wir brauchen jedoch auf die Versuche mit verdünnten Lösungen nicht soviel Gewicht zu legen als auf die mit starken Lösungen, da bei den schwachen Lösungen ein sehr geringer Irrtum in den Bestimmungen einen erheblichen Irrtum in dem Wert von $\varepsilon\zeta^2/\xi\eta^2$ oder $\varepsilon\zeta/\xi\eta$ verursachen kann.

Wenn bei zunehmender Stärke der Lösung eine derartige Veränderung in der Konstitution der Moleküle eintritt, so würde sich dieselbe wahrscheinlich in dem Einflufs der Substanz auf den osmotischen Druck, auf den Dampfdruck und auf die Erniedrigung des Gefrierpunktes bemerkbar machen, obgleich diese Wirkungen auch durch die Veränderung der Eigenschaften des Lösungsmittels, die durch den Zusatz von Salz bewirkt wird, beeinflufst werden.

118. In dem soeben betrachteten Falle wurden die vier Substanzen A, B, C, D als gasförmig oder löslich vorausgesetzt. Wir müssen jetzt untersuchen, in welcher Weise die Gleichungen abgeändert werden müssen, wenn eine oder mehrere der Substanzen fest, und wenn es sich um Lösungen handelt, unlöslich sind.

Wir wollen zuerst den Fall betrachten, dafs nur eine der Substanzen D ein unlöslicher fester Körper ist. Das ist z. B. der Fall, wenn die vier Substanzen Oxalsäure, Calciumchlorid, Salzsäure und Calciumoxalat sind.

Die mittlere Lagrange'sche Funktion ist jetzt von der Form

$$\varepsilon\gamma\theta + \varepsilon f(\theta) - \varepsilon w_4,$$

und die Bedingung

$$\frac{dH}{d\xi} = 0$$

führt zu der Glsichung

$$\frac{\zeta^c}{\xi^a \eta^b} = v^{c-a-b}\, \varphi(\theta) \varepsilon^{\frac{a}{R_1\theta}\frac{dw}{d\xi}} \quad \ldots\ldots\ldots (222).$$

Wenn zwei von den Substanzen unlösliche feste Körper sind, wenn z. B. *A* Kaliumkarbonat, *B* Bariumsulfat, *C* Kaliumsulfat und *D* Bariumkarbonat ist, so läſst sich leicht beweisen, daſs

$$\frac{\zeta^c}{\xi^a} = v^{c-a}\, \varphi(\theta) \varepsilon^{\frac{a}{R_1\theta}\frac{dw}{d\xi}} \quad \ldots\ldots\ldots (223).$$

Wir sehen aus diesen Gleichungen, daſs der Betrag der chemischen Reaktion von den Massen der unlöslichen Substanzen unabhängig ist.

119. Als Beispiel eines Falles, in welchem die Bedingungen noch verwickelter sind, als in den im letzten Paragraphen erörterten Fällen, wollen wir einen von Horstmann (Watts' *Dictionary of Chemistry*, 3. Supplement, p. 433) untersuchten Fall betrachten, in welchem Wasserstoff, Kohlenoxyd und Wasser explodiert und Wasser und Kohlensäure gebildet wurden.

Hier haben wir fünf Substanzen zu betrachten, Wasserstoff, Kohlenoxyd, Sauerstoff, Wasser und Kohlensäure. Es seien beziehungsweise ξ, η, ζ, ε, π

die Massen und c_1, c_2, ... c_5 die Molekulargewichte dieser Substanzen.

Die Beziehung zwischen dem Druck p, der Dichtigkeit ϱ und der absoluten Temperatur θ sei für Wasserstoff

$$p = R_1 \theta \varrho,$$

für Kohlensäure

$$p = R_2 \theta \varrho.$$

Die Beziehungen für die übrigen Substanzen seien durch entsprechende Gleichungen ausgedrückt.

Die mittlere Lagrange'sche Funktion für Wasserstoff sei

$$\xi R_1 \theta \log \frac{v \varrho_0}{\xi} + \xi f_1(\theta) - \xi w_1,$$

wo v das Volum bedeutet, in welchem das Gas enthalten ist, und w_1 die mittlere potentielle Energie der Masseneinheit Wasserstoff. Für die mittleren Lagrangeschen Funktionen der anderen Gase gelten analoge Ausdrücke.

Was nun auch für Veränderungen unter den verschiedenen Gasen vor sich gehen, weil die Menge des Wasserstoffs konstant ist, gilt die Gleichung

$$\frac{\xi}{c_1} + \frac{\varepsilon}{c_4} = \text{konst.}$$

Weil die Mengen des Kohlenstoffs und des Sauerstoffs konstant sind, gelten beziehungsweise die Gleichungen

$$\frac{\eta}{c_2} + \frac{\pi}{c_5} = \text{konst.}$$

$$\frac{1}{2}\frac{\eta}{c_2} + \frac{\zeta}{c_3} + \frac{1}{2}\frac{\varepsilon}{c_4} + \frac{\pi}{c_5} = \text{konst.}$$

Wir haben also drei Gleichungen zwischen fünf unbekannten Gröſsen. Wenn wir daher zweien derselben willkürliche Variationen erteilen, so sind die Variationen der anderen bestimmt.

Wir wollen ξ und η als unabhängige Variable betrachten. Wenn dann η konstant ist, dann ist

$$\frac{d\zeta}{d\xi} = \frac{1}{2}\frac{c_3}{c_1}, \quad \frac{d\varepsilon}{d\xi} = -\frac{c_4}{c_1}, \quad \frac{d\pi}{d\xi} = 0,$$

und wenn ξ konstant ist,

$$\frac{d\zeta}{d\eta} = \frac{1}{2}\frac{c_3}{c_2}, \quad \frac{d\varepsilon}{d\xi} = 0, \quad \frac{d\pi}{d\xi} = -\frac{c_5}{c_2}.$$

Wenn das System im Gleichgewicht ist, so ist die mittlere Lagrange'sche Funktion für alle möglichen Variationen stationär. Daher ist

$$\left(\frac{dH}{d\xi}\right)_{\eta \text{ konstant}} = 0, \quad \left(\frac{dH}{d\eta}\right)_{\xi \text{ konstant}} = 0.$$

Da nun

$$R_1 c_1 = R_2 c_2 = R_3 c_3 = R_4 c_4 = R_5 c_5,$$

so wird die erste Gleichung:

$$\frac{\varepsilon v^{\frac{1}{2}}}{\xi \zeta^{\frac{1}{2}}} = \varphi_1(\theta) e^{\frac{1}{c_1 R_1 \theta}\left(\frac{dw}{d\xi}\right)_{\eta \text{ konstant}}} \quad \ldots (224)$$

und die zweite:

$$\frac{\pi v^{\frac{1}{2}}}{\eta \zeta^{\frac{1}{2}}} = \varphi_2(\theta) e^{\frac{1}{c_1 R_1 \theta}\left(\frac{dw}{d\eta}\right)_{\xi \text{ konstant}}} \quad \ldots (225),$$

wo w die mittlere potentielle Energie des Gasgemisches ist.

Diese Gleichungen sind von derselben Form wie diejenigen, welche ich in meiner bereits erwähnten Abhandlung über die chemische Vereinigung von

Gasen aus rein kinetischen Betrachtungen abgeleitet habe.

Dividiert man (224) durch (225), so erhält man

$$\frac{\varepsilon\eta}{\xi\pi} = \frac{\varphi_1(\theta)}{\varphi_2(\theta)}\, \varepsilon^{\frac{1}{c_1 R_1 \theta}\left\{\left(\frac{dw}{d\xi}\right) - \left(\frac{dw}{d\eta}\right)\right\}}.$$

Solange daher die Temperatur konstant ist, steht das Verhältnis der gebildeten Wassermenge zu der Menge der Kohlensäure stets in einem konstanten Verhältnis zu dem Verhältnis der Menge des freien Wasserstoffs zu der Menge des freien Kohlenoxyds. Zu diesem Resultat kam Horstmann in den erwähnten Experimenten.

FÜNFZEHNTES KAPITEL.

Einflufs der Änderungen in den physikalischen Bedingungen auf den Koeffizienten der chemischen Reaktion.

120. Da der Wert von

$$\frac{\varepsilon^d \zeta^c}{\xi^a \eta^b}$$

unabhängig von den Werten von ξ, η, ζ, ε ist, und da sich, wenn er bekannt ist, der Betrag der chemischen Reaktion bestimmen läfst, so ist es zweckmäfsig, einen Namen für denselben zu haben. Wir wollen ihn daher den Reaktionskoeffizienten für *A* und *B* nennen und mit *k* bezeichnen. Je intensiver die chemische Wirkung zwischen *A* und *B* und je kleiner die Werte von ξ, η im Zustand des Gleichgewichts sind, desto gröſser ist der Wert von k.

Aus Gleichung (220) ergiebt sich

$$k = \varphi_1(\vartheta)\, e^{-\frac{a}{R_1\theta}\frac{dQ}{d\xi}}\, e^{\frac{a}{R_1\theta}\frac{dw}{d\xi}} \quad \ldots\ldots (226).$$

Die Änderungen in den physikalischen Bedingungen, die wir als klein annehmen wollen, lassen sich durch Änderungen δQ und δw in den Werten von Q und w darstellen, und wir sehen aus Gleichung (226), daſs, wenn δk die entsprechende Änderung in k ist,

$$\frac{\delta k}{k} = -\frac{a}{R_1\theta}\frac{d\delta Q}{d\xi} + \frac{a}{R_1\theta}\frac{d\delta w}{d\xi} \quad \ldots (227).$$

Wenn die Substanzen, um die es sich handelt, Gase sind, so muſs Q und δQ gleich Null gesetzt werden. Bei der Diskussion der Dissociation in Kap. XIV betrachteten wir die meisten Änderungen in den physikalischen Bedingungen, welche den Zustand des chemischen Gleichgewichts in diesem Falle beeinflussen konnten, und die Resultate, zu denen wir kamen, sind auch auf das vorliegende allgemeinere Problem anwendbar. Wir sehen aus (227), daſs jede Ursache, welche eine Änderung in der potentiellen Energie hervorbringt, die mit irgend einer chemischen Wirkung gröſser wird, diese Wirkung zu hemmen strebt, so daſs dieselbe nicht so weit fortschreitet, bevor Gleichgewicht eintritt, als in dem Falle, daſs die störende Ursache nicht vorhanden gewesen wäre, und umgekehrt.

Wir wollen jetzt etwas näher auf den Fall der verdünnten Lösungen eingehen und den Einfluſs betrachten, welcher auf das chemische Gleichgewicht durch Änderungen in den Eigenschaften des Lösungsmittels ausgeübt wird, die aus dem Fortschreiten der chemischen Veränderung entspringen.

121. *Einflufs der Oberflächenspannung.* Zuerst wollen wir den Einflufs betrachten, den die Oberflächenspannung der Lösung ausübt. Wir wissen, dafs die Oberflächenspannung von der Stärke und der Natur der Lösung abhängt. Da sich nun infolge der chemischen Wirkung die Zusammensetzung ändert, so ändert sich die Oberflächenspannung des Lösungsmittels und daher auch die mittlere Lagrange'sche Funktion desselben. Folglich müssen nach dem soeben ausgesprochenen Satz auch die Bedingungen für das Gleichgewicht durch die Oberflächenspannung verändert werden.

Es sei A die Gröfse der Oberfläche der Lösung, T die Oberflächenspannung. Dann ist die potentielle Energie der Oberflächenspannung TA und daher enthält der Ausdruck für die mittlere Lagrange'sche Funktion das Glied $-TA$. Nach Gleichung (227) ist also die Wirkung der Oberflächenspannung auf den Koeffizienten der chemischen Reaktion gegeben durch die Gleichung

$$\frac{\delta k}{k} = \frac{a}{R_1 \theta} \frac{d}{d\xi}(AT).$$

Wir wollen uns von der Gröfse dieser Wirkung eine Vorstellung zu machen versuchen. Wenn e das Molekulargewicht der Substanz ist, deren Masse ξ ist, so ist für 0° C

$$\frac{1}{2} c R_1 \theta = 1{\cdot}1 \times 10^{10},$$

folglich, wenn wir der Einfachheit halber $a = 1$ setzen,

$$\frac{1}{R_{1\theta}} \frac{d}{d\xi}(AT) = \frac{c}{2 \cdot 2 \times 10^{10}} \frac{d}{d\xi}(AT).$$

Nun ist $cd(AT)/d\xi$ die Zunahme in AT, wenn die Menge ξ in der Lösung um ein Grammäquivalent vermehrt wird. Wenn v das Volum des Gefäfses ist und die Oberfläche desselben konstant bleibt, wenn die chemische Vereinigung eintritt, dann ist

$$c \frac{d}{d\xi}(AT) = 10^8 T' \frac{A}{v},$$

wo T' die Zunahme von T bedeutet, wenn die Menge ξ um ein Grammäquivalent per Liter vermehrt wird. Aus den Versuchen von Röntgen und Schneider (*Oberflächenspannung von Flüssigkeiten,* Wied. *Ann.* XXIX. 165) ergiebt sich nun, dafs T' selbst bei einfachen Salzen 5 bis 6 sein kann, so dafs

$$\frac{\delta k}{k} \text{ von der Ordnung } \frac{3}{10^7} \frac{A}{v} \text{ ist.}$$

Wenn die Lösung zu einem Häutchen von der Dicke t ausgebreitet wird, so ist $A/v = 2/t$, folglich

$$\frac{\delta k}{k} \text{ von der Ordnung } \frac{6}{10^7} \frac{1}{t}.$$

Wenn daher die Dicke des Häutchens 1/10000 cm ist, so ändert sich der Wert von k um ungefähr 0.6 Prozent. Wenn die Dicke der Schicht mit der Entfernung zwischen den Molekülen, also etwa 10^{-7} vergleichbar ist, dann kann $\delta k/k$ den Wert von 6 erreichen. In diesem Falle würden natürlich die Bedingungen des Gleichgewichts vollständig geändert werden. In sehr dünnen Häutchen kann z. B. der

Einflufs der Kapillarität hinreichend sein, um die Natur des chemischen Gleichgewichts vollständig zu verändern, während dasselbe in einer kompakten Masse der Flüssigkeit nur unbedeutend ist.

Wenn die Oberflächenspannung mit fortschreitender chemischer Wirkung zunimmt, so strebt die Kapillarität die Wirkung zu hemmen. Wenn dagegen die Oberflächenspannung mit fortschreitender Wirkung abnimmt, so strebt die Kapillarität die Wirkung zu steigern.

Daher kann die chemische Wirkung in einem Raum wie in einem dünnen Häutchen, in welchem die die Kapillaritätserscheinungen erzeugenden Kräfte wirksam sind, wesentlich verschieden sein von der chemischen Wirkung in einer kompakten Masse derselben Substanz, die von der Wirkung solcher Kräfte frei ist.

Dieser Punkt scheint nicht die verdiente Beachtung gefunden zu haben. Es giebt jedoch einige Erscheinungen, welche auf die Existenz einer derartigen Wirkung hindeuten. Eine derselben ist von dem Entdecker Liebreich „der tote Raum bei chemischen Reaktionen“ genannt worden. Dieselbe wird gut veranschaulicht durch das Verhalten einer alkalischen Lösung von Chloralhydrat. Wenn das Alkali dem Chloral im richtigen Verhältnis zugesetzt wird, so wird Chloroform langsam als weifser Niederschlag ausgeschieden, und wenn die Lösung in ein Probierglas gebracht wird, so befindet sich auf der Oberfläche der Flüssigkeit ein dünnes Häutchen, welches vollkommen klar und frei von Chloroform bleibt. Wenn diese Erscheinung nicht einer chemischen Wirkung der Luft zugeschrieben werden mufs, so beweist sie, daſs sich das Alkali und das Chloral nicht verbinden, oder daſs wenigstens kein Chloroform ausgeschieden wird. Auch in feinen Kapillarröhren scheint kein Niederschlag zu entstehen. Diese Erscheinung würde sich vermittelst der angeführten Sätze erklären lassen, wenn die Oberflächenspannung der alkalischen Lösung zunimmt, wenn sich das Alkali mit dem Chloral verbindet und Chloroform ausgeschieden wird. In diesem Falle würde nämlich die Oberflächenspannung mit fortschreitender chemischer Wirkung gröſser werden und daher diese Wirkung zu hemmen streben. Dr. Monckman hat im Cavendish Laboratorium einige Versuche über die Änderung der Oberflächenspannung der Lösung bei fortschreitender Reaktion ausgeführt und gefunden, daſs sie erheblich gröſser wird, so daſs dieser Fall mit unserer Theorie in Einklang steht. Die Dicke des toten Raumes (1 bis 2 mm in Liebreich's Experimenten) ist etwas gröſser, als man hätte erwarten sollen, allein jede Störung der Gleichförmigkeit in der Flüssigkeit wie die durch die Ausscheidung des Chloroforms selbst bewirkte würde die Dicke des toten Raumes vergröſsern.

Einige andere Wirkungen der Oberflächenspannung hat Prof. Liveing in seiner Abhandlung „On the Influence of Capillary Action in some Chemical Decompositions“ (*Proceedings Camb. Phil. Soc.* VI. p. 66) diskutiert.

122. *Wirkungen des Drucks.* Der Druck kann auf einen chemischen Vorgang zwei verschiedene Wirkungen ausüben. Die erste findet statt, wenn sich das Volum der dem Druck ausgesetzten Flüssigkeit bei fortschreitendem chemischen Vorgang ändert. In diesem Fall ist die Wirkung des Drucks der Gröſse

desselben proportional. Die zweite Wirkung findet statt, wenn der Koeffizient der Zusammendrückbarkeit der Flüssigkeit sich bei fortschreitendem chemischen Vorgang ändert. Diese Wirkung ist dem Quadrat des Drucks proportional.

Es sei P der äuſsere Druck und v das Volum. Wir können uns vorstellen, der äuſsere Druck sei durch ein äuſseres System hervorgebracht, dessen mittlere Lagrange'sche Funktion

$$-Pv$$

ist. Dann haben wir nach Gleichung (227)

$$\frac{\delta k}{k} = \frac{a}{R_1\theta}\,\frac{d}{d\xi}(Pv)$$

$$= \frac{a}{R_1\theta}\,P\,\frac{dv}{d\xi} \quad \dots\dots\dots\dots (228).$$

Wenn daher v mit ξ gröſser wird, so ist δk positiv, mit anderen Worten, der Wert von $\zeta^c\varepsilon^d/\xi^a\eta^b$ wird gröſser und daher sind ξ und η kleiner, als sie sein würden, wenn kein äuſserer Druck vorhanden wäre. Der äuſsere Druck strebt daher diejenige Wirkung zu hemmen, welche von einer Vergröſserung des Volums begleitet ist, und umgekehrt.

Wir wollen jetzt die Gröſse dieser Wirkung zu schätzen versuchen. Wenn die Moleküle der Substanz denselben Druck ausüben, als ob sie sich im gasförmigen Zustand befänden, dann ist für 0^0 C

$$\frac{1}{R_1\theta} = \frac{c}{2{\cdot}2 \times 10^{10}},$$

wo c das Verbindungsgewicht der Substanz bedeutet. Wenn daher das Volum für jedes gebildete Gramm von A um y ccm zunimmt, so ist nach (228) für einen Druck von x Atmosphären

$$\frac{\delta k}{k} = \frac{cxya}{2{\cdot}2 \times 10^4}.$$

Der Wert von y ist im allgemeinen in denjenigen Fällen am gröfsten, in denen einige der Substanzen gelöst sind, während andere niedergeschlagen werden. Wenn wir annehmen, dafs, wenn ein Salz gelöst ist, das Volum des Lösungsmittels sich nicht ändert, so wird y im allgemeinen nicht sehr verschieden von der Einheit sein. In diesem Falle ist

$$\frac{\delta k}{k} = \frac{cax}{2{\cdot}2 \times 10^4},$$

so dafs ein Druck von $220/ac$ Atmosphären erforderlich sein würde, um den Koeffizienten der Zusammendrückbarkeit um ein Prozent zu ändern. Wenn daher die an der Reaktion teilnehmenden Substanzen grofse Verbindungsgewichte besitzen, so wird die Reaktion für den Einflufs des Druckes empfindlich sein.

Wir wollen jetzt ermitteln, welchen Einflufs es auf das chemische Gleichgewicht hat, wenn sich der Koeffizient der Zusammendrückbarkeit während des Verlaufs des chemischen Prozesses ändert.

Es sei σ die Expansion oder Kontraktion der Lösung, $\varkappa$ der Volumelastizitätskoeffizient und v' das Volum derselben. Dann enthält der Ausdruck für die potentielle Energie das Glied

$$\frac{1}{2}\, v'\sigma^2\varkappa$$

und folglich der Ausdruck für die mittlere Lagrange'sche Funktion das Glied

$$-\frac{1}{2}\, v'\sigma^2\varkappa.$$

Wenn δk die Änderung in dem Reaktionskoeffizienten ist, welche durch die im Verlauf des chemischen Prozesses eintretende Änderung von $\varkappa$ bewirkt wird, so ist nach Gleichung (227)

$$\frac{\delta k}{k} = \frac{a}{2R_1\theta} v'\sigma^2 \frac{d\varkappa}{d\xi}.$$

Wenn P der äuſsere Druck ist, so ist

$$\varkappa\sigma = P.$$

Wenn wir für σ den durch diese Gleichung gegebenen Wert substituieren, so erhalten wir

$$\frac{\delta k}{k} = \frac{av'}{2R_1\theta} \frac{P^2}{\varkappa^2} \frac{d\varkappa}{d\xi} \quad \ldots\ldots\ldots (229).$$

Um uns eine Vorstellung von der Gröſse dieser Wirkung zu machen, wollen wir annehmen, der Wert von $\varkappa$ werde im Verhältnis von y zu 1 gröſser, wenn die Masse von A in der Lösung um ein Grammäquivalent per Liter vermehrt wird. Dann ist

$$\frac{1}{\varkappa} \frac{d\varkappa}{d\xi} = \frac{y \times 10^3}{v \times c},$$

wo c das Molekulargewicht von ξ bedeutet. Wir haben daher nach Gleichung (229)

$$\frac{\delta k}{k} = \frac{ay}{2R_1 c\theta} \frac{P^2}{\varkappa} \times 10^3.$$

Es ist aber

$$cR_1\theta = 2{\cdot}2 \times 10^{10},$$

und für Wasser

$$\varkappa = 2{\cdot}2 \times 10^{10}.$$

Für einen Druck von x Atmosphären ist daher annähernd

$$\frac{\delta k}{k} = \frac{ax^2y}{10^6}.$$

Aus den in § 97 angeführten Ergebnissen der Versuche von Röntgen und Schneider sehen wir, dafs y oft den Wert 1/10 erreicht. Es würde daher in diesem Fall, wenn wir a gleich eins annehmen, die Wirkung eines Druckes von 100 Atmosphären darin bestehen, dafs k um 1/10 Prozent geändert wird, während ein Druck von 1000 Atmosphären eine Änderung von 10 Prozent bewirken würde.

Wenn der Volumelastizitätskoeffizient mit ξ zunimmt, so besteht die Wirkung des Druckes darin, dafs sie den chemischen Prozefs, durch welchen ξ zunimmt, verzögert.

123. *Einflufs des Magnetismus auf den chemischen Prozefs.* Die magnetischen Eigenschaften von Lösungen sind im allgemeinen so schwach, dafs wir einen Einflufs des Magnetismus nur bei denjenigen erwarten dürfen, welche Eisen enthalten. Bei einigen der chemischen Prozesse, bei denen Eisen gelöst oder ausgeschieden wird, scheint indessen der Magnetismus einen Einflufs auf das Resultat auszuüben. Wenn z. B. eine Lösung von Kupfersulfat auf eine Eisenplatte gebracht wird, so wird Kupfer ausgeschieden und Eisen gelöst. Wenn diese Platte auf die Pole eines kräftigen Elektromagnets gesetzt wird, so ist der Kupferniederschlag am dünnsten über den Polen, also an denjenigen Stellen, an denen die magnetische Kraft am stärksten ist.

Die Wirkung der magnetischen Kraft ist leicht zu finden. Es sei I die Intensität der Magnetisierung der Lösung, I' die der Magnetisierung der Eisenplatte, H und H' die magnetischen Kräfte, k' und k'' beziehungsweise die Magnetisierungskoeffizienten der Lösung und des Eisens, v und v' die Volume dieser

Substanzen. Wenn dann k' und k'' konstant sind, dann enthält der Ausdruck für die mittlere Lagrange'sche Funktion nach § 34 das Glied

$$-\frac{1}{2}\left\{\frac{I^2}{k'}v+\frac{I'^2}{k''}v'\right\}+HIv+H'I'v'.$$

Es ist daher nach Gleichung (227)

$$\frac{\delta k}{k}=\frac{a}{2R_1\theta}\left\{-\frac{I^2}{k'^2}\frac{dk'}{d\xi}v-\frac{I'^2}{k''\sigma}+\frac{2H'I'}{\sigma}\right\},$$

wo σ die Dichtigkeit des Eisens und ξ die Menge des gelösten Eisens bedeutet.

Da nun

$$H=k'I,$$
$$H'=k''I',$$

so ist

$$\frac{\delta k}{k}=\frac{a}{2R_1\theta}\left(\frac{I'^2}{k''\sigma}-\frac{I^2}{k'^2}\frac{dk'}{d\xi}v\right).$$

Da in der Praxis $I'^2/k''\sigma$ gröfser als $I^2\frac{dk'}{d\xi}v/k'$ ist, so sehen wir, dafs δk positiv ist und mit I' zunimmt. Daher ist, weil $k=\zeta^c\varepsilon^d/\xi^a\eta^b$, die Menge des gelösten Eisens da am kleinsten, wo I' am gröfsten, d. h. da wo das magnetische Feld am stärksten ist, was mit den Ergebnissen des Experiments in Einklang steht.

In ähnlicher Weise läfst sich beweisen, dafs jeder chemische Prozefs, welcher eine Vergröfserung der Magnetisierungskoeffizienten bewirkt, durch die Wirkung magnetischer Kräfte gehindert wird.

Wenn wir die Lösung eines Eisensalzes in ein magnetisches Feld stellen, in welchem die Stärke nicht gleichförmig ist, so bewirkt die magnetische Kraft, dafs die Stärke der Lösung an denjenigen Teilen des Feldes, an denen die Kraft stark ist, grösser ist, als an denjenigen, an denen sie schwach ist.

Um die Grösse dieser Wirkung zu berechnen, wollen wir annehmen, die Lösung sei in zwei Gefässen enthalten, die durch ein enges Rohr miteinander verbunden sind, und das eine Gefäss stehe in einer Region, in welcher die magnetische Kraft gleich Null ist, das andere dagegen an einer Stelle, wo dieselbe konstant und gleich H ist. Wenn dann ξ und η beziehungsweise die Anzahl der Salzmoleküle in der Volumeinheit des ersten und des zweiten Gefässes bedeuten, so können wir dadurch, dass wir die Variation der mittleren Lagrange'schen Funktion für die Flüssigkeit in den beiden Gefässen gleich Null setzen, leicht beweisen, dass

$$R_1 \theta \log \frac{\xi}{\eta} = \frac{1}{2} \frac{I^2}{k'^2} \frac{dk'}{d\xi},$$

wo k' der Magnetisierungskoeffizient der Lösung ist. Wenn also der Magnetisierungskoeffizient mit der Stärke der Lösung zunimmt, so wird die magnetische Kraft streben, das Salz von den schwachen zu den starken Teilen des magnetischen Feldes zu treiben.

SECHZEHNTES KAPITEL.

Übergang aus dem festen in den flüssigen Aggregatzustand.

124. Die Fälle, welche wir bis jetzt betrachtet haben, betrafen hauptsächlich Gase und verdünnte Lösungen. In diesem Kapitel wollen wir die Erscheinungen der Lösung, der Schmelzung und der Erstar-

rung betrachten, in denen Flüssigkeiten und feste Körper die Hauptrolle spielen.

Lösung.

125. Wir wollen den Fall annehmen, ein Gemisch von einem Salz und einem Lösungsmittel sei im Gleichgewicht, und wollen zu ermitteln suchen, in welcher Weise die Menge des gelösten Salzes von verschiedenen physikalischen Bedingungen abhängt.

Es sei ξ die Masse des Salzes, η die Masse der Lösung. Wir wollen der Kürze halber $dp/d\theta$ für die Volumeinheit des Salzes mit ω und die entsprechende Gröfse für die Lösung mit ω' bezeichnen. Die potentiellen Energieen der Masseneinheiten des Salzes und der Lösung seien beziehungsweise w_1 und w_2.

Dann ist die mittlere Lagrange'sche Funktion für das Salz

$$\theta \int \omega dv + \xi f_1(\theta) - \xi w_1,$$

wo $f_1(\theta)$ derjenige Teil der mittleren kinetischen Energie der Masseneinheit ist, welcher nicht von den kontrollierbaren Koordinaten abhängt.

Ist v das Volum des Salzes und setzt man

$$\int \omega dv = \Omega v,$$

so läfst sich die mittlere Lagrange'sche Funktion für das Salz in folgender Weise schreiben:

$$\theta \Omega v + \xi f_1(\theta) - \xi w_1.$$

Die mittlere Lagrange'sche Funktion für die Lösung ist bei ähnlicher Bezeichnung

$$\theta \Omega' v' + \eta f_2(\theta) - \eta \omega_2,$$

wo $f_2(\theta)$ derjenige Teil der kinetischen Energie der Masseneinheit der Flüssigkeit ist, welche nicht von den kontrollierbaren Koordinaten abhängt, und v' das Volum der Lösung. Wir müssen berücksichtigen, dafs zwar Ω und w_1 nicht von den Werten von ξ und η abhängen, dafs aber Ω', w_2 und $f_2(\theta)$ von diesen Werten abhängen können, da sich die Eigenschaften der Lösung ändern können und auch wirklich ändern, wenn sich die in der Lösung enthaltene Salzmenge ändert.

Nach dem Hamilton'schen Prinzip ist der Wert der mittleren Lagrange'schen Funktion des Salzes und der Lösung für den Fall des Gleichgewichts stationär.

Wir wollen annehmen, dafs, wenn das System im Gleichgewicht ist, die Bedingungen dadurch gestört werden, dafs eine Masse $\delta\xi$ des Salzes schmilzt. Dann ist die Änderung in dem Wert von H, wenn σ die Dichtigkeit des Salzes und ϱ die Dichtigkeit der Lösung ist,

$$\left\{-\theta\frac{\Omega}{\sigma}-f_1(\theta)+w_1+\theta\frac{\Omega'}{\varrho}+\theta\frac{d\Omega'}{d\eta}v' + f_2(\theta)+\eta\frac{df_2(\theta)}{d\eta}-w_2-\eta\frac{dw_2}{d\eta}\right\}\delta\xi.$$

Da der Wert von H stationär ist, so mufs für den Fall des Gleichgewichts dieser Wert verschwinden, folglich

$$\frac{\Omega'}{\varrho}+\frac{d\Omega'}{d\eta}v'+\frac{1}{\theta}\frac{d}{d\eta}.\eta f_2(\theta)-\frac{\Omega}{\sigma}-\frac{f_1(\theta)}{\theta}=\frac{w_2+\eta\frac{dw_2}{d\eta}-w_1}{\theta} \tag{230}$$

Wenn wir wüfsten, wie sich die Gröfsen in dieser Gleichung mit der Menge des gelösten Salzes ändern, so könnten wir dieselbe benutzen, um die Menge des gelösten Salzes zu bestimmen, wenn die Lösung gesättigt ist. Wir wissen dies allerdings nicht und können also die Gleichung nicht benutzen, um die Löslichkeit eines Salzes in einem gegebenen Lösungsmittel zu bestimmen. Dennoch können wir mit Hilfe dieser Gleichung ermitteln, welchen Einfluſs verschiedene physikalische Umstände auf die Löslichkeit ausüben.

126. Zunächst wollen wir ermitteln, welchen Einfluſs der Druck ausübt. Wie bei einem chemischen Prozeſs, übt auch hier der Druck einen zweifachen Einfluſs aus, von denen der eine von der Veränderung des Volums abhängt, die in der Lösung stattfindet, und der andere von der Änderung der Koeffizienten der Zusammendrückbarkeit.

Wir wollen zuerst die Wirkung betrachten, welche die Änderung des Volums ausübt.

Wir können annehmen, der äuſsere Druck werde durch ein Gewicht erzeugt, welches auf einem auf die Flüssigkeit drückenden Kolben ruht. Die mittlere Lagrange'sche Funktion dieses Systems ist

$$-pV,$$

wo V das Volum des Salzes und der Lösung bedeutet. Die Zunahme desselben, wenn ξ um $\delta\xi$ vermindert wird, ist

$$\delta\xi p \frac{dV}{d\xi},$$

so daſs wir in diesem Fall statt (230) die folgende Gleichung haben:

$$\frac{\Omega'}{\varrho} + \frac{d\Omega'}{d\eta} v' + \frac{1}{\theta} \frac{d}{d\eta} \{\eta f_2(\theta)\} - \frac{\Omega}{\sigma} - \frac{1}{\theta} f_1(\theta)$$
$$= \frac{1}{\theta} \left(w_2 + \eta \frac{dw_2}{d\eta} - w_1 - p \frac{dV}{d\xi} \right) \quad (231).$$

Wir wollen die Temperaturänderung zu bestimmen suchen, welche denselben Einfluſs auf die Löslichkeit ausüben würde wie der Druck p.

Den Ausdruck

$$\frac{\Omega'}{\varrho} + \frac{d\Omega'}{d\eta} v' + \frac{1}{\theta} \frac{d}{d\eta} \{\eta f_2(\theta)\} - \frac{\Omega}{\sigma} - \frac{1}{\theta} f_1(\theta)$$
$$- \frac{1}{\theta} \left(w_2 + \eta \frac{dw_2}{d\eta} - w_1 \right)$$

können wir als eine Funktion von ξ betrachten, die wir mit $f(\xi)$ bezeichnen wollen. Wenn dann θ um $\delta\theta$ vergröſsert wird, so ist die entsprechende Änderung $\delta\xi$ in ξ nach (230) annähernd gegeben durch die Gleichung

$$f'(\xi)\delta\xi = -\frac{1}{\theta^2} \left(w_2 + \eta \frac{dw_2}{d\eta} - w_1 \right) \delta\theta.$$

Diese Gleichung ist nur annähernd richtig, weil wir die Änderungen von Ω, Ω', $f_1(\theta)/\theta$ und $f_2(\theta)/\theta$ mit der Temperatur vernachlässigt haben.

Wenn $\delta\xi_1$ die durch den Druck p bewirkte Änderung ist, während die Temperatur konstant bleibt, so haben wir nach Gleichung (231)

$$f'(\xi)\delta\xi_1 = -\frac{p}{\theta} \frac{dV}{d\xi}.$$

Daher ist die Änderung $\delta\theta$ in der Temperatur, welche dieselbe Wirkung hervorbringen würde wie der Druck p, gegeben durch die Gleichung

$$\frac{1}{\theta^2}\left(w_2 + \eta\,\frac{dw_2}{d\eta} - w_1\right)\delta\theta = \frac{p}{\theta}\,\frac{dV}{d\xi} \quad ..\ (232).$$

Nun ist $w_2 + \eta\,\dfrac{dw_2}{d\eta} - w_1$ die Zunahme in der potentiellen Energie, wenn die Masseneinheit des Salzes gelöst wird. Dieselbe wird gemessen durch das mechanische Äquivalent q der Wärme, welche in diesem Prozeſs beim Nullpunkt der Temperatur oder auch, falls sich die spezifische Wärme des Systems, während sich das Salz löst, nicht ändert, bei einer beliebigen anderen Temperatur *absorbiert* wird. Durch diese Substitution geht die Gleichung (232) über in

$$\delta\theta = p\,\frac{\theta}{q}\,\frac{dV}{d\xi} \quad \dots\dots\dots\dots\ (233).$$

Wenn das Volum kleiner wird, während sich das Salz löst, dann ist $dV/d\xi$ positiv. Wenn daher q positiv ist, so übt der Druck dieselbe Wirkung aus wie eine Temperaturzunahme. Wenn dagegen das Volum gröſser wird, während sich das Salz löst, so übt der Druck dieselbe Wirkung wie eine Temperaturabnahme aus.

Dieser Einfluſs des Druckes auf die Löslichkeit verschiedener Salze ist von Sorby (*Proc. Roy. Soc.* XII. p. 538, 1863) untersucht worden. Die Salze, welche er untersuchte, waren Natriumchlorid, Kupfersulfat, Ferricyankalium und Ferrocyankalium. Er fand, daſs die Löslichkeit durch Druck vermindert wird, wenn das Volum während der Lösung gröſser wird; daſs die Löslichkeit dagegen durch Druck gesteigert wird, wenn das Volum während der Lösung kleiner wird. Dies steht mit den Resultaten der Gleichung (233) in Einklang.

Die Ergebnisse seiner Versuche sind in der folgenden Tabelle zusammengestellt. Die erste Kolumne derselben giebt den Namen des Salzes an, die zweite die Zunahme des Volums, wenn 100 cc des Salzes auskrystallisieren, die dritte die Zunahme des gelösten Salzes unter dem Einfluſs eines Druckes von 100 Atmosphären, und die vierte den aus Gleichung (233) berechneten Wert dieser Gröſse.

Natriumchlorid	13.57	0.419	0.56
Kupfersulfat	4.83	3.183	2.4
Ferricyankalium	2.51	0.335	0.28
Kaliumsulfat	31.21	2.914	4.4
Ferrocyankalium	8.9	2.845	

Die Zahlen, welche erforderlich sind, um mit Hilfe der Gleichung (233) den theoretischen Betrag der Änderung der Löslichkeit zu berechnen, sind weiter unten angegeben.

Die Wärme, welche absorbiert wird, wenn sich das Salz löst, hängt von der Stärke der Lösung und von der Temperatur ab. Der Wert von q, der für die vorliegende Aufgabe bekannt sein muſs, ist derjenige, welcher einer gesättigten Lösung bei dem Nullpunkt der absoluten Temperatur entspricht. Da die Änderungen des Wertes von q mit der Temperatur wahrscheinlich durch Änderungen der spezifischen Wärme verursacht werden, so wird die Wirkung dieser Änderungen um so kleiner sein, je niedriger die Temperatur ist. Wir wollen daher die Lösungswärme stets für die niedrigste Temperatur annehmen, für welche sie beobachtet worden ist, was allerdings nur eine sehr rohe Annäherung sein kann, wenn sich der Wert von q mit der Temperatur sehr schnell ändert.

Natriumchlorid.

q bei 0° C für eine starke Lösung $= \frac{5.6}{58} \times 4.1 \times 10^9$ (Ostwald's *Lehrbuch der allgemeinen Chemie*, II. p. 170).

Spezifisches Gewicht = 2.1 (Watts' *Dictionary of Chemistry*, V. p. 335).

Nach Gay-Lussac (*Annales de Chimie et de Physique*, XI. p. 310, 1819) beträgt die Zunahme der Löslichkeit für jeden Grad C

$$\frac{4.7}{35.15} = 0.13\,\%.$$

Kupfersulfat. $CuSO_4 + 5H_2O$.

q bei 15° C? $= \frac{27.2}{249.3} \times 4.1 \times 10^9$ (Ostwald, *Lehrbuch*, II. p. 250).

Spezifisches Gewicht = 2.2 (Watts' *Dictionary of Chemisty*, V. 591).

Zunahme des gelösten Salzes für eine Temperaturerhöhung von 1° C = 1.7 % (Watts' *Dictionary of Chemistry*, V. 591).

Ferricyankalium.

q bei 15° C? $= \frac{144}{251} \times 4.1 \times 10^9$ (Ostwald, *Lehrbuch*, II. *p.* 352).

Spezifisches Gewicht = 1.8 (Watts' *Dictionary of Chemistry*, II. 247).

Zunahme des gelösten Salzes für eine Temperaturerhöhung von 1° C = 1.27 % (Watts' *Dictionary*, II. 247).

Kaliumsulfat.

q bei 15^0 C? $= \frac{64}{174} \times 4.1 \times 10^9$ (Ostwald, *Lehrbuch*, II. p. 162).

Spezifisches Gewicht = 2.6 (Watts' *Dictionary*, V. 607).

Zunahme des gelösten Salzes für eine Temperaturerhöhung von 1^0 C = $2^0/_0$ (Gay-Lussac, *Annales de Chimie et de Physique*, XI. p. 311, 1819).

Entsprechende Daten für das Ferricyankalium zu finden ist mir nicht gelungen.

Wie sich aus diesen Daten die Wirkungen des Druckes berechnen lassen, mag an einem Beispiel erläutert werden. Für Natriumchlorid ist die Zunahme des Volums, wenn 1 cc des Salzes auskrystallisiert, 13.57/100, und das spezifische Gewicht des Salzes ist 2.1. Daher ist

$$\frac{dV}{d\xi} = \frac{0.1357}{2.1}.$$

Wenn der Druck gleich 100 Atmosphären und die Temperatur 15^0 C ist, so ist

$$p = 10^8,$$
$$\theta = 288,$$

so dafs nach Gleichung (233)

$$\delta\theta = \frac{288 \times 58 \times 0.1357 \times 10^8}{5.6 \times 4.1 \times 2.1 \times 10^9}$$

$$\delta\theta = 4.4^0\ \mathrm{C}.$$

Da nun die Löslichkeit für jeden Grad um $0.13^0/_0$ zunimmt, so wird die Löslichkeit durch den Druck um 0.56 in 100 Teilen gesteigert.

Wenn wir die Unvollkommenheit der uns zur

Verfügung stehenden Daten berücksichtigen, so stimmen die Versuche mit der Theorie so gut überein, als sich überhaupt erwarten läfst.

Bisher haben wir den Unterschied in der Zusammendrückbarkeit des Salzes und der Lösung unberücksichtigt gelassen. Da derselbe jedoch sehr bedeutend sein kann, so müssen wir den Einflufs dieses Unterschiedes untersuchen, um beurteilen zu können, wann derselbe vernachlässigt werden darf.

Wenn der Volumelastizitätskoeffizient des Salzes k und derjenige der Lösung k' ist, so enthält die mittlere Lagrange'sche Funktion derselben das Glied

$$-\frac{1}{2} k e^2 v - \frac{1}{2} k' e'^2 v',$$

wo, wie vorher, v und v' beziehungsweise die Volume des Salzes und der Lösung, e und e' die Kontraktionen derselben bedeuten.

Wenn dieses Glied bei der Rechnung mitberücksichtigt wird, so führt die Bedingung

$$\frac{dH}{d\xi} = 0$$

auf die Gleichung

$$\frac{\Omega'}{\varrho} + \frac{d\Omega'}{d\eta} v' - \frac{\Omega}{\sigma} + \frac{1}{\theta} \left[\frac{d}{d\eta} \{\eta f_2(\theta)\} - f_1(\theta) \right] =$$

$$\frac{1}{\theta} \left\{ w_2 + \eta \frac{dw_2}{d\eta} - w_1 - p \frac{dV}{d\xi} - \frac{1}{2} \frac{p^2}{k} \frac{1}{\sigma} - \frac{1}{2} \frac{p^2}{k'^2} \frac{d}{d\xi} k'v' \right\},$$

und wenn $\delta\theta$ die Temperaturzunahme ist, welche dieselbe Wirkung wie der Druck hervorbringen würde, so ist

$$\delta\theta = \frac{\theta}{q} \left\{ p \frac{dV}{d\xi} + \frac{1}{2} \frac{p^2}{k} \frac{1}{\sigma} + \frac{1}{2} \frac{p^2}{k'^2} \frac{d}{d\xi} (k'v') \right\}.$$

Da k' von der Ordnung 10^{10} ist, so sind, wenn

die Änderung in dem Volum des Salzes bei der Lösung ein Prozent des ursprünglichen Volums beträgt, die Glieder, welche p^2 enthalten, nicht so wichtig als diejenigen, welche p enthalten, wenn der Druck 100 Atmosphären nicht übersteigt. Für bedeutend gröſsere Drucke dagegen sind die Glieder, welche p^2 enthalten, die wichtigsten, und in diesem Falle ist die Wirkung des Druckes dem Quadrat des Druckes proportional und nicht, wie in dem von Sorby untersuchten Fall, der ersten Potenz desselben.

127. *Einfluſs der Oberflächenspannung auf die Löslichkeit.* Die Oberflächenspannung kann die zur Sättigung einer Lösung erforderliche Salzmenge in verschiedener Weise beeinflussen.

Erstens kann sich die Oberflächenspannung der Lösung ändern, wenn sich das Salz löst; zweitens kann die Veränderung, welche das Volum erleidet, die Gröſse der Oberfläche verändern, welche mit dem Glas oder der Luft in Berührung ist; endlich kann sich die Berührungsfläche zwischen dem Salz und der Lösung ändern, wenn das Salz gelöst oder ausgeschieden wird. Diese Vergröſserung der Oberfläche kann sehr beträchtlich sein, wenn das Salz als feines Pulver ausgeschieden wird.

Um den Einfluſs dieser Änderungen auf die Löslichkeit zu finden, wollen wir annehmen, die Oberfläche des Lösungsmittels sei S und die Oberflächenspannung desselben T. Dann enthält der Ausdruck für die mittlere Lagrange'sche Funktion des Lösungsmittels das Glied

$$-\Sigma TS,$$

wo sich die Summation über sämtliche Oberflächen des Lösungsmittels erstreckt.

Dann erhalten wir mit Hilfe derselben Methoden wie vorher

$$\frac{\Omega'}{\varrho} + \frac{d\Omega'}{d\eta} v' - \frac{\Omega}{\sigma} + \frac{1}{\theta} \left[\frac{d}{d\eta} \{\eta f_2(\theta)\} - f_1(\theta) \right]$$

$$= \frac{w_2 + \eta \dfrac{dw_2}{d\eta} - w_1}{\theta} - \frac{1}{\theta} \frac{d}{d\xi} \Sigma TS.$$

Ähnlich wie in § 126 ergiebt sich, dafs die Temperaturzunahme $\delta\theta$, welche dieselbe Wirkung wie die Oberflächenspannung hervorbringen würde, durch die Gleichung

$$\delta\theta = \frac{\theta}{q} \Sigma \frac{d}{d\xi} (TS) \quad \ldots\ldots\ldots\ldots (234)$$

gegeben ist. Wenn daher TS gröfser wird, wenn sich das Salz löst, so wird die Oberflächenspannung die Lösung verzögern. Dagegen wird sie die Löslichkeit steigern, wenn TS kleiner wird.

Als Beispiel mag der Fall dienen, dafs die Flüssigkeit sphärische Tropfen bildet. Wir wollen den Einflufs der Änderung des Volums ermitteln, welche stattfindet, wenn sich das Salz löst. Wenn a der Radius des Tropfens ist und i die Zunahme des Volums, wenn sich die Masseneinheit des Salzes löst, so ist

$$i = -\frac{d}{d\xi}\left(\frac{4}{3} \pi a^3\right)$$

$$= -4\pi a^2 \frac{da}{d\xi}.$$

Wenn daher S die Oberfläche ist, so ist

$$\frac{dS}{d\xi} = 8\pi a \frac{da}{d\xi},$$

$$= -\frac{2i}{a},$$

und also nach Gleichung (234)

$$\delta\theta = -2i\frac{\theta T}{qa}.$$

Wir wollen annehmen, das Salz sei Kaliumsulfat. In diesem Falle ist $i = 1/12$ und $q = 1.5 \times 10^9$, also

$$\frac{\delta\theta}{\theta} = \frac{2T}{a}\frac{1}{1.8 \times 10^{10}}.$$

Da T ungefähr 81 ist, so ist für 27° C annähernd

$$\delta\theta = \frac{3}{10^6}\frac{1}{a}.$$

Wenn also der Radius des Tropfens $^1/_{10000}$ Millimeter ist, so ist

$$\delta\theta = \frac{3}{10},$$

und da die Löslichkeit für jeden Temperaturgrad um $2^0/_0$ zunimmt, so würde die Löslichkeit für Wassertröpfchen von der angegebenen Gröfse um ungefähr $0.6^0/_0$ vermindert werden.

In diesem Falle ist die Wirkung der Oberflächenspannung sehr gering. Wenn aber das Salz aus seiner Lösung in Form eines sehr feinen Pulvers ausgeschieden wird, so kann die Wirkung der Vergröfserung der Oberfläche viel bedeutender sein.

Wir wollen annehmen, das Salz werde in Form kleiner Kugeln vom Radius a ausgeschieden. Dann ist

$$\frac{dS}{d\xi} = \frac{3}{\sigma a},$$

und wenn T' die Oberflächenspannung des Salzes und der Lösung ist, so ist

$$\frac{\delta\theta}{\theta} = \frac{3}{\sigma a}\frac{T'}{q}.$$

In manchen Fällen sind die Teilchen, in denen das Salz ausgeschieden wird, so klein, dafs sie das Licht zerstreuen, so dafs ihr Durchmesser kleiner sein mufs als die Wellenlänge der blauen Lichtstrahlen. Wir können daher $a = 10^{-6}$ setzen. Den Wert von T' kennen wir nicht, aber er ist wahrscheinlich gröfser als T für die Berührungsfläche zwischen Luft und Lösung. Selbst wenn er nicht gröfser wäre, so wäre für Kaliumsulfat annähernd

$$\frac{\delta\theta}{\theta} = \frac{1}{10},$$

so dafs bei 27° C die Löslichkeit um ungefähr 60 Prozent geändert würde. Diese Wirkung würde die Auflösung des Salzes befördern und die Ausscheidung desselben aus der Lösung verhindern. Wenn das Salz vor der Auflösung nicht in einem fein verteilten Zustand war, so würde die durch die Auflösung verursachte Verkleinerung der Oberfläche viel geringer sein als die durch die Ausscheidung des Salzes verursachte Vergröfserung der Oberfläche. Daher würde die Oberflächenspannung viel mehr die Ausscheidung des Salzes aus der Lösung hindern, als die Auflösung des Salzes befördern, sie würde also eine Art Übersättigung hervorzubringen streben.

Wir wollen jetzt den Einflufs der Änderung der Oberflächenspannung der Lösung ermitteln, die von der Menge des gelösten Salzes abhängt. Es ist, wie vorher,

$$\frac{\delta\theta}{\theta} = \frac{S}{q}\frac{dT}{d\xi} \qquad (235).$$

Nach Röntgen und Schneider (Wied. *Annalen*, XXIX. p. 209, 1886) ist die Oberflächenspannung einer

8-prozentigen Lösung von Kaliumsulfat ungefähr um 3% geringer als die Oberflächenspannung des reinen Wassers. Für diese Substanz ist daher annähernd

$$\frac{dT}{d\xi} = -\frac{81 \times 3}{8v},$$

wo v das Volum der Lösung bedeutet. Setzt man diesen Wert anstatt $dT/d\xi$ in die Gleichung (235) ein und setzt $q = 1.5 \times 10^9$, so ergiebt sich

$$\frac{\delta\theta}{\theta} = -\frac{81 \times 3}{8 \times 1.5 \times 10^9} \times \frac{S}{v}$$

$$= -\frac{2}{10^8}\frac{S}{v} \text{ annähernd.}$$

Wenn die Lösung in einer cylindrischen Röhre vom Radius a enthalten ist, so ist $S/v = 2/a$, folglich

$$\frac{\delta\theta}{\theta} = \frac{4}{10^8}a \text{ annähernd.}$$

Das Zeichen ändert sich, weil, wenn der Kontaktwinkel verschwindet, die Zunahme der Oberflächenspannung an der Trennungsfläche zwischen der Lösung und der Luft gleich der *Abnahme* in der Trennungsfläche zwischen der Lösung und der Rohrwand ist. Wenn diese cylindrischen Röhren die Dimensionen der Poren in Substanzen wie Meerschaum oder Graphit besitzen, so können wir annehmen, dafs a von der Ordnung 10^{-6} ist, weil wir aus den Gesetzen der Diffusion der Gase durch diese Substanzen wissen, dafs der Durchmesser der Poren mit der freien Weglänge eines Moleküls des Gases vergleichbar sein mufs. In diesem Falle ist

$$\frac{\delta\theta}{\theta} = \frac{4}{100},$$

so daſs bei 27^0 C der Wert von $\delta\theta$ ungefähr 12^0 C sein würde, was für Kaliumsulfat einer Zunahme der Löslichkeit um nahezu 25% entspricht. In den meisten Fällen wächst die Oberflächenspannung an der Trennungsfläche zwischen der Lösung und der Luft mit der Menge des gelösten Salzes, so daſs die Löslichkeit eines Salzes in einer Flüssigkeit dadurch erhöht wird, daſs sich diese in kapillaren Räumen befindet.

Schmelzung.

128. In diesem Abschnitt wollen wir den Einfluſs von Änderungen im physikalischen Zustand auf den Übergang einer Substanz aus dem festen in den flüssigen Zustand und umgekehrt zu ermitteln suchen. Dies Problem hat viel mit dem der Lösung gemeinsam. Da jedoch in diesem Falle der flüssige und der feste Körper dieselbe Substanz in verschiedenen Zuständen ist, so ändern sich nicht, wie bei der Lösung, die Eigenschaften der Flüssigkeit, wenn der feste Körper schmilzt.

Es sei ξ die Masse des festen Körpers. Die mittlere Lagrange'sche Funktion derselben ist nach § 81

$$\theta \int \frac{d\bar{p}}{d\theta}\, dv + \xi f_1(\theta) - \xi w_1,$$

wo w_1 die potentielle Energie der Masseneinheit der Substanz im festen Zustand ist.

Da die Lagrange'sche Funktion dem Volum proportional ist, können wir

$$\theta \int \frac{d\bar{p}}{d\theta}\, dv = \theta v \Omega$$

setzen, wo v das Volum des festen Körpers bedeutet.

Ist η_1 die Masse der Flüssigkeit, v' das Volum derselben, w_2 die potentielle Energie der Masseneinheit, so ist die Lagrange'sche Funktion der Flüssigkeit

$$\theta v'\Omega' + \eta f_2(\theta) - \eta w_2,$$

wo Ω' durch die Gleichung

$$\theta \int \frac{d\bar{p}}{d\theta}\, dv = \theta v'\Omega'$$

definiert ist.

Die Glieder $f_1(\theta)$, $f_2(\theta)$ sind die Teile der Lagrangeschen Funktion, die nicht von Deformation u. s. w. abhängig sind, d. h. die nicht die kontrollierbaren Koordinaten enthalten. Sie sind daher unabhängig von der Anordnung der Moleküle und hängen nur von der Anzahl der Moleküle und der kinetischen Energie eines jeden derselben ab. Wir dürfen daher erwarten, daſs sich diese Glieder nicht viel ändern, so lange die Temperatur konstant bleibt, wie sehr sich auch die Anordnung der Moleküle ändert, vorausgesetzt, daſs die Moleküle keine Zersetzung erleiden.

Wenn kein äuſserer Druck vorhanden ist, so ist die Änderung in der mittleren Lagrange'schen Funktion der festen und flüssigen Substanz, wenn die Masse $\delta\xi$ der Flüssigkeit erstarrt,

$$\delta\xi \left\{ \theta \left(\frac{\Omega}{\sigma} - \frac{\Omega'}{\varrho} \right) + f_1(\theta) - f_2(\theta) - (w_1 - w_2) \right\},$$

wo σ und ϱ beziehungsweise die Dichtigkeiten des festen Körpers und der Flüssigkeit sind.

Diese Änderung muſs nach dem Hamilton'schen Prinzip verschwinden, wenn das System im Gleichgewicht ist, so daſs in diesem Falle die Gleichung gilt:

$$\theta\left\{\frac{\Omega}{\sigma}-\frac{\Omega'}{\varrho}\right\}+f_1(\theta)-f_2(\theta)-(w_1-w_2)=0 \quad . (236).$$

Wir können die linke Seite dieser Gleichung als eine Funktion von θ, etwa $\varphi(\theta)$ betrachten, die gleich Null gesetzt die Temperatur θ liefert, bei welcher Schmelzung stattfindet.

Wir wollen nun den Einfluſs einer geringen Änderung in den physikalischen Bedingungen betrachten. Wenn diese Änderung die Lagrange'sche Funktion um χ vergröſsert und die Werte von Ω/σ und Ω'/ϱ nicht merklich beeinfluſst, so haben wir, wenn der Schmelzpunkt jetzt $\theta+\delta\vartheta$ ist,

$$\varphi(\theta+\delta\theta)=-\frac{d\chi}{d\xi},$$

oder, weil $\varphi(\theta)=0$,

$$\delta\theta\,\frac{d}{d\theta}\,\varphi(\theta)=-\frac{d\chi}{d\xi}\quad \ldots\ldots\ldots (237).$$

Wir wollen den Einfluſs des Druckes auf den Gefrierpunkt betrachten. Wenn der äuſsere Druck p ist, so ist

$$\chi=-p(v+v'),$$

und weil

$$\frac{d}{d\xi}(v+v')=\frac{1}{\sigma}-\frac{1}{\varrho},$$

$$\frac{d\chi}{d\xi}=-p\left(\frac{1}{\sigma}-\frac{1}{\varrho}\right),$$

folglich

$$\delta\theta\,\frac{d\varphi(\theta)}{d\theta}=p\left(\frac{1}{\sigma}-\frac{1}{\varrho}\right).$$

Nach Gleichung (116) ist aber

$$\delta Q = \theta \delta v \left(\frac{dp}{d\theta}\right)_{v \text{ konstant}},$$

und wenn die zugeführte Wärme gerade hinreichend ist, um die Masseneinheit Eis zu schmelzen, so ist $\delta Q = \lambda$ die latente Schmelzwärme und $\delta v = 1/\varrho - 1/\sigma$, folglich

$$\lambda = \theta \left(\frac{dp}{d\theta}\right)\left(\frac{1}{\varrho} - \frac{1}{\sigma}\right),$$

und daher, wenn $\delta\theta$ die durch den Druck p bewirkte Zunahme von θ ist,

$$\delta\theta = p \frac{\theta}{\lambda}\left(\frac{1}{\varrho} - \frac{1}{\sigma}\right) \ldots\ldots\ldots (238).$$

Durch Vergleich mit (237) ergiebt sich

$$\frac{d\varphi(\theta)}{d\theta} = -\frac{\lambda}{\theta},$$

und Gleichung (237) geht über in

$$\delta\theta = \frac{\theta}{\lambda} \frac{d\chi}{d\xi} \ldots\ldots\ldots\ldots\ldots (239).$$

Wenn also die Lagrange'sche Funktion gröfser wird, wenn die Flüssigkeit gefriert, so wird die Gefriertemperatur erhöht, mit anderen Worten, das Gefrieren wird erleichtert. Dies ist ein weiteres Beispiel für das in § 84 ausgesprochene Prinzip.

Wenn sich der Körper während des Erstarrens ausdehnt, so ist, wie sich aus Gleichung (238) ergiebt, $\delta\theta$ negativ, d. h. der Schmelzpunkt wird durch Druck erniedrigt. Wenn sich dagegen der Körper während des Erstarrens zusammenzieht, so ist $\delta\theta$ positiv und der Schmelzpunkt wird durch Druck erhöht. Es ist dies die bekannte von Prof. James Thomson vorausgesagte und von Sir William Thomson experimentell bestätigte Erscheinung.

Dies ist jedoch nicht die einzige vom Druck auf den Schmelzpunkt ausgeübte Wirkung. Eine andere entspringt aus der Verschiedenheit der Energie vor und nach dem Erstarren, die durch die deformierende Wirkung des Druckes erzeugt wird. Diese Energie ist dem Quadrat des Druckes proportional und daher ist auch die aus dieser Ursache entspringende Erniedrigung des Schmelzpunktes dem Quadrat des Druckes proportional.

Es sei, wie vorher, p der Druck auf die Oberflächeneinheit des festen Körpers und der Flüssigkeit, k der Modulus der Zusammendrückbarkeit des festen Körpers, k' derjenige der Flüssigkeit. Dann ist die in dem festen Körper und der Flüssigkeit durch die Deformation erzeugte potentielle Energie

$$\frac{1}{2} v \frac{p^2}{k} + \frac{1}{2} v' \frac{p^2}{k'} + p (v + v').$$

Daher enthält die mittlere Lagrange'sche Funktion des festen Körpers und der Flüssigkeit das Glied

$$-p \{v_0 (1-\delta) + v'_0 (1-\delta')\} - \frac{1}{2} v_0 k \delta^2 - \frac{1}{2} v'_0 k' \delta'^2,$$

wo δ und δ' die Kompressionen bedeuten, v_0 und v'_0 die Volume, σ_0 und ϱ_0 die Dichtigkeiten des festen Körpers und der Flüssigkeit, wenn dieselben frei von Druck sind.

Wenn $\delta\theta$ die durch diese Ursache bewirkte Erhöhung des Schmelzpunktes ist, so ergiebt sich aus (239), dafs

$$\frac{\delta\theta}{\theta} = \frac{1}{\lambda}\left(\frac{p\delta}{\sigma_0} - \frac{p\delta'}{\varrho_0} - \frac{1}{2}\frac{k\delta^2}{\sigma_0} + \frac{1}{2}\frac{k'\delta'^2}{\varrho_0}\right)$$

$$= \frac{p^2}{2\lambda}\left(\frac{1}{k\sigma_0} - \frac{1}{k'\varrho_0}\right).$$

Daher ändert sich der Gefrierpunkt, ausgenommen wenn $k\sigma_0 = k'\varrho_0$, um eine Gröfse, welche dem Quadrat des Druckes proportional ist.

Wir wollen die Gröfse dieser Wirkung für Eis und Wasser zu bestimmen suchen. Die einzige Elastizitätskonstante für Eis, welche bestimmt worden ist, ist der Young'sche Modulus, für den Bevan aus Biegungsversuchen den Wert 6×10^{10} ableitete. Der Modulus der Zusammendrückbarkeit k ist daher wahrscheinlich nicht kleiner als 4×10^{10}. Der Wert dieser Gröfse für Wasser ist ungefähr 2×10^{10}. Durch Einsetzung dieser Werte erhalten wir annähernd

$$\frac{\delta\theta}{\theta} = -\frac{1}{8\lambda}p^2 10^{-10}.$$

Diese Wirkung stimmt mit derjenigen überein, welche die Änderung des Volums während des Erstarrens ausübt. Vergleicht man diesen Ausdruck mit Gleichung (238), so erkennt man, dafs für Drucke von weniger als etwa 9000 Atmosphären die Wirkung der Volumänderung die bedeutendere ist, während für gröfsere Drucke die soeben betrachtete Wirkung die gröfsere ist. Wenn $k\sigma$ gröfser als $k'\varrho$ ist, dann ist diese Wirkung für Substanzen, die sich während des Erstarrens zusammenziehen, die entgegengesetzte von derjenigen, welche der ersten Potenz des Druckes proportional ist. In diesen Fällen wird daher der

Einfluſs des Druckes auf den Gefrierpunkt umgekehrt, wenn der Druck einen kritischen Wert übersteigt.

129. *Einfluſs der Torsion auf den Gefrierpunkt.* Wir wollen annehmen, ein cylindrischer Eisstab sei gleichförmig um seine Achse tordiert. Derselbe besitzt infolge der Deformation Energie, allein wenn er schmilzt (an der Auſsenseite), so ist das entstehende Wasser frei von Deformation und besitzt daher keine Energie, die der Energie des tordierten Eises entspricht. Daher wird während des Schmelzens die potentielle Energie kleiner und folglich die Lagrangesche Funktion gröſser. Nach dem in § 84 ausgesprochenen Satz wird daher die Torsion das Schmelzen des Eises erleichtern, d. h. sie wird den Gefrierpunkt erniedrigen.

Die Gröſse dieser Wirkung läſst sich leicht berechnen. Wir wollen annehmen, das Eis habe die Gestalt eines dünnen cylindrischen Rohrs, da in diesem Falle die Deformation gleichförmig ist. Es seien a und b beziehungsweise der äuſsere und der innere Radius des Rohrs, l seine Länge, n der Starrheitskoeffizient des Eises, φ die gleichförmige Torsion, welche durch eine am Hebelarm b wirkende Kraft P hervorgebracht wird. Dann enthält die mittlere Lagrange'sche Funktion des Rohrs die Glieder

$$Pbl\varphi - \frac{\pi}{4}\, l\varphi^2 n\, (a^4 - b^4)$$

$$= Pbl\varphi - \frac{1}{4}\, \varphi^2 nv\, (a^2 + b^2),$$

wo v das Volum des Eises bedeutet.

Wenn daher $\delta\theta$ die durch die Torsion bewirkte Erhöhung des Gefrierpunktes bedeutet, so ist

$$\frac{\delta\theta}{\theta} = \frac{1}{\lambda}\frac{d}{d\xi}\left\{Pbl\varphi - \frac{1}{4}\varphi^2 nv(a^2+b^2)\right\}$$

$$= \frac{1}{\lambda}\left\{\left[Pbl - \frac{1}{2}\varphi nv(a^2+b^2)\right]\frac{d\varphi}{d\xi} - \frac{1}{4}\varphi^2 n\frac{d}{d\xi}v(a^2+b^2)\right\}$$

$$= -\frac{1}{4\lambda}\varphi^2 n\frac{d}{d\xi}\left\{v(a^2+b^2)\right\}.$$

Wenn die Seiten gleichförmig schmelzen, so ist, weil a und b annähernd gleich sind,

$$\frac{d}{d\xi}(a^2+b^2) = 0,$$

so dafs

$$\frac{\delta\theta}{\theta} = -\frac{na^2\varphi^2}{2\sigma\lambda},$$

da

$$\frac{dv}{d\xi} = \frac{1}{\sigma}.$$

Um die Gröfse dieser Wirkung zu schätzen, wollen wir annehmen, der Radius des Cylinders sei 1 cm und φ sei 1/40. Da der Young'sche Modulus für Eis 6×10^{10} ist, so ist n wahrscheinlich ungefähr gleich 2.4×10^{10}. Durch Einsetzen dieser Werte erhalten wir annähernd

$$\frac{\delta\theta}{\theta} = -\frac{1}{400},$$

so dafs $\delta\theta = -0.68^0$ C ist.

Es würde also in diesem Falle das Eis an der Oberfläche schmelzen, wenn die Temperatur höher als -0.68^0 C wäre.

130. *Einflufs der Oberflächenspannung auf den Gefrierpunkt.* Wenn ein Teil eines Wassertropfens gefriert, so bewirkt die Eisbildung eine Verminderung

der Trennungsfläche zwischen Wasser und Luft, wenn das Eis bis an die Oberfläche des Tropfens dringt. Eine Gegenwirkung wird von den beiden neuen Oberflächen ausgeübt, in denen das Eis das Wasser und die Luft berührt. Die Verminderung der ersteren Oberfläche würde das Gefrieren befördern, die Bildung der beiden anderen dagegen würde das Gefrieren zu verhindern streben. Da wir aber die Oberflächenspannung zwischen Eis und Wasser, sowie zwischen Eis und Luft nicht kennen, so können wir nicht berechnen, welche von diesen beiden Wirkungen die überwiegende ist.

131. *Einflufs von gelöstem Salz auf den Gefrierpunkt.* Wenn eine Salzlösung gefriert, so bleibt das Salz zurück und das Eis, welches sich aus einer solchen Lösung ausscheidet, ist identisch mit dem aus reinem Wasser entstehenden Eis. Wenn daher ein Teil einer Salzlösung gefriert, so werden die Salzteilchen näher zusammengebracht und es mufs also Arbeit auf dieselbe verwendet werden. Infolgedessen wird die Lagrange'sche Funktion kleiner und es ergiebt sich aus Gleichung (239), dafs die Gegenwart des Salzes das Gefrieren des Wassers zu hindern streben wird. Um die Gröfse dieser Wirkung zu berechnen, wollen wir annehmen, ζ sei die Masse des Salzes. Dann ist nach der früheren Bezeichnung die mittlere Lagrange'sche Funktion für das Salz, wenn die Lösung verdünnt ist,

$$\theta R \zeta \log \frac{v' \varrho_0}{\zeta} + \zeta f(\theta) - \zeta w_3,$$

wo w_3 die mittlere potentielle Energie der Masseneinheit des Salzes bedeutet. Wenn die Masse des

Eises um $\delta\xi$ gröſser wird, so ist in dem Ausdruck die einzige Gröſse, welche sich ändert, v', und zwar wird dieselbe um $\delta\xi/\varrho$ kleiner.

Daher geht die Gleichung (239) über in

$$\frac{\delta\theta}{\theta} = -\frac{1}{\lambda}\left\{\frac{\theta R\zeta}{\varrho v'} + \theta\delta\left(\frac{\Omega'}{\varrho}\right) + \delta f_2(\theta)\right\},$$

wo $\delta(\Omega'/\varrho)$ und $\delta f_2(\theta)$ die durch Salz bewirkten Änderungen in Ω'/ϱ und $f_2(\theta)$ sind. Ist ϖ der Druck, den die Salzmoleküle in der Lösung ausüben, so ist

$$\varpi = \frac{R\theta\zeta}{v'},$$

folglich

$$\frac{\delta\theta}{\theta} = -\frac{1}{\lambda}\left\{\frac{\varpi}{\varrho} + \theta\delta\left(\frac{\Omega'}{\varrho}\right) + \delta f_2(\theta)\right\}.$$

Unter der Voraussetzung, daſs das Salz die Eigenschaften des Lösungsmittels nicht verändert, haben wir

$$\frac{\delta\theta}{\theta} = -\frac{\varpi}{\lambda\varrho}.$$

Wir wollen zunächst annehmen, das Lösungsmittel sei Wasser. Für Lösungen, deren Stärke eine solche ist, daſs eine dem Formelgewicht gleiche Anzahl von Grammen in einem Liter Wasser gelöst ist, ist ϖ ungefähr gleich 22 Atmosphären oder in absolutem Maſs ungefähr 2.2×10^7, $\lambda = 80 \times 4.2 \times 10^7$, $\theta = 273$ und $\varrho = 1$. Durch Einsetzung dieser Werte ergiebt sich

$$\delta\theta = -1.8^0\ \mathrm{C}.$$

Raoult (*Annales de Chimie et de Physique*, V. III. p. 324, 1886) fand, daſs Lösungen von vielen Substanzen, hauptsächlich organischen Salzen, welche diese Stärke hatten, bei -1.9^0 gefrieren, daſs dagegen die

Gefrierpunkte von Lösungen von Salzen und Säuren im allgemeinen unter dieser Temperatur liegen. Er schrieb die erhöhte Wirkung der Dissociation der Moleküle zu. Dieselbe kann jedoch, wie in den vorher betrachteten analogen Fällen, dadurch verursacht sein, daſs die Eigenschaften des Lösungsmittels durch die Hinzufügung des Salzes verändert werden. Dasselbe würde auch der Fall sein, wenn zwischen dem Salz und dem Lösungsmittel eine chemische Wirkung stattfände, bei welcher in einer verdünnten Lösung Wärme entwickelt wird.

Wenn das Lösungsmittel Essigsäure ist, so ist $\lambda = 44.34 \times 4.2 \times 10^7$ (Landholt und Börnstein, Tabellen), $\varrho = 1.05$ und $\theta = 290$. Durch Einsetzen dieser Werte erhalten wir für die Erniedrigung des Gefrierpunktes einer Lösung von derselben Stärke wie vorher

$$\delta\theta = -3.3^0 \text{ C.}$$

In diesem Falle fand Raoult $\delta\theta = -3.9$.

Wenn das Lösungsmittel Benzol ist, so ist $\lambda = 29 \times 4.2 \times 10^7$, $\varrho = 0.9$ und $\theta = 275$. Daher ist die Erniedrigung des Gefrierpunktes einer Lösung wie vorher

$$\delta\theta = -5.4^0 \text{ C.}$$

Raoult fand, daſs der Einfluſs gelöster Salze auf die Gefrierpunkte von Essigsäure und Benzol viel regelmäſsiger war, als der Einfluſs auf den Gefrierpunkt des Wassers.

SIEBZEHNTES KAPITEL.

Der Zusammenhang zwischen elektromotorischer Kraft und chemischem Prozefs.

132. Der Satz, dafs die Hamilton'sche Funktion stationär ist, wenn ein System im Gleichgewicht ist, kann benutzt werden, um den Zusammenhang zwischen der elektromotorischen Kraft einer Batterie und der Natur des chemischen Vorganges zu ermitteln, welcher stattfindet, wenn die Batterie von einem elektrischen Strom durchflossen wird.

Wir wollen damit beginnen, eine Grove'sche Gasbatterie zu betrachten, da, wie es scheint, in diesem Falle die chemischen Vorgänge am wenigsten verwickelt sind. In dieser Batterie sind die beiden Elektroden mit fein verteiltem Platin bedeckt. Die obere Hälfte der einen ist mit einem Gas, z. B. Wasserstoff, umgeben, während die untere Hälfte in angesäuertes Wasser eingetaucht ist. Die obere Hälfte der anderen Elektrode ist von einem anderen Gas, z. B. Sauerstoff, umgeben, während die untere Hälfte ebenfalls in angesäuertes Wasser eingetaucht ist. Die beiden Elektroden sind beziehungsweise mit Wasserstoff und Sauerstoff gut überzogen. Werden die Elektroden verbunden, so geht ein Strom durch die Batterie, der Wasserstoff und der Sauerstoff über den Elektroden verschwinden nach und nach, während die Menge des Wassers während des Durchganges des Stromes zunimmt.

Um die elektromotorische Kraft einer solchen Batterie zu untersuchen, wollen wir annehmen, die Elektroden seien in einen permanenten Zustand gekommen, so dafs sich die an denselben haftenden Gase während des Durchganges des Stromes nicht ändern. Ferner wollen wir annehmen, die Elektroden seien mit den Platten eines Kondensators von der Kapazität C verbunden und diese Platten seien aus demselben Material wie die Elektroden angefertigt. Wenn dann die Einheitsmenge positiver Elektrizität von der mit der Wasserstoffelektrode verbundenen Kondensatorplatte durch das Element nach der anderen Platte strömt, so erscheint nach dem Faraday'schen Gesetz an der mit Sauerstoff bedeckten Elektrode ein elektrochemisches Äquivalent Wasserstoff und an der mit Wasserstoff bedeckten Elektrode ein Äquivalent Sauerstoff. Sauerstoff und Wasserstoff vereinigen sich und die Wirkung des Durchganges der Einheitsmenge Elektrizität besteht darin, dafs je ein elektrochemisches Äquivalent von Wasserstoff und Sauerstoff verschwindet und ein Äquivalent Wasser erscheint. Die Systeme, deren Lagrange'sche Funktionen sich während dieses Vorganges ändern, sind (1) der Kondensator, (2) der Wasserstoff über der einen Elektrode, (3) der Sauerstoff über der anderen Elektrode und (4) das Wasser.

Es sei Q die Menge positiver Elektrizität auf der mit der Sauerstoffelektrode verbundenen Kondensatorplatte und es seien ξ, η, ζ beziehungsweise die Massen des Wasserstoffs und Sauerstoffs über den Elektroden und des angesäuerten Wassers.

Die mittlere Lagrange'sche Funktion für den Kondensator ist

$$-\frac{1}{2}\frac{Q^2}{C}.$$

Die mittlere Lagrange'sche Funktion für den

Wasserstoff ist ξL_H und es gilt bei gleicher Bezeichnung wie früher die Gleichung

$$L_H = R_1 \vartheta \log \frac{\varrho_0}{\varrho} + f_1(\vartheta) - w_1.$$

Die mittlere Lagrange'sche Funktion für den Sauerstoff ist ηL_0 und es ist

$$L_0 = R_2 \vartheta \log \frac{\varrho'_0}{\varrho'} + f_2(\vartheta) - w_2.$$

Für das angesäuerte Wasser sind die entsprechenden Ausdrücke ζL_w und

$$L_w = \gamma \vartheta + f_3(\vartheta) - w_3.$$

Wenn nun die Einheitsmenge Elektrizität von der einen Kondensatorplatte zur anderen übergeht, so wird das elektrochemische Äquivalent Wasserstoff nach dem Sauerstoff geführt und verbindet sich mit demselben an der einen Elektrode, während das elektrochemische Äquivalent Sauerstoff nach der anderen Elektrode geführt wird und sich hier mit dem Wasserstoff verbindet. Sind daher ε_1 und ε_2 die elektrochemischen Äquivalente von Wasserstoff und Sauerstoff, so ist das Ergebnis des Prozesses, dafs Q um die Einheit gröfser geworden ist, dafs ξ und η beziehungsweise um ε_1 und ε_2 kleiner geworden sind, während ζ um $(\varepsilon_1 + \varepsilon_2)$ gröfser geworden ist. Daher gilt nach dem Satz, dafs die Hamilton'sche Funktion stationär ist, wenn Gleichgewicht vorhanden ist, die Gleichung

$$-\varepsilon_1 \frac{d}{d\xi}(\xi L_H) - \varepsilon_2 \frac{d}{d\eta}(\eta L_0) + (\varepsilon_1 + \varepsilon_2) \frac{d}{d\zeta}(\zeta L_w) - \frac{Q}{C} = 0.$$

Q/C ist aber der Überschuſs des Potentials der mit der Sauerstoffelektrode verbundenen Platte über das Potential der mit der Wasserstoffelektrode verbundenen Platte, mit anderen Worten, es ist die elektromotorische Kraft der Batterie, welche wir mit p bezeichnen wollen. Daher ist

$$p = -\varepsilon_1 \frac{d}{d\xi}(\xi L_H) - \varepsilon_2 \frac{d}{d\eta}(\eta L_0) + (\varepsilon_1 + \varepsilon_2)\frac{d}{d\zeta}(\zeta L_w) \quad (240).$$

Wenn $L_{w'}$ die mittlere Lagrange'sche Funktion der Masseneinheit Wasserdampf über dem angesäuerten Wasser und der Wasserdampf mit dem Wasser im Gleichgewicht ist, so ist nach § 83

$$\frac{d}{d\zeta}(\zeta L_w) = \frac{d}{d\zeta'}(\zeta' L_{w'}),$$

wo ζ' die Masse des Wasserdampfes ist und

$$L_{w'} = R_3 \vartheta \log \frac{\varrho_0''}{\varrho''} + f'_3(\vartheta) - w'_3.$$

Durch Einsetzung dieser Werte in (240) erhält man

$$p = \varepsilon_1 R_1 \vartheta \log \frac{\varrho}{\varrho_0} + \varepsilon_2 R_2 \vartheta \log \frac{\varrho'}{\varrho_0'} - (\varepsilon_1 + \varepsilon_2) R_3 \vartheta \log \frac{\varrho''}{\varrho_0''}$$
$$+ \{\varepsilon_1 R_1 + \varepsilon_2 R_2 - (\varepsilon_1 + \varepsilon_2) R_3\} \vartheta - \varepsilon_1 f_1(\vartheta) - \varepsilon_2 f_2(\vartheta)$$
$$+ (\varepsilon_1 + \varepsilon_2) f_3(\vartheta) + \{\varepsilon_1 w_1 + \varepsilon_2 w_2 - (\varepsilon_1 + \varepsilon_2) w'_3\}.$$

Nun ist aber

$$\varepsilon_1 R_1 = 2\varepsilon_2 R_2 = (\varepsilon_1 + \varepsilon_2) R_3,$$

und nach (83) ist

$$-\varepsilon_1 f_1(\vartheta) - \varepsilon_2 f_2(\vartheta) + (\varepsilon_1 + \varepsilon_2) f_3(\vartheta)$$

von der Form

$$A'\vartheta + B\vartheta \log \vartheta.$$

Endlich ist

$$\varepsilon_1 w_1 + \varepsilon_2 w_2 - (\varepsilon_1 + \varepsilon_2)\, w'_3$$

der Verlust an potentieller Energie, welcher eintritt, wenn sich ein elektrochemisches Äquivalent Wasserstoff mit einem Äquivalent Sauerstoff verbindet. Dieser Verlust kann durch die Wärmemenge gemessen werden, welche bei der Verbindung eines elektrochemischen Äquivalents Wasserstoff bei dem Nullpunkt der absoluten Temperatur entwickelt wird. Wenn wir dieselbe mit $\varepsilon_1 q$ bezeichnen, so erhalten wir durch diese Substitution

$$p = \varepsilon_1 R_1 \theta \log \frac{\varrho \varrho'^{\frac{1}{2}}}{\varrho''} + A\theta + B\theta \log \theta + \varepsilon_1 q \ldots (241),$$

wo
$$A = A' + \varepsilon_1 R_1 \log \frac{\varrho_0''}{\varrho_0 \varrho_0'^{\frac{1}{2}}}.$$

Folglich ist $\theta^2 \dfrac{d^2 p}{d\theta^2} - \theta \dfrac{dp}{d\theta} + p = \varepsilon_1 q \quad \ldots\ldots (242.)$

Wenn wir daher wissen, in welcher Weise p von θ abhängt, so können wir q bestimmen. Mit Hilfe von Messungen der elektromotorischen Kraft eines Elementes und der Schwankungen dieser Kraft mit der Temperatur können wir daher das mechanische Äquivalent der Wärme berechnen, welche durch die chemische Verbindung in dem Element entwickelt wird.

133. Die Gültigkeit der Gleichungen (241) und (242) ist nicht auf die Gasbatterie beschränkt. Es läſst sich in ähnlicher Art beweisen, daſs für verdünnte Lösungen die elektromotorische Kraft p irgend einer beliebigen Batterie gegeben ist durch die Gleichung

$$p = \varepsilon_1 R\theta_1 \log \frac{\varrho_1{}^a \varrho_2{}^b \ldots}{\sigma_1{}^c \sigma_2{}^d \ldots} + A\theta + B\theta \log \theta + \varepsilon q \quad (243).$$

Hier bedeuten ε_1 das elektrochemische Äquivalent Wasserstoff, R_1 den Wert von R für dieses Gas, $\varrho_1, \varrho_2 \ldots$ die in der Volumeinheit enthaltenen Massen derjenigen Substanzen, welche durch den von dem Strom erzeugten chemischen Vorgang verschwinden, $\sigma_1, \sigma_2 \ldots$ die in der Volumeinheit enthaltenen Massen, welche erscheinen, $a, b \ldots c, d \ldots$ die Verhältnisse der elektrochemischen Äquivalente der Substanzen zu demjenigen des Wasserstoffs dividiert durch das Molekulargewicht der Substanz, εq das mechanische Äquivalent der Wärme, welche bei dem absoluten Nullpunkt der Temperatur durch die chemische Wirkung erzeugt werden würde, welche stattfindet, wenn die Einheit der Elektrizität durch das Element strömt.

Aus dieser Gleichung folgt, wie vorher

$$\theta^2 \frac{d^2 p}{d\theta^2} - \theta \frac{dp}{d\theta} + p = \varepsilon q \ \ldots\ldots (244).$$

Nach dem in § 48 erwähnten Helmholtz'schen Prinzip ist $\theta dp/d\theta$ die Wärme, welche dem Element zugeführt werden muſs, um die Temperatur konstant zu erhalten, wenn die Einheit der Elektrizität durch das Element strömt, oder, mit anderen Worten, $-\theta dp/d\theta$ ist das mechanische Äquivalent der Wärme, welche umkehrbar erzeugt wird, wenn die Einheit der Elektrizität durch das Element strömt. Die Arbeit p aber, welche geleistet wird, wenn diese Elektrizitätsmenge durch das Element getrieben wird, vermehrt um $-\theta dp/d\theta$, die Wärme, welche umkehrbar erzeugt wird, muſs gleich εw, derjenigen Wärme sein, welche dem chemischen Vorgang äquivalent ist, welcher in dem Element stattfindet. Daher folgt aus (243) die Gleichung

$$\varepsilon q - \theta^2 \frac{d^2 p}{d\theta^2} = \varepsilon w \ldots\ldots\ldots (245).$$

Nun sind εw und εq die mechanischen Äquivalente der Wärme, welche durch denselben chemischen Vorgang entwickelt wird, wenn derselbe beziehungsweise bei der Temperatur θ und bei dem absoluten Nullpunkt der Temperatur stattfindet, und der Unterschied zwischen diesen Gröſsen muſs gleich dem Unterschied zwischen den mechanischen Äquivalenten derjenigen Wärmemengen sein, welche erforderlich sind, um die Temperatur der Substanzen im verbundenen und im unverbundenen Zustand von Null bis θ Grad zu erhöhen. Wir wollen den Fall annehmen, daſs sich zwei Gase *A* und *B* zu zwei anderen Gasen *C* und *D* umsetzen und es seien c_1, c_2, c_3, c_4 die mechanischen Äquivalente der spezifischen Wärmen dieser Gase bei konstantem Volum und ε_1, ε_2, ε_3, ε_4 die elektrochemischen Äquivalente. Wenn wir die Temperatur von *A* und *B* von Null bis θ Grad steigern und dann die chemische Umsetzung eintreten lassen, so haben wir $(\varepsilon_1 c_1 + \varepsilon_2 c_2)$ Arbeitseinheiten aufzuwenden, um die Temperatur zu erhöhen, und gewinnen durch den chemischen Vorgang εw, so daſs das Resultat zu unseren Gunsten

$$\varepsilon w - (\varepsilon_1 c_1 + \varepsilon_2 c_2)\,\theta$$

sein muſs.

Wenn wir die Substanzen sich bei 0^0 vereinigen lassen und dann die Temperatur auf θ^0 steigern, so gewinnen wir εq und verbrauchen $(\varepsilon_3 c_3 + \varepsilon_4 c_4)\,\theta$ Arbeitseinheiten. Da der Überschuſs an Arbeit zu unseren Gunsten in beiden Fällen derselbe sein muſs, so ist

$$\varepsilon q - (\varepsilon_3 c_3 + \varepsilon_4 c_4)\,\theta = \varepsilon w - (\varepsilon_1 c_1 + \varepsilon_2 c_2)\,\theta$$

und daher nach (245)

$$\theta^2 \frac{d^2 p}{d\theta^2} = (\varepsilon_3 c_3 + \varepsilon_4 c_4 - \varepsilon_1 c_1 + \varepsilon_2 c_2)\, \theta.$$

Da aber nach (241)

$$\theta^2 \frac{d^2 p}{d\theta^2} = B\theta,$$

so ist

$$B = \varepsilon_3 c_3 + \varepsilon_4 c_4 - \varepsilon_1 c_1 - \varepsilon_2 c_2 \quad \ldots\ldots (246).$$

Wenn der chemische Prozeſs von der Entwickelung einer Wärmemenge begleitet ist, die mit derjenigen vergleichbar ist, die bei der Vereinigung von Sauerstoff und Wasserstoff auftritt, dann ist die Wärmemenge $\theta^2 d^2 p / d\theta^2$, die mit der zur Erhöhung der Temperatur der Substanzen um θ Grad erforderlichen vergleichbar ist und daher höchstens einige hundert Kalorien per Gramm der Substanz beträgt, klein im Vergleich mit q, die durch Tausende von Kalorien gemessen wird. Wenn daher die chemische Vereinigung von der Entwickelung einer groſsen Wärmemenge begleitet ist, so können wir bei gewöhnlicher Temperatur $\theta^2 d^2 p / d\theta^2$ vernachlässigen und schreiben

$$p - \theta \frac{dp}{d\theta} = \varepsilon q.$$

Da nach dem Gesetz von Dulong und Petit c_1, c_2, c_3, c_4 den Verbindungsgewichten der Gase A, B, C, D umgekehrt proportional sind, so wird B verschwinden, wenn bei der Vereinigung die Anzahl der Moleküle unverändert bleibt, und die Gleichung

$$p - \theta \frac{dp}{d\theta} = \varepsilon q$$

ist vollkommen genau. Wenn die elektromotorische Kraft mit steigender Temperatur zunimmt, so ist, wie aus dieser Gleichung hervorgeht, die elektromotorische Kraft gröfser; wenn die elektromotorische Kraft dagegen mit steigender Temperatur abnimmt, so ist sie kleiner als wie sich aus der oft benutzten Formel $p = \varepsilon q$ ergiebt.

Wenn k der Koeffizient der in dem Element stattfindenden Reaktion (§ 120), d. h. der Wert von

$$\frac{\varrho_1{}^a \varrho_2{}^b}{\sigma_1{}^c \sigma_2{}^d}$$

ist, wenn die Dichtigkeiten der Gase oder Lösungen die für das chemische Gleichgewicht erforderlichen Werte besitzen, so erhalten wir, da in diesem Falle irgend eine kleine Änderung den Wert der mittleren Lagrange'schen Funktion nicht ändern kann, unter der Voraussetzung, dafs die Änderung diejenige ist, welche hervorgebracht wird, wenn die Einheitsmenge der Elektrizität durch die Lösungen strömt, die folgende Gleichung:

$$0 = \varepsilon_1 R_1 \vartheta \log k + A\vartheta + B\vartheta \log \vartheta + \varepsilon q \quad (247).$$

Mit Hilfe dieser Gleichung ergiebt sich aus (245)

$$p = \varepsilon_1 R_1 \vartheta \left\{ \log \frac{\varrho_1{}^a \varrho_2{}^b \ldots}{\sigma_1{}^c \sigma_2{}^d \ldots} - \log k \right\}$$

oder

$$\log k = \log \frac{\varrho_1{}^a \varrho_2{}^b}{\sigma_1{}^c \sigma_2{}^d} - \frac{p}{\varepsilon_1 R_1 \vartheta} \ldots\ldots (248).$$

Aus dieser Gleichung ergiebt sich eine sehr einfache Methode zur Auffindung des Koeffizienten einer chemischen Reaktion, wenn wir ein Element konstruieren können, in welchem diese Reaktion stattfindet. Wenn wir dann die elektromotorische Kraft und die Dichtigkeiten der Lösungen messen, so ergiebt sich der Wert von k ohne weiteres aus Gleichung (247). Das Daniell'sche Element setzt uns z. B. in den Stand, den Koeffizienten der durch folgende Gleichung ausgedrückten Reaktion zu berechnen:

$$Zn + H_2SO_4 + CuSO_4 = ZnSO_4 + H_2SO_4 + Cu.$$

Wenn hier ϱ und σ beziehungsweise die in der Volumeinheit enthaltenen Massen von $CuSO_4$ und $ZnSO_4$ für den Fall des chemischen Gleichgewichts sind, so ist

$$\log k = \log \frac{\varrho^{\frac{1}{2}}}{\sigma^{\frac{1}{2}}}.$$

Wenn daher ϱ' und σ' die der elektromotorischen Kraft p entsprechenden Dichtigkeiten der Lösungen von $CuSO_4$ und $ZnSO_4$ sind, so ist

$$\log k = \frac{1}{2} \log \frac{\varrho'}{\sigma'} - \frac{p}{\varepsilon_1 R_1 \theta}.$$

Nun ist bei 0^0 C $\varepsilon_1 R_1 \theta$ nahezu 10^6 und p ist ungefähr 10^8, folglich

$$\log k = \frac{1}{2} \log \frac{\varrho'}{\sigma'} - 100,$$

oder, da für Lösungen von gewöhnlicher Stärke $\log \frac{\varrho'}{\sigma'}$ im Vergleich mit 100 klein ist, annähernd

$$\log_\varepsilon \frac{\varrho}{\sigma} = -200.$$

Es geht also in diesem Falle, wenn Gleichgewicht vorhanden ist, alle Schwefelsäure zum Zink.

Wenn wir die elektromotorische Kraft einer

Batterie bestimmten, in welcher Bleidraht in saure Lösungen von Bleinitrat und Bleichlorid taucht, so würden wir im stande sein, den Koeffizienten der Reaktion

$$2HCl + Pb(NO_3)_2 = 2HNO_3 + PbCl_2$$

zu bestimmen und also zu ermitteln, in welchem Verhältnis sich das Blei auf die Salzsäure und die Salpetersäure verteilt.

Für die Wasserstoff-Sauerstoffgasbatterie, um auf diese zurückzukommen, geht die Gleichung (247) in die folgende über:

$$p = \varepsilon_1 R_1 \theta \log \frac{\varrho \varrho'^{\frac{1}{2}}}{\varrho'' k} \text{ .... } (249).$$

Aus dieser Gleichung läfst sich leicht ableiten, in welcher Weise die elektromotorische Kraft einer Gasbatterie von dem Druck der Gase in den Gefäfsen über den Elektroden abhängt. Wenn p_1 die elektromotorische Kraft der Batterie ist, wenn die Dichtigkeiten von Wasserstoff und Sauerstoff beziehungsweise ϱ, ϱ' sind, und wenn p_2 die elektromotorische Kraft ist, wenn die Dichtigkeiten σ und σ' sind, dann folgt aus (249)

$$p_2 - p_1 = \varepsilon_1 R_1 \theta \log \frac{\sigma \sigma'^{\frac{1}{2}}}{\varrho \varrho'^{\frac{1}{2}}}.$$

Wenn die Dichtigkeiten des Sauerstoffs und des Wasserstoffs tausendfach vermindert würden, so wäre bei der Temperatur von 0^0 C, weil $\varepsilon_1 = 10^{-4}$, $R_1 \theta = 1.1 \times 10^{10}$,

$$\begin{aligned} p_2 - p_1 &= -1.1 \times 10^6 \log_e 10^{9/2} \\ &= -1.1 \times 4.5 \times 2.3 \times 10^6 \\ &= -1.14 \times 10^7 \text{ annähernd.} \end{aligned}$$

Die elektromotorische Kraft wird also um etwas weniger als ein neuntel Volt erniedrigt. Dadurch, daſs man die Dichtigkeiten der Gase über den Elektroden hinreichend klein macht, würde man die elektromotorische Kraft umkehren können. Wenn die Gase Wasserstoff und Sauerstoff sind, so ist allerdings eine stärkere Verdünnung erforderlich, als praktisch erreicht werden kann.

Die durch die Verdünnung bewirkte Verminderung der elektromotorischen Kraft hängt jedoch nicht von der Gröſse der elektromotorischen Kraft der Batterie ab, so daſs für Gasbatterieen mit geringer elektromotorischer Kraft diese Umkehrung praktisch ausführbar sein kann.

Die Kondensation, welche die Vereinigung von Sauerstoff und Wasserstoff begleitet, vermindert die Wirkung der Verdünnung. Wenn die Vereinigung ohne Kondensation stattfände, so würde die durch tausendfache Verminderung der Dichtigkeit bewirkte Verminderung der elektromotorischen Kraft ungefähr ein siebentel Volt betragen.

Aus Gleichung (249) ergiebt sich ferner, daſs die elektromotorische Kraft in allen Fällen einen Strom zu erzeugen strebt, dessen chemische Wirkung die Dichtigkeiten der Gase oder der verdünnten Lösungen denjenigen Werten näher bringen würde, die sie besitzen, wenn sie sich im chemischen Gleichgewicht befinden. Wenn sie diese Werte besitzen, so ist die elektromotorische Kraft der Batterie gleich Null, und die elektromotorische Kraft wirkt in der einen oder der entgegengesetzten Richtung, je nachdem von einer gewissen Substanz in dem Gemische der Gase oder verdünnten Lösungen mehr oder weniger gegenwärtig ist als für den Zustand des chemischen Gleichgewichts gegenwärtig sein muſs.

Versuche über die elektromotorische Kraft von Gasbatterieen, die mit verschiedenen Gasen geladen waren, sind von Pierce (*Wiedemann's Annalen*, VIII. p. 98) ausgeführt worden. Die folgende, aus seiner Abhandlung entlehnte Tabelle giebt die elektromotorische Kraft einer gröſseren Anzahl von Batterieen für 15° C sowie einiger Batterieen für 75°—80° C an.

Elektromotorische Kraft bei 15° C.

Gase	Flüssigkeit zwischen den Elektroden	Verhältnis d. el. Kraft zu d. eines Daniell.	Gase	Flüssigkeit	Elektromotor. Kraft
H und O	Wasser	0.874	I und Br	Wasser	0.335
H und N_2O	Wasser	0.790	H und Br	$NaBr$ + Wasser	1.252
H und CO_2	Wasser	0.981	H und Br	KBr + Wasser	1.253
H und NO	Wasser	0.933	O und Br	KBr + Wasser	0.5
H und Luft	Wasser	0.807	O und I	KI + Wasser	0.057
H und H_2O	Wasser	0.807	H und I	KI + Wasser	0.861
H und CO	Wasser	0.404	H und NO	HCl + Wasser	0.765
H und O	H_2SO_4 + Wasser	0.926	H und O	HCl + Wasser	0.855
H und CO_2	H_2SO_4 + Wasser	0.892	H und Cl	HCl + Wasser	1.36
H und NO	H_2SO_4 + Wasser	0.768	H und Cl	KCl + Wasser	1.39
H und O	Na_2SO_4 + Wasser	0.698	H und Cl	$NaCl$ + Wasser	1.39
H und O	K_2SO_4 + Wasser	0.698	H und O	$NaCl$ + Wasser	0.766
H und O	$ZnSO_4$ + Wasser	0.771	H und CO_2	$NaCl$ + Wasser	0.846
H und CO_2	$ZnSO_4$ + Wasser	0.820	H und NO	$NaCl$ + Wasser	0.750
H und NO	$ZnSO_4$ + Wasser	0.860			

Elektromotorische Kraft bei 75°—80° C.

H und O	Wasser	0.828	H und N_2O	Wasser	0.780
H und NO	Wasser	0.945	H und H_2O	Wasser	0.954
H und CO_2	Wasser	0.875			

Es ergiebt sich aus dieser Tabelle, daſs der Einfluſs einer Temperaturzunahme auf die elektromotorische Kraft von Gasbatterieen ein sehr verschiedener ist, denn bei dreien von den fünf Batterieen, deren elektromotorische Kräfte bei verschiedenen Temperaturen bestimmt wurden, war die elektromotorische Kraft bei hoher Temperatur kleiner und bei zweien gröſser, als bei niedriger Temperatur.

Die elektromotorische Kraft der Wasserstoff-Sauerstoffgasbatterie, für welche $\varepsilon q = 3.4 \times 4.2 \times 10^7$, ist geringer als die nach der Formel (246) berechnete, selbst wenn die Änderung der elektromotorischen Kraft mit der Temperatur berücksichtigt wird. Dies hat seinen Grund höchst wahrscheinlich darin, daſs die in der vorhergehenden Theorie betrachtete vollständige Vereinigung von Wasserstoff und Sauerstoff nicht stattfindet, denn aus der Tabelle geht hervor, daſs die elektromotorische Kraft gröſser wird, wenn das Wasser durch angesäuertes Wasser ersetzt wird. Hierdurch wird aber die Bildung von Ozon statt Sauerstoff begünstigt, wenn der Strom durchgeht, wodurch die Möglichkeit der vollständigen Verbindung erhöht wird.

Für eine Wasserstoff-Chlorbatterie mit einer Lösung von Chlorwasserstoffsäure zwischen den Elektroden bedeutet q in Formel (244) in mechanischen Einheiten ausgedrückt die bei der Vereinigung von einem Gramm Wasserstoff mit Chlor frei werdende Wärme vermehrt um die Wärme, welche auftritt, wenn 36.5 Gramm Chlorwasserstoffsäure in einer groſsen Menge Wasser gelöst werden.

Die Gasbatterie wirkt selbst dann, wenn sich über beiden Elektroden dasselbe Gas, z. B. Wasserstoff, befindet, vorausgesetzt, daſs der Druck an beiden

Elektroden verschieden ist. In diesem Falle erleidet beim Schliefsen des Stromes die Flüssigkeit zwischen den Elektroden keine Veränderung; wenn aber die Einheitsmenge Elektrizität durch die Batterie strömt, so wird ein elektrochemisches Äquivalent Wasserstoff aus dem Gefäfs, in welchem der Druck hoch, in dasjenige übergeführt, in welchem er niedrig ist. In diesem Falle ist, wie leicht einzusehen, die elektromotorische Kraft

$$\varepsilon_1 R_1 \theta \log \varrho/\sigma,$$

wo ϱ und σ die Dichtigkeiten des Wasserstoffs (oder Sauerstoffs) in den beiden Gefäfsen ist. Dies ist bei 0^0 C annähernd gleich

$$10^6 \log \varrho/\sigma.$$

Wenn daher die Dichtigkeit in dem einen Gefäfs *e* mal so grofs als in dem anderen ist, so ist die elektromotorische Kraft gleich ein hundertstel Volt.

Wenn wir irgend eine Vorrichtung haben, in welcher der Durchgang eines elektrischen Stromes in einer bestimmten Richtung die Lagrange'sche Funktion des Systems vergröfsert, so ist eine elektromotorische Kraft vorhanden, welche einen Strom in dieser Richtung zu erzeugen strebt und die gleich der Zunahme der mittleren Lagrange'schen Funktion ist, die durch den Durchgang der Einheitsmenge Elektrizität bewirkt wird.

134. Die Gleichung (244) können wir zuweilen durch folgende Betrachtungen umformen. Wenn wir ein Gemisch von chemischen Reagentien in verschiedenen Gewichtsverhältnissen haben, so können wir zwar nicht in allen, aber doch in vielen Fällen eine Temperatur finden, bei welcher für diese Ge-

wichtsverhältnisse chemisches Gleichgewicht vorhanden ist. Wir wollen annehmen, es sei möglich, eine Temperatur θ_0 zu finden, bei welcher die die Batterie bildenden Reagentien in demjenigen Gewichtsverhältnis, in welchem sie in der Batterie bei der Temperatur θ vorhanden sind, im Gleichgewicht sein würden.

Dann ist nach (243)

$$\frac{p}{\theta} = \varepsilon_1 R_1 \log \frac{\varrho_1{}^a \varrho_2{}^b \dots}{\sigma_1{}^c \sigma_2{}^d \dots} + A + B \log \theta \, \frac{\varepsilon q}{\theta}$$

und nach (246)

$$0 = \varepsilon_1 R_1 \log \frac{\varrho_1{}^a \varrho_2{}^b \dots}{\sigma_1{}^c \sigma_2{}^d \dots} + A + B \log \theta_0 \, \frac{\varepsilon q}{\theta_0}.$$

Subtrahiert man die zweite Gleichung von der ersten, so erhält man

$$\frac{p}{\theta} = \varepsilon q \left(\frac{1}{\theta} - \frac{1}{\theta_0} \right) + B \log \frac{\theta}{\theta_0} \dots\dots (250).$$

Wenn bei der Vereinigung, welche stattfindet, wenn die Einheitsmenge Elektrizität durch das Element geht, eine beträchtliche Wärmemenge frei wird, dann ist für gewöhnliche Temperaturen das letzte Glied auf der rechten Seite dieser Gleichung klein im Vergleich mit dem ersten, und wir können die Gleichung (250) in folgender Form schreiben:

$$p = \varepsilon q \left(1 - \frac{\theta}{\theta_0} \right).$$

Eine mit dieser in der Form übereinstimmende Gleichung giebt Professor Willard Gibbs in einem Briefe an das Electrolysis Committee of the British Association (*British Association Report,* 1886, p. 388). Nach Professor Gibbs ist θ_0 die höchste Temperatur, bei welcher sich die Radikale mit Wärmeentwickelung vereinigen können, während es nach unserer Ansicht die Temperatur ist, bei welcher das die Batterie bildende System im Gleichgewicht sein würde, und da es nicht immer möglich ist, eine solche Temperatur zu finden, so ist die Formel nicht allgemein anwendbar. Wir sehen, daſs für alle Elemente, für welche die Formel anwendbar ist, der Temperaturkoeffizient der elektromotorischen Kraft negativ sein muſs und daſs also nach dem Helmholtz'schen Prinzip der Durchgang des Stromes durch das Element von Wärmeentwickelung begleitet sein muſs. Wenn die Temperatur θ_0 existiert, so ist sie annähernd gegeben durch die Gleichung

$$\theta_0 = -\frac{\varepsilon q}{\frac{dp}{d\theta}}.$$

Wir wollen jetzt untersuchen, unter welchen Bedingungen es möglich ist, eine Temperatur θ_0 zu finden, bei welcher das System im Gleichgewicht sein würde. Wir wollen den Fall betrachten, daſs vier Substanzen (A), (B), (C), (D) im Gleichgewicht sind.

Wenn ϱ_1, ϱ_2, σ_1, σ_2 die Dichtigkeit von (A), (B), (C), (D) für den Zustand des Gleichgewichts sind, so ist nach Gleichung (246)

$$0 = \varepsilon_1 R_1 \theta \log \frac{\varrho_1{}^a \varrho_1{}^b}{\sigma_1{}^c \sigma_2{}^d} + A\theta + B\theta \log \theta + \varepsilon q.$$

Wenn nun e_1, e_2, e_3, e_4 beziehungsweise die elektrochemischen Äquivalente der Substanzen (A), (B), (C), (D) und c_1, c_2, c_3, c_4 die spezifischen Wärmen derselben bei konstantem Volum sind, so ist nach Gleichung (246)

$$B = e_4 c_4 + e_3 c_3 - e_2 c_2 - e_1 c_1,$$

folglich

$$\frac{\varrho_1{}^a \varrho_2{}^b}{\sigma_1{}^c \sigma_2{}^d} = C\theta^{\frac{(e_1 c_1 + e_2 c_2 - e_3 c_3 - e_4 c_4)}{R_1 \varepsilon_1}} e^{-\frac{q\varepsilon}{R_1 \theta \varepsilon_1}}.$$

Wenn M_1, M_2, M_3, M_4 die Molekulargewichte der Substanzen sind, so ist

$$\frac{e_1}{\varepsilon_1} = M_1 a, \qquad \frac{e_3}{\varepsilon_1} = M_3 c,$$

$$\frac{e_2}{\varepsilon_1} = M_2 b, \qquad \frac{e_4}{\varepsilon_1} = M_4 d,$$

und für Gase nach dem Gesetz von Dulong und Petit

$$M_1 c_1 = M_2 c_2 = M_3 c_3 = M_4 c_4$$

$$\frac{\varrho_1{}^a \varrho_2{}^b}{\sigma_1{}^c \sigma_2{}^d} = C\theta^{\frac{(a+b-c-d)\mathfrak{c}}{R_1}} e^{-\frac{q\varepsilon}{R_1 \theta \varepsilon_1}},$$

wenn $M_1 c_1$, $M_2 c_2$, u. s. w. mit $\mathfrak{c}$ bezeichnet wird. Hier bedeutet εq die Wärme, welche frei wird, wenn die durch eine Einheit Elektrizität zersetzte Menge von (A) mit der äquivalenten Menge von (B) in Verbindung tritt. Wir wollen zunächst annehmen, daſs diese Gröſse positiv ist und dabei die folgenden Fälle unterscheiden.

Erster Fall: $a + b = c + d$, d. h. es findet bei der Vereinigung keine Volumveränderung statt. In diesem Falle wächst θ von Null bis unendlich, $\varrho_1{}^a \varrho_2{}^b / \sigma_1{}^c \sigma_2{}^d$ von Null bis C, und da es den Wert von C niemals übersteigt, so ist es nicht immer möglich, eine Temperatur zu finden, die für vier willkürlich gewählte Werte von ϱ_1, ϱ_2, σ_1, σ_2 eine Gleichgewichtstemperatur sein müſste.

Zweiter Fall: $a + b < c + d$, d. h. es findet bei der Vereinigung eine Zunahme des Volums statt. In diesem Falle wächst ϑ von Null bis unendlich, $\varrho_1{}^a\varrho_2{}^b/\sigma_1{}^c\sigma_2{}^d$ beginnt mit Null, erreicht ein Maximum und nimmt wieder bis Null ab. Da auch in diesem Falle $\varrho_1{}^a\varrho_2{}^b/\sigma_1{}^c\sigma_2{}^d$ einen gewissen Maximalwert nicht überschreitet, so ist es nicht immer möglich, eine Temperatur zu finden, die für vier willkürlich gewählte Werte von ϱ_1, ϱ_2, σ_1, σ_2 eine Gleichgewichtstemperatur sein müſste.

Dritter Fall: $a + b > c + d$, d. h. es findet bei der Vereinigung eine Verminderung des Volums statt. In diesem Falle wächst ϑ von Null bis unendlich, $\varrho_1{}^a\varrho_2{}^b/\sigma_1{}^c\sigma_2{}^d$ wächst ebenfalls von Null bis unendlich. In diesem Falle ist es daher immer möglich, eine Temperatur zu finden, die für willkürlich gewählte Werte von ϱ_1, ϱ_2, σ_1, σ_2 eine Gleichgewichtstemperatur ist.

Wenn die Vereinigung mit Wärmeabsorption verbunden ist, so ist es im allgemeinen nur dann möglich, eine Temperatur zu finden, die für vier willkürlich gewählte Werte von ϱ_1, ϱ_2, σ_1, σ_2 eine Gleichgewichtstemperatur ist, wenn die Vereinigung von einer Zunahme des Volums begleitet ist.

Es ergiebt sich demnach aus dieser Untersuchung, daſs die Gleichung (250) im allgemeinen nur in solchen Fällen anwendbar ist, in denen die die Wärme erzeugende Reaktion von einer Verminderung des Volums begleitet ist.

In diesen Fällen, in denen $\varrho_1{}^a\varrho_2{}^b/\sigma_1{}^c\sigma_2{}^d$ bei einer bestimmten Temperatur einen Maximalwert hat, befindet sich das Gasgemenge, nachdem es diese Temperatur passiert hat, in einem unbeständigen Zustand, weil jede Zunahme der Temperatur die Vereinigung befördert und eine Wärmeentwickelung bewirkt, durch welche die Temperatur noch weiter gesteigert wird.

ACHTZEHNTES KAPITEL.

Nicht umkehrbare Wirkungen.

135. Bis jetzt haben wir den Einfluſs von Reibungswiderständen, elektrischen Widerständen u. dgl., welche die Umkehrbarkeit eines Prozesses, in welchem sie eine Rolle spielen, zerstören, auſser Betracht gelassen. Wenn wir aber den Gesichtspunkt festhalten, daſs die Eigenschaften der bewegten Materie, wie sie in der abstrakten Dynamik betrachtet werden, hinreichend sind, um alle physikalischen Erscheinungen zu erklären, dann müssen sich auch nicht umkehrbare Prozesse als die Wirkung von Veränderungen erklären lassen, die sämtlich umkehrbar sind.

Es würde nicht genügen, diese nicht umkehrbaren Wirkungen vermittelst der gewöhnlichen dynamischen Systeme, welche Reibung enthalten, zu erklären, da von diesem Gesichtspunkt aus die Reibung selbst durch die Wirkung reibungsloser Systeme erklärt werden muſs.

Wenn sich aber jede physikalische Erscheinung durch reibungsfreie dynamische Systeme erklären läſst, die sämtlich umkehrbar sind, so folgt, daſs jede Erscheinung umkehrbar sein würde, wenn wir sie in allen ihren Einzelheiten kontrollieren könnten. Wenn daher irgend ein System nicht umkehrbar ist, so hat dies, wie es von Maxwell ausgesprochen worden, seinen Grund in der Beschränktheit unserer Mittel, die Sache praktisch anzugreifen. Der Grund, weshalb wir nicht jeden Prozeſs umkehren können, liegt darin, daſs wir nur auf die Moleküle *en masse*, aber nicht auf die Moleküle im einzelnen einwirken können, während die Umkehrung mancher Prozesse die Umkehrung der Bewegung jedes einzelnen Moleküls erfordern würde.

Wir sind nicht nur unfähig, mit sehr kleinen Teilen von Materie zu manipulieren, sondern wir sind auch unfähig, Ereignisse zu trennen, welche mit grofser Schnelligkeit aufeinander folgen. Die endliche Zeit, welche unsere Sinneswahrnehmungen dauern, bewirkt, dafs jede Erscheinung, die aus schnell aufeinander folgenden Ereignissen besteht, ein verworrenes Ansehen annimmt, so dafs das, was wir in einem bestimmten Moment wahrnehmen, nicht dasjenige ist, was in diesem Moment wirklich eintritt, sondern nur eine Durchschnittswirkung, die von der wirklichen in einem bestimmten Moment stattfindenden Wirkung sehr verschieden sein kann. Infolge der Endlichkeit der Zeit, welche unsere Sinne brauchen um thätig zu sein, sind wir unfähig, zwei Ereignisse, welche sehr schnell aufeinander folgen, zu trennen, ebenso wie uns die Endlichkeit der Wellenlängen des Lichts verhindert, zwei Punkte, welche sehr nahe zusammen sind, getrennt zu sehen. Wenn wir daher irgend eine Wirkung beobachten, so können wir durch unsere Sinne nicht entscheiden, ob dieselbe einen unveränderlichen Zustand von Dingen vorstellt oder einen Zustand, der sich sehr schnell ändert und dessen Mittel dasjenige ist, was wir wirklich beobachten. Es steht uns daher frei, wenn es für die Zwecke der Erklärung zweckmäfsiger ist, irgend eine Wirkung als das Mittel einer Reihe sich schnell ändernder Wirkungen verschiedener Art zu betrachten.

Wir wollen jetzt ein System betrachten, dessen Bewegung so beschaffen ist, dafs zur Darstellung derselben Reibungsglieder, die der Geschwindigkeit proportional sind, eingeführt werden müssen, und wir wollen zunächst annehmen, dafs die Bewegung in jedem Moment durch Gleichungen mit diesen Gliedern ausgedrückt ist, so dafs die dynamischen Gleichungen keine Gleichungen sind, welche nur im Durchschnitt richtig sind.

Es könnte auf den ersten Blick scheinen, als ob wir die Reibungsglieder in den Bewegungsgleichungen so auffassen könnten, als ob sie aus der Verbindung von Hilfssystemen mit dem ursprünglichen System entständen, ebenso wie wir in § 11 gewisse den Positionskoordinaten entsprechende Kräfte so auffafsten, als ob sie durch Veränderungen in der Bewegung eines mit dem ursprünglichen System verbundenen Systems hervorgebracht würden. Wir wollen für einen Augenblick annehmen, dafs dies möglich sei. Wenn dann T die kinetische Energie des ursprünglichen Systems und T' diejenige des Hilfssystems ist, durch dessen Bewegung die Reibungskräfte erklärt werden sollen, so ist nach den Lagrange'schen Gleichungen

$$\frac{d}{dt}\frac{dT}{d\dot{x}} - \frac{dT}{dx} - \frac{d}{dt}\frac{dT'}{d\dot{x}} - \frac{dT'}{dx} + \frac{dV}{dx} =$$

der äufseren Kraft vom Typus x. Daher mufs das Glied

$$-\frac{d}{dt}\frac{dT'}{d\dot{x}} - \frac{dT'}{dx}$$

gleich dem „Reibungsglied“ sein, welches mit $\dot{x}$ proportional ist. Damit dies aber der Fall ist, mufs offenbar T' $\dot{x}$ enthalten. Das Moment des Systems ist aber $d(T+T')/d\dot{x}$, und das Moment mufs dasselbe sein wie das durch den gewöhnlichen Ausdruck in der Dynamik starrer Körper, nämlich $dT/d\dot{x}$ gegebene. Wenn diese beiden Ausdrücke identisch sind, so muſs $dT'/d\dot{x}$ für alle Werte von $\dot{x}$ verschwinden, d. h. T' kann nicht $\dot{x}$ enthalten, was mit der Bedingung in Widerspruch steht, die notwendig ist, wenn aus der Bewegung des Hilfssystems die „Reibungsglieder" entspringen sollen. Hieraus schlieſsen wir, daſs die Reibungsglieder nicht durch die Annahme erklärt werden können, daſs irgend ein Hilfssystem mit einer endlichen Anzahl von Graden der Freiheit mit dem ursprünglichen System in Verbindung steht.

Wenn wir den Fall untersuchen, daſs ein Kolben mit einem unbegrenzten Luftvolum in Verbindung vibriert, werden wir finden, daſs die von dem Kolben ausgehenden Wellen ihre Energie genau so dissipieren, als ob der Kolben einen seiner Geschwindigkeit proportionalen Reibungswiderstand zu überwinden hätte. Dies ist jedoch nur dann der Fall, wenn das den Kolben umgebende Medium unbegrenzt ist. Wenn es durch feste Hindernisse begrenzt ist, so werden die vom Kolben erregten Wellen von der Grenze reflektiert und so kommt die Energie, welche von dem Kolben auf die Luft überging, von dieser wieder auf den Kolben zurück. Die Reibungsglieder lassen sich daher nicht durch die Dissipation der Energie durch Wellen erklären, die von dem System ausgehen und sich in einem umgebenden Medium fortpflanzen, da es in diesem Fall möglich sein würde, daſs Energie aus dem Hilfssystem in das ursprüngliche System übergeht. Wenn dagegen die Reibungsglieder durch ein mit dem ursprünglichen System in Verbindung stehendes Hilfssystem erklärt werden müssen, so muſs die Verbindung eine solche sein, daſs Energie von dem ursprünglichen System in das Hilfssystem, aber nicht von diesem in das ursprüngliche System übergehen kann.

Hieraus schliefsen wir, dafs die Bewegungsgleichungen, wenn sie Reibungsglieder enthalten, die mittlere Bewegung des Systems, aber nicht die Bewegung in irgend einem bestimmten Augenblick darstellen.

Wir wollen z. B. annehmen, ein Körper bewege sich mit grofser Geschwindigkeit durch ein Gas. Da dieser Körper durch sein Zusammentreffen mit den Gasmolekülen an Moment mehr verliert als gewinnt, so wird sein Moment fortwährend abnehmen. Dies läfst sich im Durchschnitt durch Einführung eines Gliedes ausdrücken, welches einen Widerstand ausdrückt, der sich mit irgend einer Potenz der Geschwindigkeit ändert. Die Bewegungsgleichungen mit diesem Glied würden aber nicht für einen bestimmten Augenblick richtig sein, weder wenn der Körper mit einem Gasmolekül zusammentrifft, noch auch wenn er sich frei bewegt und nicht mit einem der Moleküle zusammenstöfst. Wenn wir ferner den Widerstand betrachten, den ein Gas einem bewegten Körper durch seine eigne Viscosität entgegensetzt, so folgt aus der kinetischen Gastheorie, dafs die Bewegungsgleichungen des Gases mit einem Glied, welches einen der Geschwindigkeit proportionalen Widerstand ausdrückt, nicht für irgend einen bestimmten Augenblick richtig sind, sondern nur, wenn der Durchschnitt für eine Zeit genommen wird, die grofs ist im Vergleich mit der Zeit, welche ein Molekül zur Zurücklegung seiner freien Weglänge braucht.

Da sich die Reibungskräfte nicht durch ein System in gleichförmigem Zustand erklären lassen, wollen wir die Dynamik eines Systems betrachten, welches der Einwirkung von Kräften unterworfen ist, die nur eine kurze Zeit dauern, sich aber sehr häufig wiederholen.

Wir wollen annehmen, der Ausdruck für die Lagrange'sche Funktion des fraglichen Systems enthalte ein Glied L', welches intermittierend ist. Dasselbe hat für eine sehr kurze Zeit einen bestimmten Wert, dann verschwindet es, dann tritt es wieder auf, verschwindet wieder und dies wiederholt sich in einer Sekunde n mal. Wir wollen der Kürze halber jede der Epochen, während welcher die Funktion L' einen bestimmten Wert hat, als Stofs bezeichnen und wollen die Anzahl der Stöfse in einer Sekunde n nennen. Wenn sich z. B. ein Körper durch ein Gas bewegt, so kann L' derjenige Teil der Lagrange'schen Funktion sein, welcher die Einwirkung eines Gasmoleküls auf den Körper darstellt. Wenn der Körper mit einem Molekül zusammenstöfst, so hat L' einen bestimmten Wert, während dagegen kein Zusammenstofs stattfindet, ist L' so klein, dafs man es, ohne einen merklichen Fehler zu begehen, gleich Null setzen kann.

Die der Koordinate x entsprechende Lagrangesche Gleichung ist, wenn L den unveränderlichen Teil der Lagrange'schen Funktion bedeutet,

$$\frac{d}{dt}\frac{dL}{d\dot{x}} - \frac{dL}{dx} + \frac{d}{dt}\frac{dL'}{d\dot{x}} - \frac{dL'}{dx} = 0.$$

Integriert man diese Gleichung über die Zeit T, so erhält man

$$\int_0^T \left(\frac{d}{dt}\frac{dL}{d\dot{x}} - \frac{dL}{dx}\right) dt + \left[\frac{dL'}{d\dot{x}}\right]_0^T - \int_0^T \frac{dL'}{dx} = 0.$$

Wenn sich nun die Struktur des Systems nicht

stetig ändert, so wird $\left[dL'/d\dot{x}\right]_0^T$ entweder verschwinden oder sehr klein sein, so daſs wir es vernachlässigen und schreiben können

$$\int_0^T \left(\frac{d}{dt}\frac{dL}{d\dot{x}} - \frac{dL}{dx}\right) dt - \int_0^T \frac{dL'}{dx}\, dt = 0 \ldots (251).$$

Wir wollen T so wählen, daſs zwar eine groſse Anzahl von Stöſsen in dieser Zeit stattfindet, daſs sich aber die Werte von x, $\dot{x}$, $\ddot{x}$ während derselben nicht um einen endlichen Betrag ändern.

Wenn nun τ die Dauer eines Stromes und n die Anzahl der Stöſse in einer Sekunde ist, dann ist

$$\int_0^T \frac{dL'}{dx}\, dt = nT \int_0^\tau \frac{dL'}{dx}\, dt \ldots\ldots\ldots (252).$$

In einer zahlreichen Klasse von Fällen kann angenommen werden, daſs x während des Stoſses konstant bleibt. In diesen Fällen kann (252) in folgender Form geschrieben werden:

$$\int_0^T \frac{dL'}{dx}\, dt = nT \frac{d\chi}{dx},$$

wo

$$\chi = \int_0^\tau L'\, dt.$$

Weil

$$\int_0^T \left(\frac{d}{dt}\frac{dL}{d\dot{x}} - \frac{dL}{dx}\right) dt = T\left(\frac{d}{dt}\frac{dL}{d\dot{x}} - \frac{dL}{dx}\right),$$

geht Gleichung (251) über in

$$\frac{d}{dt}\frac{dL}{d\dot{x}} - \frac{dL}{dx} = n\frac{d\chi}{dx}.$$

Die von diesen intermittierenden Kräften hervorgebrachte Wirkung ist also dieselbe, welche eine stetig wirkende Kraft X vom Typus x hervorbringen würde, welche durch die Gleichung

$$X = n \frac{d\chi}{dx}$$

gegeben ist.

Sie würden in ähnlicher Weise dieselbe Wirkung hervorbringen wie eine Kraft Y vom Typus y, welche durch die Gleichung

$$Y = n \frac{d\chi}{dy}$$

gegeben ist.

Wenn $d\chi/dx$, $d\chi/dy$ die Geschwindigkeiten $\dot{x}$, $\dot{y}$ nicht enthalten und wenn n, die Anzahl der Stöfse in einer Sekunde, eine lineare Funktion dieser Geschwindigkeiten ist, so haben diese Kräfte den Charakter von Reibungskräften.

Wenn n die Koordinaten x, y nicht explicit enthält, so ist

$$\frac{dY}{dx} = \frac{dX}{dy} \quad \ldots\ldots\ldots\ldots\ (253).$$

Aus dieser Gleichung lassen sich ähnliche Folgerungen wie die in § 44 entwickelten ziehen. Wenn wir z. B. fänden, dafs das logarithmische Dekrement der Torsionsschwingungen eines Drahtes von der Dehnung des Drahtes abhängt, so würde aus (252) folgen, dafs, wenn der Draht schwingt, eine Kraft vorhanden ist, die seine Länge zu ändern strebt. Wäre der Reibungswiderstand gegen die Torsionsschwingungen $\mu\dot{\theta}$, wo $\dot{\theta}$ die Winkelgeschwindigkeit eines an dem Draht befestigten Zeigers ist, so würde, wenn die obige Gleichung richtig ist, eine Kraft X vorhanden sein, die den Draht zu verlängern strebt und die durch die Gleichung

$$\frac{dX}{d\theta} = -\dot{\theta}\,\frac{d\mu}{dx}$$

gegeben ist, in welcher x die Länge des Drahtes bedeutet.

Wenn daher $d\mu/dx$ konstant ist, so ist

$$X = -\,\theta\dot{\theta}\,\frac{d\mu}{dx}.$$

Wenn also die Torsionsschwingungen periodisch wären, so würde eine Kraft vorhanden sein, welche Longitudinalschwingungen von der halben Schwingungsdauer derselben zu erzeugen strebt. Oder wenn die Viscosität eines Eisendrahtes durch Magnetisierung verändert würde, so würde auf einen schwingenden Draht eine periodische magnetisierende Kraft wirken, deren Periode halb so grofs als die der Torsionsschwingungen ist.

Die Gleichung (253) gilt nur dann, wenn n von x und y unabhängig ist. Wenn n eine Funktion dieser Gröfsen ist, so gilt statt dieser Gleichung die folgende:

$$\frac{dY}{dx} - \frac{dX}{dy} = X\,\frac{d\log n}{dy} - Y\,\frac{d\log n}{dx}.$$

Wenn noch eine dritte Kraft vom Typus z hinzukommt, so gelten die beiden weiteren Gleichungen

$$\frac{dX}{dz} - \frac{dZ}{dx} = Z\,\frac{d\log n}{dx} - X\,\frac{d\log n}{dz}$$

und

$$\frac{dZ}{dy} - \frac{dY}{dz} = Y\,\frac{d\log n}{dz} - Z\,\frac{d\log n}{dy}.$$

Aus diesen drei Gleichungen ergiebt sich die folgende:

$$Z\left(\frac{dY}{dx} - \frac{dX}{dy}\right) + Y\left(\frac{dX}{dz} - \frac{dZ}{dx}\right) + X\left(\frac{dZ}{dy} - \frac{dY}{dz}\right) = 0. \quad (254).$$

In diesen Gleichungen sind X, Y, Z nur diejenigen Teile der Kräfte von den Typen x, y, z, welche in ihrer Wirkung intermittierend sind.

Wenn wir aus der Natur des Falles ersehen können, dafs die Anzahl der Stöfse von einer Koordinate, etwa x, unabhängig ist, so folgt aus den obigen Gleichungen, dafs

$$\log n = \int \frac{1}{X}\left(\frac{dY}{dx} - \frac{dX}{dy}\right) dy + \int \frac{1}{X}\left(\frac{dZ}{dx} - \frac{dX}{dz}\right) dz.$$

Wenn die Viscositätskräfte aus den Zusammenstöfsen mit mehreren verschiedenen Systemen entspringen und nicht, wie wir im vorhergehenden angenommen haben, mit *einem* System, so gelten die Gleichungen

$$X = n_1 \frac{d\chi_1}{dx} + n_2 \frac{d\chi_2}{dx} + \dots$$

$$Y = n_1 \frac{d\chi_1}{dy} + n_2 \frac{d\chi_2}{dy} + \dots$$

wo n_1, n_2 beziehungsweise die Anzahl der Zusammenstöfse per Sekunde mit den Systemen (1), (2) ... sind, und

$$\chi_r = \int_0^\tau L'_r dt,$$

wo L'_r die Lagrange'sche Funktion des $r$ten Systems ist.

Wenn n_1, n_2 ... unabhängig von x, y sind, dann ist wie vorher

$$\frac{dX}{dy} = \frac{dY}{dx},$$

wenn dagegen n_1, n_2 die Koordination x, y enthalten, so mufs die Relation (253) durch eine andere ersetzt werden, welche höhere Differentialquotienten enthält.

Aus den vorhergehenden Betrachtungen geht hervor, dafs wir in denjenigen Fällen, in denen die Viscositätskräfte durch „Zusammenstöfse" erzeugt werden, einige Kriterien haben, aus deren Erfüllung oder Nichterfüllung wir Schlüsse über die Konstitution des Systems ziehen können. Wenn z. B. (252) nicht erfüllt ist, so schliefsen wir, dafs die Anzahl der Zusammenstöfse von dem Wert der Koordinaten abhängt. Wenn (253) nicht erfüllt ist, so schliefsen wir, dafs die Viscositätskräfte durch Zusammenstöfse mit mehr als einem System erzeugt werden, u. s. w.

Es fehlt sehr an Versuchen über den Einflufs verschiedener physikalischer Bedingungen auf die Viscositätskräfte, ausgenommen wenn diese Kräfte diejenigen sind, welche dem Durchgang der Elektrizität durch Leiter Widerstand leisten. Es ist jedoch unwahrscheinlich, dafs in diesem Falle der Widerstand durch eine Folge von Impulsen erzeugt wird, deren Anzahl der Stromstärke proportional ist, denn dieser Fall ist nicht demjenigen einer Viscositätskraft analog, die von der Veränderung der Gestalt oder Konfiguration eines Systems abhängig ist. In diesem Fall darf mit Recht angenommen werden, dafs die Anzahl wirklicher Zusammenstöfse der Geschwindigkeit der Veränderung proportional ist.

Um uns eine Vorstellung davon zu machen, wie diskontinuierliche Kräfte die Wirkung eines elektrischen Widerstandes hervorbringen können, wollen wir einige Fälle betrachten, in denen widerstandsartige Wirkungen durch eine Folge von Änderungen hervorgebracht werden, die sehr schnell aufeinander folgen. Ein sehr gutes Beispiel dieser Art bildet die von Maxwell (*Electricity and Magnetism,* II. p. 385) gegebene Vorrichtung zur Messung der Kapazität eines Kondensators in elektromagnetischem Maſs. In dieser Vorrichtung werden durch eine als Unterbrecher dienende Stimmgabel die Platten eines Kondensators abwechselnd mit den Polen einer Batterie und untereinander in Verbindung gebracht. Wenn die Entladungsgeschwindigkeit sehr groſs ist, so bringt diese Vorrichtung dieselbe Wirkung hervor wie ein Widerstand $1/nC$, wo C die Kapazität des Kondensators bedeutet und n die Anzahl der in einer Sekunde stattfindenden Entladungen. In diesem Falle bringt also die Kombination von Induktion und Entladung dieselbe Wirkung hervor wie ein Widerstand. Einen anderen Fall, in welchem der Vorgang ein diskontinuierlicher, aber die Wirkung diejenige eines kontinuierlichen Stromes ist, wenn die Änderungen schnell genug aufeinander folgen, bildet der Durchgang der Elektrizität durch ein mit Luft gefülltes geschlossenes Glasrohr. Wenn Elektroden in das Rohr eingeschmolzen und mit einer thätigen Elektrisiermaschine in Verbindung gesetzt werden, so findet nicht eher eine Entladung von Elektrizität durch das Rohr statt, als bis die elektromotorische Kraft groſs genug geworden ist, um den elektrischen Widerstand der Luft zu überwinden. Nachdem ein Funke durchgegangen ist, dauert es einige Zeit, bis ein zweiter Funke durchgeht. Während dieser Zeit wächst die elektromotorische Kraft im Innern des Rohrs bis zu dem Wert an, der zur Überwindung des elektrischen Widerstandes der Luft erforderlich ist. Wenn dieses Zeitintervall sehr kurz ist, so bringen die aufeinander folgenden Entladungen dieselbe Wirkung wie ein das Rohr durchflieſsender kontinuierlicher Strom hervor. Die Betrachtung dieses Falles wirft vielleicht auch einiges Licht auf den Mechanismus des Entladungsvorganges. Es liegen nämlich verschiedene Gründe für die Annahme vor, dafs in diesem Falle die Entladung von einer Zersetzung der Gasmoleküle begleitet ist. Die zu dieser Zersetzung erforderliche Energie kommt von dem elektrischen Feld her und die damit verbundene Erschöpfung der elektrischen Energie erzeugt die elektrische Entladung. Die Gründe für diese Annahme sind die folgenden:

(1.) Verschiedene Gase unterscheiden sich durch den elektrischen Widerstand viel mehr als durch andere physikalische Eigenschaften. Der Unterschied ist viel mehr den Unterschieden zwischen ihren chemischen, als ihren physikalischen Eigenschaften vergleichbar, und der Unterschied zwischen einem chemischen und einem physikalischen Prozefs besteht, wie es scheint, darin, dafs in dem ersteren die Moleküle gespalten werden, in dem letzteren dagegen nicht.

(2.) In vielen Fällen ist es durch die chemische Analyse und die Spektralanalyse direkt nachgewiesen, dafs diese Zersetzung stattfindet, und Gase von komplexer Zusammensetzung, deren Moleküle leicht gespalten werden, sind auch elektrisch sehr schwach.

(3.) Vermittelst dieser Hypothese läfst es sich erklären (*Proc. Camb. Phil. Soc.* V. 400), warum der elektrische Widerstand nach und nach geringer werden mufs, wenn das Gas mehr und mehr verdünnt wird, bis derselbe bei einem Druck von ungefähr einem Millimeter ein Minimum ist, während er bei weiter abnehmendem Druck wieder zunimmt, bis er bei der stärksten Verdünnung, die sich mit den besten modernen Luftpumpen erzielen läfst, so grofs ist, dafs es fast unmöglich ist, einen Funken durch das Gas schlagen zu lassen.

(4.) Dr. Schuster hat gezeigt (*Proc. Royal Society,* XXXVII. p. 318), dafs die elektrische Entladung durch Quecksilberdampf, der als ein einatomiges Gas betrachtet wird, ein eigentümliches Ansehen bietet und sehr schwer hindurchgeht, und neuerdings hat Hertz (*Wied. Ann.* XXXI. p. 983, 1887) gefunden, dafs die elektrische Entladung leichter durch ein Gas hindurchgeht, wenn es der Wirkung violetter oder ultravioletter Strahlen ausgesetzt ist, als wenn es sich im Dunkeln befindet. Da das ultraviolette Licht ein starkes Betreben hat, die Moleküle des Gases, durch welches es hindurchgeht, zu zersetzen, so spricht diese Erscheinung sehr zu gunsten der Annahme, dafs die Entladung durch die Spaltung der Gasmoleküle bewirkt wird.

Bei der elektrischen Entladung durch Gase scheint die Isolierung vollkommen zu sein, bis die elektromotorische Kraft einen bestimmten Wert erreicht und ein Funke übergeht. Das Feld kann also offenbar nicht durch eine neue Anordnung der Moleküle, die nicht von Zersetzung begleitet ist, entladen werden. Wenn dagegen die Moleküle in Bestandteile zerfallen, so wird, wie es scheint, ein Zustand der Molekularstruktur erzeugt, in welchem die Entladung durch eine neue Anordnung ohne weitere Zersetzung bewirkt werden kann. So hat z. B. Dr. Schuster gezeigt (*Proc. Roy. Soc.* XLII. p. 371), dafs, wenn eine starke elektrische Entladung durch ein Gas geht, eine sehr geringe elektromotorische Kraft hinreichend ist, um einen Strom in einer Region des Gases zu erzeugen, welche vor dem elektrischen Einflufs der ersten Entladung geschützt ist. Ferner fand Hittorf, daſs der Widerstand eines Gases für Entladungen in horizontaler Richtung geringer wird, wenn in vertikaler Richtung eine Entladung durch dasselbe hindurchgeht. Die Verminderung des elektrischen Widerstandes eines Gases nach dem Durchgang eines Funkens läſst sich in derselben Weise erklären. Ferner war bei Varley's Versuchen über die elektrische Entladung durch Gase (*Proc. Roy. Soc.* XIX. 236) die Menge der Elektrizität, welche durch ein mit Gas gefülltes Rohr hindurchgeht, proportional $E - E_0$, wo E die Potentialdifferenz der Elektroden und E_0 eine konstante elektromotorische Kraft ist, mit anderen Worten, die Menge der Elektrizität, welche durch das Rohr strömte, war proportional dem Überschuſs der elektromotorischen Kraft über diejenige, welche das Dielektrikum durchbrach. Dies scheint anzudeuten, daſs die elektromotorische Kraft E_0 eine gewisse Menge von Atomen in den nascierenden Zustand versetzt und daſs durch die neue Anordnung dieser Atome das Feld entladen wird.

Bei flüssigen Isolatoren ist die Isolierung für geringe elektromotorische Kräfte nicht, wie bei Gasen, vollkommen. In einem Kondensator, dessen Platten durch ein flüssiges Dielektrikum getrennt sind, findet stets eine langsame Entladung statt, so gering auch der Potentialunterschied zwischen den Platten sein mag. Aus einigen neuerdings von Newall und mir (*Proc. Roy. Soc.* XLII. p. 410) ausgeführten Versuchen ergab sich, daſs für geringe elektromotorische Kräfte der Elektrizitätsverlust das Ohm'sche Gesetz befolgte, d. h. daſs er der Potentialdifferenz zwischen den Platten proportional war. Dies beweist, daſs der Elektrizitätsverlust dadurch erzeugt wird, daſs sich unter dem Einfluſs der elektromotorischen Kraft ein neuer Molekularzustand bildet und daſs dieser Zustand nicht durch das elektrische Feld hervorgebracht wird, da sich in diesem Falle der Elektrizitätsverlust nicht mit der ersten, sondern einer höheren Potenz der elektromotorischen Kraft ändern würde. Quincke, der den Durchgang der Elektrizität durch dieselben Flüssigkeiten untersuchte, dabei aber elektromotorische Kräfte benutzte, die denjenigen vergleichbar waren, die Funken in dem Dielektrikum erzeugen würden, fand, daſs sich unter diesen Umständen die durch das Dielektrikum hindurchgehende Elektrizitätsmenge mit einer höheren Potenz der elektromotorischen Kräfte änderte. Gerade dies müssen wir aber erwarten, wenn das elektrische Feld die Moleküle der Flüssigkeit spaltet.

Es giebt viele Flüssigkeiten, die zwar im reinen Zustand die Elektrizität sehr schlecht leiten, die aber gut leiten, sobald Salze oder andere Substanzen, die selbst Nichtleiter sein können, in denselben gelöst sind. Diese Art der Leitung ist die sogenannte elektrolytische und sie wird von Erscheinungen begleitet, die in anderen Fällen nicht beobachtet werden.

Da das Lösungsmittel nicht ein Leiter ist, so muſs die Entladung des elektrischen Feldes, welche die Leitung ausmacht, in der einen oder anderen Weise durch die gelöste Substanz bewirkt werden. Sowohl die Betrachtung der Entladung durch Gase, als auch die chemische Zersetzung, welche stets diese Art von Leitung begleitet, läſst vermuten, daſs in diesem Falle die Entladung entweder dadurch verursacht wird, daſs das elektrische Feld die Salzmoleküle spaltet, oder dadurch, daſs sich die in einem nascierenden Zustand befindlichen Atome eines Salzmoleküls oder die Bestandteile eines aus Salz und Lösungsmittel bestehenden komplizierteren Moleküls sich neu gruppieren, wobei die Spaltung des Moleküls von dem elektrischen Feld unabhängig ist. Das erstere ist aus folgenden Gründen nicht wahrscheinlich.

(1.) Wenn es richtig wäre, so würde zur Erregung eines Stromes in einem Elektrolyt ebenso wie zum Durchschlagen eines Funkens durch ein Gas eine elektromotorische Kraft von bestimmter endlicher Gröfse erforderlich sein. Es geht aber aus zahlreichen Experimenten hervor, dafs die geringste elektromotorische Kraft hinreichend ist, um in einem Elektrolyt einen Strom zu erregen.

(2.) Durch die Experimente von Prof. Fitzgerald und Trouton (*Report of the British Association Committee on Electrolysis,* 1886, p. 312) ist nachgewiesen, dafs ein Strom, der durch einen Elektrolyten geht, das Ohm'sche Gesetz sehr genau befolgt, während der Strom einer höheren als der ersten Potenz der elektromotorischen Kraft proportional sein würde, wenn diese die Moleküle zerlegen müfste.

(3.) Wenn die Moleküle durch den Strom gespalten würden, so würde das Salz eine gröfsere Anzahl individueller Systeme bilden, wenn der Strom hindurchgeht, als wenn er nicht hindurchgeht. Nun hängt das Steigen der Lösung in einem Osmometer und die Erniedrigung des Dampfdruckes derselben von der Anzahl der Moleküle in der Volumeinheit der Flüssigkeit und nicht von der Natur derselben ab. Wenn daher die Anzahl der getrennten Systeme durch den Durchgang des Stromes erhöht würde, so müfsten diese Wirkungen durch den Durchgang eines Stromes durch die Lösung erhöht werden. Ich habe neuerdings über diese beiden Wirkungen einige Versuche ausgeführt und habe nicht die geringste durch den Strom bewirkte Änderung entdecken können.

Aus diesen Gründen schliefsen wir, dafs das Zerfallen der Moleküle, welches den Durchgang des Stromes ermöglicht, nicht durch die elektromotorische Kraft bewirkt wird, sondern ganz unabhängig vom elektrischen Feld stattfindet.

Die zwischen den Atomen eines Moleküls wirkenden Kräfte sind gewöhnlich zu stark, um eine Gruppierung unter dem Einflufs des elektrischen Feldes zu gestatten. Wenn aber das Molekül zerfällt und diese Kräfte verschwinden oder werden sehr klein, so können sich die Bestandteile des Moleküls frei unter dem Einflufs der elektromotorischen Kraft bewegen und sie bewegen sich so, dafs durch ihre Bewegung die Stärke des elektrischen Feldes vermindert wird. Um uns eine bestimmte Vorstellung davon zu machen, wie das Feld entladen wird, können wir die gewöhnliche Annahme machen, dafs die Bestandteile, in welche das Molekül zerfällt, mit entgegengesetzten Arten von Elektrizität geladen sind und dafs, wenn das Molekül zerfällt, der positiv geladene Bestandteil in der einen und der negativ geladene in der anderen Richtung wandert. Auf diese Weise entstehen zwei Schichten von positiver und negativer Elektrizität, und die elektrische Kraft derselben neutralisiert in der Region zwischen den Schichten die äufsere elektrische Kraft. Die positiv geladenen Moleküle kommen alsbald in die Nachbarschaft einiger negativ geladener, die in der entgegengesetzten Richtung wandern und vereinigen sich wieder mit diesen, ebenso die negativ geladenen mit einigen positiven

Molekülen. Auf diese Weise verschwindet die Kraft der Schichten und das äufsere elektrische Feld wird wiederhergestellt, um alsbald wieder durch das Zerfallen und die neue Gruppierung anderer Moleküle zerstört zu werden.

Wenn wir auch annehmen, dafs der Strom durch ein Zerfallen der Moleküle des Elektrolyten fortgepflanzt wird, so brauchen wir deshalb doch nicht notwendigerweise anzunehmen, dafs der Elektrolyt, wenn er frei von elektromotorischer Kraft ist, sehr stark dissociiert ist. Bei dieser Ansicht über den Durchgang eines Stromes brauchen wir nur die Annahme zu machen, dafs die Moleküle des Elektrolyten gespalten werden, und es hindert uns nichts, die weitere Annahme zu machen, wenn sie durch andere Gründe wahrscheinlich gemacht wird, dafs sie sich augenblicklich wieder vereinigen, wenn keine elektromotorische Kraft auf dieselben einwirkt. Und da der Dissociationszustand vom *Verhältnis* der Zeit, während der die Atome dissociiert bleiben, zu derjenigen Zeit abhängt, während der sie verbunden sind, so können wir dieses beliebig klein machen und wir haben doch ein ununterbrochenes Zerfallen der Moleküle.

Es scheint durchaus nicht notwendig zu sein, die Annahme zu machen, dafs der Durchgang der Elektrizität durch Metalle und Legierungen in einer ganz anderen Weise vor sich geht, als der Durchgang durch Gase und Elektrolyte. Die beiden Hauptunterschiede zwischen der Leitung durch Metalle und der Leitung durch Elektrolyte sind nämlich die folgenden: (1.) bei der elektrolytischen Leitung erscheinen die Bestandteile des Elektrolyten an den Elektroden und es findet eine Polarisation statt, und (2) nimmt die Leitungsfähigkeit bei den Elektrolyten mit steigender Temperatur zu, während sie bei den Metallen abnimmt.

Wir wollen zunächst den ersten dieser beiden Unterschiede, den der Polarisation, betrachten. Es ist leicht einzusehen, dafs wir kaum erwarten dürfen, dieselbe in Metallen oder Legierungen zu entdecken. In diesem Falle ist nämlich nicht, wie bei Elektrolyten, das Zerfallen auf wenige Moleküle beschränkt, die spärlich durch ein nichtleitendes Lösungsmittel zerstreut sind, sondern die sämtlichen Moleküle können zerfallen. Daher mufs die Geschwindigkeit, mit welcher irgend ein abnormer Zustand verschwindet, fast unendlich viel gröfser sein, als bei Elektrolyten, und wenn eine Polarisation erzeugt wird, so ist dieselbe vermutlich verschwunden, bevor sie entdeckt werden kann. Was sodann das Erscheinen der Bestandteile des Leiters an den Elektroden betrifft, so kann von einer solchen nur bei den Legierungen die Rede sein. Allein Prof. Roberts-Austen war nicht im stande, in Legierungen in der Umgebung der Elektroden irgend eine Veränderung in der Zusammensetzung zu entdecken. Wir müssen jedoch berücksichtigen, dafs eine Legierung von einem Elektrolyten wesentlich verschieden ist. Während nämlich in dem letzteren wenige „aktive" Moleküle in einen Nichtleiter eingebettet sind, verhält sich die erstere so, als ob sowohl das Lösungsmittel als auch das Salz den Strom leitete, so dafs die Entladung nicht auf wenige Moleküle von bestimmter Zusammensetzung beschränkt ist, sondern auf unendlich viel verschiedenen Wegen vor sich gehen kann.

Sodann ist zu bemerken, dafs die Regeln über

den Einfluſs der Wärme auf das Leitungsvermögen von Elementen und Elektrolyten zwar im allgemeinen richtig sind, daſs es aber auch Ausnahmen giebt. So nimmt z. B. das Leitungsvermögen von Selen, Phosphor und Kohlenstoff mit steigender Temperatur zu. Das Leitungsvermögen von Wismut soll bei einigen Temperaturen zunehmen, und ich habe neuerdings gefunden, daſs das Leitungsvermögen eines Amalgams, welches ungefähr 30 % Zink und 70 % Quecksilber enthält, bei 80° C gröſser ist als bei 15° C. Wir müssen ferner bedenken, daſs die Geschwindigkeit, mit welcher das Leitungsvermögen mit der Temperatur zunimmt, für Elektrolyte mit zunehmender Konzentration gröſser wird. Es läſst sich daher zwischen den beiden Klassen von Leitern in dieser Hinsicht keine scharfe Grenze ziehen.

Es existiert, wie es scheint, kein Unterschied zwischen der Leitung der Metalle und derjenigen der Elektrolyte, die sich nicht durch den Umstand erklären lieſse, daſs an der Leitung der Metalle eine bedeutend gröſsere Anzahl von Molekülen teilnimmt, wenn man von der Annahme ausgeht, daſs in allen Fällen der Strom aus einer Reihe von intermittierenden Entladungen besteht, welche durch die neue Gruppierung der Bestandteile von Molekularsystemen verursacht werden.

Wir wollen daher untersuchen, zu welchen dynamischen Resultaten eine solche Auffassung des elektrischen Stroms führt.

Wir wollen den Fall eines elektrischen Feldes betrachten, in welchem die elektromotorische Kraft überall parallel der x-Achse wirkt. Die elektrische Verschiebung in dieser Richtung sei f. Dann enthält die Lagrange'sche Funktion für die Volumeinheit des Mediums das Glied

$$-\frac{2\pi f^2}{K},$$

wo K die spezifische Induktionskapazität des Mediums bedeutet. Diesem Glied entspricht eine Kraft

$$-\frac{4\pi f}{K}$$

parallel zur x-Achse. Infolge der ununterbrochenen Umgruppierung der Molekularsysteme ist f/K nicht gleichförmig, sondern es bewegt sich zwischen Null und einem gewissen Maximalwert hin und her. Wenn dieses Alternieren hinreichend schnell erfolgt, so ist die durch dieses Glied ausgedrückte Wirkung dieselbe wie die einer kontinuierlichen Kraft, die gleich dem mittleren Wert derselben ist, also gleich

$$-\int_0^1 \frac{4\pi f}{K}\,dt.$$

Wir wollen annehmen, f verschwinde infolge der Umgruppierung der Molekularsysteme in der Sekunde n mal, und τ sei die Zeit, welche zwischen zwei aufeinander folgenden Momenten des Verschwindens. Dann ist

$$\int_0^1 \frac{4\pi f}{K}\,dt = 4\pi n \int_0^\tau \frac{f}{K}\,dt = \frac{4\pi n}{K}\,\beta\mathfrak{f}\tau,$$

wo $\mathfrak{f}$ den Maximalwert von f und β eine Gröfse bedeutet, welche von dem Verhältnis der Zeit, während welcher es existiert, abhängt.

Wenn sich die Molekularsysteme so umgruppieren, dafs das elektrische Feld entladen wird, so gehen Moleküle, die mit $\mathfrak{f}$ Elektrizitätseinheiten geladen sind, durch die Flächeneinheit in der einen Richtung, während $\mathfrak{f}$ Einheiten negativer Elektrizität durch Moleküle, die sich in der entgegengesetzten Richtung bewegen, fortgeführt werden.

Daher ist $2n\mathfrak{f}$ die Summe der positiven Elektrizität, die in der einen Richtung, und der negativen Elektrizität, welche in der entgegengesetzten Richtung in der Zeiteinheit durch die Flächeneinheit hindurchgeht, also gleich u, wenn u die Intensität des Stromes ist, und da $n\tau$ gleich eins ist, so ist die Kraft, um die es sich handelt, gleich

$$-\frac{2\pi\beta}{nK}u.$$

Diese ununterbrochene Vernichtung des elektrischen Feldes bringt also dieselbe Wirkung hervor, als ob die Substanz den spezifischen Widerstand $2\pi\beta/nK$ besäße. Je öfter also in einer Sekunde die Verschiebung vernichtet wird u. s. w., desto besser ist das Leitungsvermögen.

Die Vernichtung der Verschiebung wird aber durch die Umgruppierung der Moleküle verursacht, und die Umgruppierung der Moleküle bringt in einem festen Körper dieselbe Wirkung hervor wie die Zusammenstöße der Moleküle in einem Gas, d. h. sie strebt den Zustand des festen Körpers auszugleichen. Es ist daher zu erwarten, daß die Ausgleichung der Temperatur mit der Anzahl der Umgruppierungen der Moleküle zunimmt. Das elektrische Leitungsvermögen würde in derselben Weise zunehmen. Daher steht diese Ansicht mit dem Umstand in Einklang, daß man dieselbe Reihenfolge erhält, wenn man die Metalle nach dem Wärmeleitungsvermögen und nach dem elektrischen Leitungsvermögen anordnet.

Die vorhergehende Untersuchung des Widerstandes eines solchen Mediums gilt nur für den Fall, dafs die elektromotorische Kraft während einer Zeit, in der eine grofse Anzahl von Entladungen stattfindet, annähernd konstant ist. Wenn sich die Verschiebung während des Intervalls zwischen zwei aufeinander folgenden Umgruppierungen der Moleküle umkehren könnte, so würde sich die Substanz nicht wie ein Leiter, sondern wie ein Isolator verhalten. Wenn σ der spezifische Widerstand der Substanz ist, so ist

$$\frac{2\pi\beta}{nK} = \sigma$$

oder

$$n = \frac{2\pi\beta}{\sigma K}.$$

Dabei ist von β weiter nichts bekannt, als dafs es nicht gröfser als eins sein kann. Um eine obere Grenze von n zu finden, wollen wir annehmen, β habe seinen Maximalwert und K sei gleich $7/9 \times 10^{20}$, was ungefähr für leichtes Flintglas richtig ist. Dann ist die Zahl, welche angiebt, wievielmal in einer Sekunde das elektrische Feld vernichtet wird, durch folgende Tabelle gegeben:

	σ	n
Silber	1.6×10^{3}	5×10^{17}
Kupfer	1.6×10^{3}	5×10^{17}
Gold	2.1×10^{3}	4×10^{17}
Platin	9×10^{3}	9×10^{16}
Blei	2×10^{4}	4×10^{16}
Quecksilber	9.6×10^{4}	8×10^{15}
Wasser mit 8.3 % Schwefelsäure	3.3×10^{9}	2.4×10^{11}
Kupfersulfat und Wasser ($CuSO_4 + 45 H_2O$)	1.9×10^{10}	4.2×10^{10}

Nach der elektromagnetischen Theorie des Lichtes werden die elektrischen Verschiebungen, welche das Licht bilden, in der Sekunde nahezu 10^{15} mal umgekehrt. Wenn wir dies mit der Zahl vergleichen, die angiebt, wievielmal das Feld in einem Elektrolyten entladen wird, so erkennen wir, dafs sich die Verschiebung in einer Sekunde vielmal umkehren mufs, bevor das Feld entladen ist, und dafs sich also derartige Substanzen gegen diese schnell wechselnden Verschiebungen wie Isolatoren verhalten müssen, dafs sie also nach der elektromagnetischen Theorie des Lichtes durchsichtig sein müssen, was auch viele von ihnen thatsächlich sind. Übrigens haben wir sicherlich β überschätzt und wahrscheinlich K unterschätzt. Wenn wir dies berücksichtigen, so können wir annehmen, dafs die Anzahl der Entladungen des Feldes selbst in den besten metallischen Leitern wahrscheinlich nicht viel gröfser ist als die Anzahl der Umkehrungen der Verschiebungen, von denen die Fortpflanzung des Lichtes begleitet ist. Es darf uns daher nicht wundern, dafs die Metalle in dünnen Häutchen eine Durchsichtigkeit besitzen, die fast unendlich viel gröfser ist, als diejenige, welche unter der Voraussetzung berechnet wird, dafs ihr Leitungsvermögen dasselbe ist wie für kontinuierliche Ströme.

Die Anzahl der Entladungen des Feldes an irgend einem Punkt hängt von der Anzahl der Moleküle ab, die in der Zeiteinheit zerfallen, und der Entfernung, welche dieselben durchlaufen, bevor sie sich vereinigen. Wenn m die Zahl ist, welche angiebt, wievielmal die in der Volumeinheit enthaltenen Moleküle in der Zeiteinheit zerfallen und wenn q Moleküle für die Flächeneinheit zerfallen müssen, damit das Feld entladen wird, wenn ferner die Moleküle eine Strecke x unter dem Einfluſs der elektromotorischen Kraft durchlaufen müssen, bevor sie sich wieder vereinigen, so ist

$$n = \frac{m}{q} x,$$

da jede q Moleküle, welche in einer Entfernung von $x/2$ auf jeder Seite zerfallen, das Feld entladen. Da sowohl x, als auch q der elektromotorischen Kraft direkt proportional ist, so ist n von derselben unabhängig, wenn das Zerfallen der Moleküle durch andere Mittel bewirkt wird.

Da

$$u = 2n\mathfrak{k} = 2 \frac{m}{q} x\mathfrak{k},$$

und da, wenn die Substanz ein Elektrolyt ist,

$$\mathfrak{k} = q\varepsilon,$$

wo ε die Ladung von jeder der beiden Jonen bedeutet, in welche das Molekül zerfällt, so ist

$$u = 2mx\varepsilon.$$

Wenn daher N die Anzahl der Salzmoleküle in der Volumeinheit ist, so ist

$$\frac{u}{2N\varepsilon} = \frac{m}{N} x$$

$= x \times$ (Zahl, die angiebt, wievielmal jedes Molekül in einer Sekunde zerfällt) = Entfernung zwischen den beiden Jonen am Ende einer Sekunde.

Nun ist $u/2N\varepsilon$ (s. Lodge, *Report on Electrolysis*, British Association Report, 1885, p. 755) die Gröſse, welche Kohlrausch die Summe der Geschwindigkeiten der Jonen nennt, und wenn wir annehmen, dafs das Verhältnis der Geschwindigkeiten durch Versuche über die Wanderung der Jonen gegeben ist, so würde diese Auffassung des Stromes zu demselben Ausdruck für die absolute Entfernung, die von jeder Jone in der Zeiteinheit durchlaufen wird, führen, der von Kohlrausch angegeben wird.

Wir können jedoch hierauf nicht näher eingehen, da es uns zu weit von dem Zweck unserer Untersuchung entfernen würde, der nur darin besteht, diese Auffassung des Stromes dazu zu benutzen, um aus den Wirkungen verschiedener physikalischer Agentien reciproke Beziehungen abzuleiten.

Der spezifische Widerstand einer Substanz ist nach unserer Ansicht

$$\frac{2\pi\beta}{nK},$$

und wenn sich derselbe ändert, wenn die Bedingungen verändert werden, so kann die Ursache die sein, dafs sich entweder β oder n oder K ändert. So scheint z. B. der Widerstand eines Metalldrahtes durch Deformation leicht beeinflufst zu werden. Dies kann entweder darin seinen Grund haben, dafs die spezifische Induktionskapazität durch Deformation geändert wird, oder darin, dafs die Deformation auf das Zerfallen der Moleküle verzögernd oder beschleunigend einwirkt, oder endlich darin, dafs die Zeit, während der das Feld entladen bleibt, geändert wird. Das Glied

$$-\frac{2\pi f^2}{K}$$

in der Lagrange'schen Funktion entspricht nach § 35 einer Kraft gleich

$$2\pi f^2 \frac{d}{de} \frac{1}{K},$$

die eine Dehnung e zu erzeugen strebt. Wenn daher die Änderung des Widerstandes nicht durch eine Änderung von K mit dem Widerstand verursacht würde so würde keine entsprechende elastische Kraft vorhanden sein. Wenn sie aber durch eine Änderung von K mit der Deformation verursacht wird, so ist der mittlere Wert der elastischen Kraft

$$2\pi \frac{d}{de} \frac{1}{K} \int_0^1 f^2 dt,$$

und

$$\int_0^1 f^2 dt = a\mathfrak{f}^2 = a \frac{u^2}{n^2},$$

wo a eine Zahl ist, die nicht gröfser als eins sein kann und die wie β von der Zeit abhängt, während der das Feld entladen bleibt.

Daher ist der mittlere Wert der elastischen Kraft

$$= -\frac{2\pi u^2 a}{Kn^2} \cdot \frac{d \log K}{de}$$

$$= -\frac{\sigma u^2 a}{\beta n} \frac{d \log K}{de}.$$

Für gute Leiter ist dieses Glied wegen der geringen Gröfse von σ/n (s. die Tabelle auf S. 354) aufserordentlich klein, und selbst für schlechte Leiter ist es nie so grofs, dafs es mit den grofsen Kräften vergleichbar wäre, die erforderlich sind, um eine merkliche Änderung in der Ausdehnung zu bewirken.

Wenn x eine Koordinate von irgend einem Typus ist, so zeigt dies Glied die Existenz einer Kraft vom Typus x an gleich

$$\frac{\sigma}{\beta} \frac{au^2}{n} \frac{d \log K}{dx},$$

oder, wie geschrieben werden kann,

$$= \frac{\sigma^2 u^2 a K}{2\pi\beta^2} \frac{d \log K}{dx}.$$

Nun ist K von der Ordnung 10^{-21} und σu, die elektromotorische Kraft, ist selbst für einen Fall von 10 Volts per Kubikcentimeter nur 10^9, so dafs in diesem Falle die Kraft vom Typus x von der Ordnung

$$10^{-3} \frac{a}{2\pi\beta^2} \frac{d \log K}{dx},$$

also aufserordentlich klein ist. Wir schliefsen hieraus, dafs die reciproken Wirkungen, welche den beobachteten Wirkungen der Widerstände entsprechen, vermutlich viel zu klein sind, als dafs sie entdeckt werden könnten, ausgenommen für sehr schlechte Leiter unter dem Einflufs elektromotorischer Kräfte, die mit denjenigen vergleichbar sind, welche bei Ver suchen über statische Elektrizität benutzt werden.

Zusätze und Verbesserungen.

Seite 90 Zeile 20 v. o. lies — statt +.

„ 111 ist nach der letzten Zeile einzuschalten: Wenn sich die Massenteilchen nicht alle mit derselben Geschwindigkeit bewegen, so ist in dieser Gleichung

$$\frac{1}{3}\frac{\int_0^\infty mv^3 Ldv}{\int_0^\infty mvLdv \int_0^x m^2 Ldv} \text{ statt } \frac{1}{3} \text{ zu setzen,}$$

wo Ldv die Anzahl der Moleküle bedeutet, die sich mit einer Geschwindigkeit zwischen v und $v + dv$ bewegen.

„ 121 Zeile 12 v. u. lies am Ende der Gleichung $\delta\theta$ statt δ.

„ 124 „ 8 v. o. lies 0.0012 statt 0.002.

„ 124 „ 9 „ „ „ 0.0003 „ 0.0004.

„ 124 „ 10 „ „ „ 0.0004 „ 0.0007.

„ 124 „ 15 „ „ „ 0.0012 „ 0.002.

„ 124 „ 17 „ „ „ 0.36 „ 0.6.

„ 124 „ 3 v. u. „ ein Drittel statt zwei Drittel.

„ 132 Zeile 2 v. u. lies f um δf statt f und δf.

„ 133 „ 10 v. o. lies a statt u.

„ 134 „ 10 v. o. lies $\{(uu)'\dot{u}^2 + \ldots\}$ statt $(uu)'\ \dot{u}^2 + \ldots)$.

Seite 137 Zeile 16 und 21 v. o. lies σ statt σ_x.

„ 139 „ 14 v. o. lies Gleichung (116) statt § 47.

„ 139 „ 19 v. o. lies $\theta \frac{dX}{d\theta} \delta x$ statt $\frac{dX}{d\theta} dx$.

„ 144 „ 6 v. o. lies δf statt df.

„ 144 „ 5 v. u. am Ende der Gleichung lies βu statt βw.

„ 145 Zeile 9 v. u. lies Geschwindigkeit der Zunahme der Temperatur statt Wärmemenge, die die Volumeinheit durchfliefst.

„ 152 Zeile 12 v. u. füge hinzu: und wenn die Wärmewirkung eine Sekunde lang ihren Maximalwert beibehielte.

„ 152 Zeile 3 v. u. lies 54 statt 51.

„ 153 „ 6 v. o. lies: Es ist interessant, weil es auf neue physikalische Erscheinungen führt, wenn man u. s. w.

„ 158 Zeile 15 v. o. mufs die Gleichung heifsen:

$$y = \frac{\beta}{B(\lambda_1 - \lambda_2)} \int_0^t \Big\{ \varepsilon^{\lambda_1(t-t')} - \text{u. s. w.}$$

„ 163 am Ende der Gleichung (149) lies dt' statt dt.

„ 167 Zeile 7 v. u. lies $b\beta^2$ statt $b^2\beta$.

„ 171 die linke Seite der Gleichung (152) mufs heifsen

$$\int_{t_0}^{t_1} L dt.$$

„ 173 Zeile 6 v. u. lies $t_1 - t_0$ statt $t_0 - t_1$.

„ 178 „ 8 v. o. lies $\sin^3\vartheta$ statt $\sin^2\vartheta$.

„ 178 „ 10 und 12 v. o. lies ϑ statt θ.

„ 179 „ 2 v. o. lies auf der rechten Seite der Gleichung

$$\Sigma \int_{t_0}^{t_1} \text{ statt } \int_{t_0}^{t_1}.$$

Seite 179 Zeile 5 v. o. lies $\frac{d}{dt}\frac{dL}{d\dot{q}}$ statt $\frac{d}{dt}\frac{dL}{dq}$.

„ 186 „ 5 v. u. ist hinzuzufügen: $= \theta\beta$.

„ 187 „ 3 v. o. lies „etwa =“ statt =.

„ 193 „ 8 v. o. „ 176 statt 116.

„ 193 „ 7 v. u. „ 166 „ 167.

„ 198 „ 12 v. o. „ = „ —.

„ 203 „ 11 v. o. „ $\delta\varrho$ „ $\sigma\varrho$.

„ 211 „ 10, 13 und 17 v. o. lies (P) statt P.

„ 211 „ 11 v. u. lies = — statt =.

„ 212 „ 9 v. u. lies $- \delta w' -$ statt $+ \delta w' +$.

„ 212 „ 1 v. u. lies $- \delta w' +$ statt $+ \delta w' -$.

„ 214 „ 5 v. u. ist nach $\frac{v\varrho_0}{\xi}$ das Zeichen + einzuschalten.

„ 224 Zeile 1 im ersten Glied der Gleichung lies v statt $v\sigma$.

„ 224 Zeile 7 v. o. lies g statt $g\sigma$.

„ 236 Gleichung (202) ist in dem ersten Exponenten $b_1 R_1 \theta$ statt b_1, $2 b_2 R_2 \theta$ statt $2 b_2$ und R_1 statt R zu lesen.

„ 264 Zeile 19 v. o. lies ε_0 statt ε.

„ 267 „ 1 v. o. „ a^2, b^2, c^2, d^2 statt a, b, c, d.

„ 269 „ 3 v. o. „ 111 statt 107.

„ 274 Gleichung (224) lies $R_1 \theta$ statt $c_1 R_1 \theta$.

„ 274 Gleichung (225) lies $R_2 \theta$ statt $c_1 R_1 \theta$.

„ 275 Zeile 4 v. o. lies $c_1 \left(\frac{dw}{d\xi}\right) - c_2 \left(\frac{dw}{d\eta}\right)$ statt $\left(\frac{dw}{d\xi}\right) - \left(\frac{dw}{d\eta}\right)$.

„ 276 Gleichung (226) ist nach $\varphi_1(\theta)$ einzuschalten $v^{c+d-a-b}$.

Seite 277 Zeile 4 v. u. lies c statt e.
„ 281 Zeile 2. v. u. lies Molekulargewicht statt Verbindungsgewicht.
„ 285 Zeile 3 v. o. lies 33 statt 34.
„ 285 Zeile 10 und 11 v. o.

$$\begin{matrix} I = k'H \\ I' = k''H \end{matrix} \quad \text{statt} \quad \begin{matrix} H = k'I \\ H' = k''I \end{matrix}$$

„ 285 Zeile 14 v. o. lies v/k'^2 statt v/k'.
„ 295 „ 6 v. u. „ $(k'v')$ statt $k'v'$.
„ 296 „ 3 v. u. „ $\Sigma(TS)$ statt ΣTS.
„ 298 „ 5, 8 und 11 lies $=$ — statt $=$.
„ 298 „ 1 v. u. lies $\frac{\delta\theta}{\theta}$ statt $\frac{\delta\theta}{}$.
„ 302 „ 6 v. o. lies dv' statt dv.

Register.

www.ingramcontent.com/pod-product-compliance
Lightning Source LLC
Chambersburg PA
CBHW020910210326
41598CB00018B/1825